国家精品课程建设系列教材

铁路危险货物运输安全技术与管理

孙文红　主编

中国铁道出版社有限公司

2025年·北　京

内 容 简 介

本书根据交通运输专业人才培养目标的要求，依据国家有关法律、法规、标准、规范和《铁路危险货物运输管理规则》条文精神进行编写，其内容紧密结合铁路危险货物运输相关规章，广泛吸收近年来铁路现场的先进工作经验和铁路危险货物运输领域科学研究的新成果，主要包括《危规》导读，铁路危险货物运输组织和运输条件，办理站、专用线（专用铁路）安全技术条件，铁路危险货物载运工具安全技术，铁路危险货物运输事故应急预案及施救信息网络，铁路危险货物运输监控系统、铁路危险货物安全管理，国外危险货物运输等。本次修订的同时制作了与教材配套的PPT课件，利用现场实例和图片增强内容的直观性，是教材内容的延伸和拓展。

本书为高等院校交通运输专业本专科学生教材，也可作为危险货物从业人员培训教材。

图书在版编目(CIP)数据

铁路危险货物运输安全技术与管理/孙文红主编．—2版．—北京：中国铁道出版社有限公司，2021.9(2025.12重印)
国家精品课程建设系列教材
ISBN 978-7-113-28186-1

Ⅰ.①铁… Ⅱ.①孙… Ⅲ.①铁路运输-危险货物运输-安全管理-教材 Ⅳ.①U294.8

中国版本图书馆CIP数据核字(2021)第142975号

书　　名：铁路危险货物运输安全技术与管理
作　　者：孙文红

责任编辑：悦　彩　　**编辑部电话：**(010)51873206　　**邮箱：**sxyuecai@163.com
封面设计：崔丽芳
责任校对：焦桂荣
责任印制：高春晓

出版发行：中国铁道出版社有限公司(100054，北京市西城区右安门西街8号)
网　　址：https://www.tdpress.com
印　　刷：三河市兴达印务有限公司
版　　次：2012年9月第1版　2021年9月第2版　2025年12月第4次印刷
开　　本：787 mm×1 092 mm　1/16　**印张：**11.25　**字数：**280千
书　　号：ISBN 978-7-113-28186-1
定　　价：35.00元

前　言

铁路危险货物运输涉及石油化工、军事国防、航天航空、建材、医药、科研教育等多个领域，随着经济社会发展，新的危险化学品不断出现，危险货物运输的品种和数量逐年增多。据事故分析部门统计，危险化学品运输环节事故占所有事故总体的30%左右。面对全球大数据潮流和信息化时代的席卷，铁路运输技术与管理的模式、规模、水平需要支撑更多高端的运输需求。自铁路实施“政企分开”改革以来，中国国家铁路集团有限公司承担企业职能，铁路监管部门负责危险化学品铁路运输及运输工具的安全管理，铁路危险货物运输由经营管理与市场监管一体化模式向市场模式转变。在市场模式下，中国国家铁路集团有限公司陆续取消和废除了2006年以来出台的一些关于危险货物运输的许可、通知、手册等管理办法。中国国家铁路集团有限公司和各铁路局集团公司作为铁路危险货物运输承运人企业，与专用线（专用铁路）企业、地方铁路等托运人企业是平等的市场主体关系，铁路企业对专用线（专用铁路）企业由行政管理转变为协议制管理，在这种新形势下，如何保障铁路危险货物运输安全十分关键。为了对铁路运输企业安全运营管理工作进行更加深入具体的规范和指导，在前几轮修订的基础上，铁总运〔2017〕164号文发布最新版《铁路危险货物运输管理规则》。为了适应上述一系列新状况，本书进行相关内容的修订与更新势在必行。

本书根据交通运输专业人才培养目标的要求，依据国家有关法律、法规、标准、规范和《铁路危险货物运输管理规则》条文精神，紧密结合铁路危险货物运输相关规章，广泛吸收近年来铁路现场的先进工作经验和铁路危险货物运输领域科学研究的新成果，并尽可能避免与相关课程内容的重复编写与修订而成。本次修订的同时制作了与教材配套的PPT课件，利用现场实例和图片增强内容的直观性，是教材内容的延伸和拓展。本书作为“铁路货物运输组织”国家级精品课程系列教材之一，在学科体系上适应高等院校培养应用型人才的需求，也适合危险货物运输从业人员培训使用。

本书由兰州交通大学交通运输学院孙文红主编，具体编写分工如下：第一章、第七章、第八章及全部复习思考题由孙文红编写，第二章、第六章由孙文红、陈凯德（兰州局集团有限公司货运部）、孟亮（兰州局集团有限公司货运部）编写，第三章、第四章由孙文红、胡海涛（兰州交通大学）编写，第五章由陈喜春（兰州交通大学）编写。

在编写与修订过程中，得到了陈宜吉教授的支持与肯定，中国铁路兰州局集团有限公司货运部提供了部分数据资料，在此表示衷心感谢！本书参考的国内外文献和中国国家铁路集团有限公司培训资料，未能如数列出，借此向文献资料的原作者和提供者表示衷心感谢！

由于编者水平有限，书中尚存问题和不足之处，恳请读者批评指正。

编　者

2021 年 5 月

目　　录

第一章 《铁路危险货物运输管理规则》导读

第一节 《铁路危险货物运输管理规则》的制定和修订

一、危险货物运输安全形势

1. 危险货物运输的意义

危险货物具有爆炸、易燃、毒害、感染、腐蚀、放射性等特点，其中绝大部分是危险化学品。化学品是人类生产和生活不可缺少的物品，目前全世界的化学品已超过 1 000 余万种，日常使用的约有 700 余万种，世界化学品年总产量达到 10 000 亿美元。随着科技的发展和全球经济的日趋增长，今后还会以每年新增上千种的速度急速发展。新造化学品的不断问世，为人类的生活和更大范围的物质财富创造无疑是有益的。

铁路危险货物运输涉及石油化工、军事国防、航天航空、建材、医药、科研教育等多个领域，随着经济社会发展，新的危险化学品不断出现，危险货物运输的品种和数量逐年增多。相关研究表明，我国危险品 95%不在生产地使用，需要进行长距离、大吨位异地运输。铁路作为一种大运量、安全、高效的运输方式，在危险货物运输中具有重要地位。

铁路危险货物运输运价率高，收益空间大，随着铁路新线不断投入运营，释放的运能有利于铁路运量增长，新品名运输、国际联运业务将不断拓展，铁路危险货物运输市场面临较好的市场前景。与此同时，公路危险货物运输市场蓬勃发展，具有集约化、规模化、现代化、信息化发展趋势，铁路危险货物运输市场面临机遇与挑战并存的现状。

据统计，近年来全国危险货物年运量 3 亿 t 左右，我国地区发展的不平衡性导致能源需求的不平衡，为满足社会需求，不仅需要将危险化学品进行国内跨地区运输，还要开展一定程度的国际贸易，其中 80%以上的危险化学品依靠铁路进行远距离运输，可见铁路运输对于危险化学品的重要意义，而运输安全则是运输过程中最重要的问题。

近年来铁路货运系统坚持“强基达标、提质增效”工作主题，积极推进货运组织改革，强化基础建设，探索建立铁路货运安全技术管理规章体系，进一步完善相关信息系统，健全货运安全和服务质量评价机制，在设备设施和技术创新方面实现了新突破，在队伍建设和服务能力建设上有了新提高，解决了一批重大安全隐患和服务质量问题，杜绝了一般 B 类以上铁路运输事故，客户满意度和获得感稳步提升。在“互联网＋”新时代，面对新任务、新变化、新要求，仍然需要不断优化铁路货运安全技术管理，实现货运安全技术管理的提升和强化。

2. 铁路危险货物运输安全的重要性

众所周知，危险化学品本身的固有危险性和生产、储存、运输环境的复杂性，使危险化学品的安全性面临着严峻考验。近年来，我国对安全生产十分重视，自成立国家和地方安全生产监督管理部门以来，强化立法、执法、整章建制、安全评价、事故预案等工作，安全工作取得了成效，但安全生产依然面临着严峻考验，如近年国家公布了安全性最差的四大行业：煤矿、化工、交通、食品；全国全年的各种事故经济损失 2 000 多亿元，年事故伤亡十几万人。

安全是铁路危险货物运输的根本和永恒主题，复杂的理化性质使危险货物具有易燃易爆、毒害、腐蚀等危害，加上危险货物运输的动态性特征，其运输安全不仅与危险货物本身有关，还受到人、运输工具、线路、天气等多重因素影响。铁路危险货物运输是流动的重大危险源，一旦发生事故，不仅造成人身伤亡、财产损失、环境污染等危害，更具有广泛的社会影响。在我国全面推进依法治国的宏观背景下，2021 年 6 月 10 日通过，2021 年 9 月 1 日起施行的《中华人民共和国安全生产法》(以下简称《安全生产法》)反映了我国对安全生产事故责任追究力度越来越大，安全要求也越来越高。与此同时，2015 年 1 月实施的《环境保护法》对企事业单位在生态环保方面提出更高要求，这对铁路危险货物运输企业更是全新挑战。近年来，国家更加重视危险化学品的安全监管工作，国家铁路局和中国国家铁路集团有限公司(以下简称国铁集团)也随之进一步开展铁路行业危险化学品和易燃易爆物品运输安全专项监督检查。

二、《铁路危险货物运输管理规则》的制定(修订)

从 1949 年至今，经过 70 多年的管理实践，结合国家法律、法规和标准体系的建设，国铁集团对铁路危险货物运输安全管理规章的内容不断进行充实、细化和完善，基本形成了一套完整的铁路危险货物运输安全管理规章体系，对保障铁路危险货物的安全、规范和高效运输发挥着重要作用。

鉴于危险货物的特殊危险性，历史上世界各国均对此类货物的运输十分谨慎，其管理规则比较详尽、细致，要求严格。我国的铁路危险货物运输规章先后经历了十二次制定(修订)。

(1)1949 年 7 月，当时的中央军事委员会根据在运货物的化学危险性(除军品弹药)，首次制定了《危险货物品名表和包装表》，主要是针对国防保障和军事运输的危险货物。

(2)1951 年 3 月，中央人民政府铁道部制定了《危险货物运送须知》，其“品名表”“包装表”“须知”为以后产生的“规则”奠定了基础。

(3)1955 年 10 月，铁道部在总结铁路安全运输经验的基础上，参考国外有关资料，正式制定了《危险货物运输规则》。虽然当时的产品数量较少，但铁路的安全设备比较落后，货物包装条件相对较差，所以对运输条件的要求较高；统一了全路危险货物运输条件和运输防护方法，在当时危险货物品类比较单纯，货运量也比较小的情况下基本保证了运输安全。

(4)1960 年修订的《危险货物运输规则》在条件上已趋全面，“品名表”的品名、编号、性质、运输条件进一步细化，而且在品名栏内列入了化学分子式。

(5)1965 年，随着桃浦、紫金山等一批专业危险货物办理站的进一步形成，在安全运输中相继产生了驻厂受理、安全预想、零担集配、包装维修等经验，同时对几年来出现的危险货物事故进行了分析研究，重新修订了《危险货物运输规则》。重点对危险货物的包装提出了具体要求，制定了危险货物包装表，共有 15 个包装号，35 种包装方法。对每种危险货物应适用的包装容器种类、规格、材质、封口、衬垫、限制重量等均做了具体规定。

(6)1971 年，铁道部和交通部合并为交通部，为适应这种变化，合并后的交通部公布了两系统共同执行的《危险货物运输规则》。这次统一制定《危险货物运输规则》，虽然在宏观和微观上没有很好体现不同运输工具的特点，但在向国际危规靠拢方面，不论从认识上和内容上均迈出了可喜的一步。

(7)1987 年，国内政治、经济形势好转，铁道部体制复原，铁路相关规程、规范、标准变化，危险货物运输的国际化影响加大，国家标准局颁布了若干危险货物运输技术标准。铁道部对

《危险货物运输规则》修订时吸收了有关国家技术标准的部分内容，在指导思想上进一步重视了“安全运输”和“责任制”，品名表列入品种达到2 000余种。

(8)随着1988年中国正式加入联合国危险货物专家委员会并成为该委员会的成员国，铁道部积极吸收国际危险货物运输的管理经验和技术标准，于1996年1月1日颁布施行了《铁路危险货物运输规则》。其最大的特点是向国际化靠拢的因素增多，向标准化方向迈进的力度加强。从危险货物的定义、分类到相关量化指标等均应用了比较科学的判定，许多技术性指标考虑了国际组织和国标、行业标准。品名编号达到2 400多个，在编品名达到8 700多个。规则共11章84条，附表、附件、附录、格式共24个。该规则自1996年施行后至2006年的10年，对保障铁路危险货物运输安全，减少铁路运输事故，维护人民群众的生命、财产安全，促进国民经济的发展发挥了重要作用。

(9)2006年8月1日全路施行新的《铁路危险货物运输管理规则》(以下简称《危规》)。这次全面修订《危规》的工作是在国家“安全第一，预防为主”的方针指导下进行的，在理念上突出了“科学发展”“可持续发展”“安全发展”；考虑了铁路管理体制变化[部、局、段(站)三级管理]和铁路危险货物运输种类变化。这次修订始于2004年，历时两年有余，采取两下两上，广泛动员各局、科研院所、高校参加，规则的内容进一步体现了国际化和系统化，条文、附表、附件、格式、附录及相关单行本总体版面字数达350多万，规则共23章137条，附表、附件、格式、附录共86个。同时公布的还有6个配套单行本。

(10)2006版《危规》实行两年后，铁道部根据危险货物运输出现的新情况新问题，先后发布160多个文件、电报，进一步强化危险货物运输的依法管理和技术管理、严格危险货物运输办理条件、规范危险货物运输技术审批程序、完善危险货物运输押运管理。为将这些内容纳入《危规》，铁道部组织各铁路局对2006版《危规》进行了重新修订，以铁运〔2008〕174号文公布2008版《危规》(2008年12月1日起执行)。2010年补充发布了《铁路危险货物办理站、专用线(专用铁路)货运安全设备设施暂行技术条件》(铁运〔2010〕105号)。

(11)2013年铁路实施“政企分开”改革，中国铁路总公司承担企业职能，铁路监管部门负责危险化学品铁路运输及其运输工具的安全管理，铁路危险货物运输由经营管理与市场监管一体化模式向市场模式转变。中国铁路总公司和各铁路局作为经营性企业充分认识自身市场主体地位，中国铁路总公司以铁总运〔2014〕57号文公布《铁路危险运输管理暂行规定》(2014年2月21日起执行)。

(12)《铁路危险运输管理暂行规定》作为“过渡性”规定实行三年后，铁路实施“政企分开”改革使铁路危险货物运输的内外部环境发生深刻变革，为了对铁路运输单位的安全运营管理工作进行更加深入具体地规范和指导，在前几轮修订的基础上，铁总运〔2017〕164号发布《铁路危险货物运输管理规则》(2017年6月30日起执行)。

由于危险货物在有利于社会经济发展的同时，它的危险性又直接影响着人类的健康和生存安全，因此世界各国都在安全生产、储存、运输中采取了许多有力措施，并且以法规、制度的形式公布于众，约束本国的运输行为。同时根据形势发展，在约定时间内进行不断完善和修订。我国铁路危险货物运输规章之所以历经十二次修订，是由于国际规则的变化，国内危险品的增加，铁路体制改革，相关标准、规范、法规的要求，安全经验及事故教训，累计电文及更改的清理等要求《危规》与时俱进、适时进行修订，以满足社会、经济和铁路发展的要求。

第二节　《铁路危险货物运输管理规则》内容提要

一、铁路危险货物运输规章体系构成

目前已基本形成了较为完善的铁路危险货物运输安全管理规章体系，除《危规》外，主要包括《铁路危险货物品名表》（以下简称《品名表》）、《铁路办理站危险货物办理限制》（以下简称《办理限制》）、《铁路危险货物运输事故应急预案及施救信息网络》（以下简称《事故应急预案及施救信息网络》）、《铁路危险货物罐车罐体安全检测管理暂行办法》、《铁路危险货物办理站、专用线（专用铁路）货运安全设备设施暂行技术条件》等。

在市场模式下，取消了铁路危险货物承运人、托运人资质许可，取消专用线接轨许可、自备车过轨许可；废除《铁道部关于进一步明确和加强铁路危险货物运输资质管理相关工作的通知》（铁运〔2013〕2 号）、《铁路危险货物自备罐车管理手册》（运营货管〔2006〕118 号）、《关于公布〈铁路危险货物运输安全综合分析导则〉的通知》（运营货管〔2007〕183 号）等管理办法。

《危规》（含各单行本）是国家法律、法规、标准、规范、部门规章中的执行性规则，是铁路运输（国铁、合资铁路、地方铁路、专用线、专用铁路）中针对具有特殊性质的危险货物而制定的管理性规则。就铁路危险货物而言，托运、承运、装卸、运输等环节除遵守《铁路货物运输规程》的一般要求外，还应执行该管理规则及其配套文本的特殊规定。

二、《危规》总体结构及内容简介

（一）《危规》的总体结构

(1)条文（正文），共 18 章（131 条）：

①指导思想、原则要求、办理限制（第一、二、三、五章）。

②托运、承运、包装条件（第三、四章）。

③作业管理（第六、七、八、十二章）。

④培训与考核（第十一章）。

⑤办理站、专用线（专用铁路）、自备车（箱）技术条件（第九、十二、十三章）。

⑥特殊危险货物（剧毒品、放射性物质、进出口运输）运输要求（第十四、十五、十六章）。

⑦事故应急预案及施救信息网络（第十七章）。

(2)附件，共 10 个，是条文中涉及的有关具体规定。

(3)格式，共 11 个，是根据条文要求，明列的表、证、单等规定格式。

(4)附表，共 29 个，主要是为反映条文内容而专门设计的登记表、记录表、统计表等。

(5)附录，共 3 个，是《危规》引用的国家、部门有关规定、标志等。

（二）《危规》各章内容简介

1. 第一章：总则（第 1～13 条）

(1)制定规则的目的，法律、法规依据，规则适用范围，安全管理方针。

(2)铁路危险货物的定义、分类（项）。

(3)对制定和执行《危规》提出了法治化、系列化、规范化、信息化和建立现代化管理的目标。

(4)要求危险货物运输管理应落实领导负责制、专业负责制、岗位负责制、逐级负责制。

(5)加强从业人员的技术培训，提高技术管理水平。

(6)提出对危险货物运输中发生的各种问题,按照"四不放过"原则进行处理。

2. 第二章:办理限制管理(第14～24条)

(1)危险货物办理站的定义、分类。

(2)铁路危险货物运输的品名、发到站(专用线、专用铁路)、运输方式、作业能力、安全计量等实行明细化管理。

(3)规定了合资、地方铁路办理危险货物业务的要求、办法,对危险货物装卸、暂存作业场所和设施设备进行安全评价的要求。

(4)规定了危险货物办理前后进行安全评价、评估的范围、评估内容。

3. 第三章:业务办理(第25～31条)

(1)危险货物办理的运输种类。

(2)对托运人托运危险货物需在运单上填写的"货物名称"、"托运人记载事项"、运单右上角作类项标记的要求,出具的有关证件,受理、承运危险货物时需符合的十个条件(四个统一)。

(3)铁路禁止运输或满足一定条件方能运输的货物。

(4)危险货物安全协议签订办法和内容。

4. 第四章:运输包装(第32～37条)

(1)包括危险货物包装的定义,包装类别划分,包装应符合的要求,包装的实验与合格标准,包装标志和储运标志等内容。

(2)危险货物的包装按其内装货物的危险程度(高、中、低)划分为Ⅰ、Ⅱ、Ⅲ类包装。《品名表》中均对不同品名规定了适用的包装类别、包装号、包装标志、包装方法,有特殊要求的,在《品名表》中另有说明。此外,对性质特殊的放射性物质、气瓶以及另有特殊要求的应分别遵守《放射性物质安全运输规程》《气瓶安全技术监察规程》规定及《品名表》"特殊规定"栏(号)相应的要求。

(3)危险货物的包装总体上应符合相关要求。为保证安全,包装须经国铁集团认定的包装检验机构进行包装性能试验,为此制定了"铁路危险货物运输包装性能试验规定"(《危规》附件4)、"铁路危险货物运输包装性能试验要求和合格标准"(《危规》附件5),对包装检测单位制定了相应的工作导则。

5. 第五章:试运管理(第38～40条)

(1)规定了《品名表》和"危险货物品名索引表"(以下简称"索引表")中未列载的新品名办理运输的程序。

(2)规定了托运人要求改变《品名表》规定的包装条件和方法时应遵守的有关要求。

(3)危险货物符合规定的条件时,可按普通货物运输条件办理,但应遵守有关规定。危险货物按普通货物运输的条件,在《品名表》特殊规定中另有规定。按普通货物运输的可在非危险货物办理站办理,但规定限使用棚车(符合规定条件的可使用集装箱)装运,包装及标志仍按危险货物要求办理。

(4)新产品、改变包装的试运,均以两年为限。试运期间,发站装车、途中货检、到站卸车应对试运货物的完整性、包装状态以及发生的事故等进行翔实记载,托运人应主动了解、收集、积累试运效果。试运期间发生各种问题,立即报发站、发局、托运人,经研究影响运输时,应停止试运并报国铁集团。

(5)改变氯酸盐、高氯酸盐、高氯酸、黄磷等包装需经国铁集团批准。

(6)放射性物质按普通货物运输条件办理时,其限制的量值及单位的规定。

6. 第六章:运输及签认制度(第 41～48 条)

(1)规定了危险货物装运车辆限用棚车(另有规定者除外)及特殊货物使用车辆的技术条件、装卸机具及防护要求、货物存放及堆码要求。

(2)提出了装卸车前、后的检查事项及作业方法,规定了各项作业(环节)的签认依据和签认制度。

(3)通过"特殊防护事项表",对禁止溜放、限速连挂、停止制动、编组隔离、成组连挂等规定了插挂、标记要求。

7. 第七章:押运管理(第 49～57 条)

(1)必须押运和不需押运的货物规定。

(2)押运员的资格(取证)要求和职责。

(3)不同货物押运人数的规定。

8. 第八章:保管和交付(第 58～60 条)

(1)仓库存放危险货物应符合"铁路危险货物配放表"(以下简称"配放表")(《危规》附件 6)要求。

(2)修建的仓库、雨棚除应符合建筑防火规范的要求外,危险货物仓库应具有防火、防晒、防雨、防潮等功能。

(3)仓库管理中,要求设置适合货物特性的灭火器具和警示标志;爆炸品、放射性、剧毒品等危险货物的仓库设置和保管按特殊规定办理。

9. 第九章:消防、劳动安全及防护(第 61～65 条)

(1)办理站建立、健全消防、安全防护制度,包括教育和培训制度,各种消防器材的配置、维护、管理制度,事故救援演练制度,巡查及值班巡守制度,消防、劳动防护和保护用品的购、验、用、换、管等制度,职工营养保健、体检、疗养等健康监护制度。

(2)配备劳动安全及防护的安全监测设备、设施、仪器的规定。

10. 第十章:洗刷除污(第 66～70 条)

(1)规定了必须进行货车洗刷除污的三种车是:装过剧毒品的毒品车、受污染(撒、漏)的车、送检修的危货车。

(2)洗刷除污方法在《品名表》相应栏中以编号列载,其使用药剂、工艺、检测见《危规》附件 9。

(3)洗刷除污的洗车台位、洗车线数量和长度适合洗车能力的要求,洗车废水、废物处理符合有关技术条件和排放标准的要求。

11. 第十一章:培训与考核(第 71～73 条)

规定了需进行技术业务培训的人员,培训学时与"培训合格证""押运员证"的发放、证书格式及有效期,技术业务培训的主要内容等。

12. 第十二章:危险货物货车(第 74～85 条)

(1)危险货物自备货车过轨运输应按照《自备铁路车辆经国家铁路过轨运输管理办法》实行协议管理,并取得"自备铁路车辆经国家铁路过轨运输证"(以下简称"过轨运输证")。

(2)规定了采用自备货车运输危险货物的必须具备专用线及专用储运附属设备设施的条件。

(3)规定了自备罐车的罐体按确定的装运品类或品名涂刷底色,涂打色带,喷涂货物名称及危险性文字、标记危险货物专用标志。

(4)承运危险货物自备货车应按气体类、非气体类(液体类)、其他类危险货车分别依照条文规定的内容逐项审核。

(5)规定了气体类、非气体类的罐车装卸车前、后的作业要求,为防止超装、超载对罐车装载量限度(允许充装量)提出了明确的计算方法和确定程序。

(6)规定了危险货物罐车的装卸作业场所、铁路产权罐车限装品名。

(7)危险货物罐车重车重心高的限制,罐车的装运技术条件,危险货物罐车运输途中发生泄漏、火灾及其他行车事故的处理等内容。

13. 第十三章:危险货物集装箱(第 86～96 条)

(1)危险货物集装箱(以下简称危货箱)装运装箱限制、安全防护和办理一站直达要求。

(2)危货箱办理站(专用线、专用铁路)的办理场地、区域划分、堆码存放及安全设备设施和装卸机具配置等要求。

(3)铁路通用箱和自备危货箱限办品类规定及集装箱装运限办品类之外危险货物的批准,车站办理危货箱的核查内容及关于站内严禁办理危货箱的装箱、掏箱作业的规定。

(4)在箱体拴挂危险货物包装标志的规定,危货箱装卸作业安全注意事项,危货箱的洗刷除污。

(5)罐式箱运输需与《办理限制》相符及限制使用车辆的规定,罐式箱检修及使用期限的规定等内容。

14. 第十四章:剧毒品运输(第 97～102 条)

(1)剧毒品的定义、跟踪管理和要求押运的剧毒品品名,剧毒品专用运单,剧毒品的装运要求与核查、施封、加锁及防盗报警装置安装等要求。

(2)剧毒品运输过程的签认,挂运剧毒品的列车的出发、改编、到达作业过程与要求,跨局运输剧毒品的调度管理。

(3)车站货检重点检查、拍照、存档及发现异常、丢失的处理。

(4)剧毒品运输三级跟踪管理内容以及剧毒品进出口运输有关规定。

15. 第十五章:放射性物品(物质)运输(第 103～114 条)

(1)放射性物质的定义,托运人托运放射性物质应出具的证明书,放射性物质的包装要求;其受理、承运审核、装卸作业、包装件破损均有特殊规定。

(2)须由托运人主管部门与国铁集团商定运输条件的放射性物质范围及运输国家管制的核材料时托运人需提交的技术文件。

(3)放射性物质包装件运输等级的划分,托运 A 型包装件时放射性内容物活度限值规定,托运"短寿命"放射性物质运到期限规定,包装件和运输工具外表面放射污染和外表面的辐射污染水平限值,低比活度放射性物质和表面污染物体的运输条件。

(4)放射性包装件装运及摆放位置、作业人员安全距离及装卸作业时间规定。

(5)放射性包装件破损及泄漏事故的处理规定。

16. 第十六章:危险货物进出口运输(第 115～118 条)

(1)办理危险货物进出口运输时如委托代理人代理,铁路局集团公司要查验进出口代理人(委托人)的相关材料、进出口代理报关资质和委托代理合同。

(2)进出口危险货物的有关规定以及进口集装箱装运的危险货物的有关规定。

(3)《国际海运危险货物规则》《国际铁路货物联运协定》(以下简称《国际货协》)等国际规

定中对运输的货物是否为非危险货物与我国《危规》不同时,按我国《危规》的规定办理。

(4)办理非国际联运规定的危险货物,同属危险货物而包装方法不同时的进出口办理规定。

17. 第十七章:事故应急救援(第 119～126 条)

(1)提出了铁路各级部门须制定并及时修改、完善铁路危险货物运输事故应急预案及施救信息网络的要求。

(2)对做好与地方政府主管、消防、环保、疾控中心的协调与沟通工作,应配备的应急救援、安全防护设备以及定期对预案进行培训和演练等内容提出了要求。

18. 第十八章:附则(第 127～131 条)

要求各铁路局集团公司结合本局实际,按《危规》规定建立、健全各项制度,制定管理细则。

第三节 现行《铁路危险货物运输管理规则》的特点和组成系列

一、现行《危规》的特点

1. 增强了依法、懂法、守法的法治观念

国务院颁布《铁路安全管理条例》(国务院令第 639 号)、交通运输部发布《铁路危险货物运输安全监督管理规定》(交通运输部令 2015 年第 1 号),为铁路危险货物运输过程中的安全监督和安全管理措施给出明确的规定,铁路危险货物运输安全监管逐步与国家管理层面接轨。《危规》充分考虑了危险货物安全运输的法律、法规保障,在首条中明确提出了《危规》的依据法律是《中华人民共和国铁路法》《中华人民共和国安全生产法》《中华人民共和国环境保护法》,依据的法规是《危险化学品安全管理条例》《铁路安全管理条例》《铁路危险货物运输安全监督管理规定》《铁路技术管理规程(普速铁路部分)》《铁路货运安全管理规则》。

《危规》在具体条文中,将上述法律、法规的规定结合铁路运输的实际,进行了认真贯彻,并在作业过程中得到落实。如托、承运人责任规定,安全设备、设施要求,人员培训及劳动保护等。

2. 确定了危险货物运输安全管理方针

现行《危规》根据《安全生产法》和《铁路安全管理条例》的规定,在铁路运输安全管理总方针“安全第一,预防为主”的基础上,结合危险货物运输的危险性特点,明确以“安全第一,预防为主,综合治理”为危险货物运输安全管理方针。

“预防为主”是基于危险货物的定义,即性质特殊,如不采取特殊防护措施,容易造成人身伤亡、财产毁损,必须防患于未然。

“综合治理”是从系统工程原理出发,全方位多因素地改善创新安全技术、管理方法,不断推广使用新技术、新设备、新材料,加强安全投入和监督管理,落实铁路企业的安全主体责任。

3. 细化和规范了运输各环节的作业标准

现行《危规》不但在条文中对托运、承运、装车、编组挂运、中途作业、到达卸车、保管、交付有明确要求,而且通过各环节的“签认单”将“作业要求”作为前任交接的依据,从而使检查有据、责任清晰。

4. 严格运输条件,对托运、承运危险货物提出了更高要求

铁路危险货物运输,既有为石油化工企业服务,促进社会经济发展的作用,又有承担风险、保证安全的责任。在市场经济条件下,现行《危规》依照法律、法规,对货品质量、包装条

件、出示证件、自备车技术状态、专用线(专用铁路)设备和相关协议均做了详细规定。要求铁路承运单位(办理站)严格遵章守纪,不得违规和误承运,必须有能保证安全的设施和措施。

5. 通过附件、附录及相关配套资料增强了规则的务实性和可操作性

在现行《危规》"高""严""细"(标准高、要求严、规定细)的总体要求下,除131条规定条文外,所列的附表、附件、附录、格式对危险货物承运人、托运人的各项作业均规定了统一的台账格式,提出了可供查询的常用资料,危险货物安全监控系统得到应用。特别是通过大量工作,以配套单行本形式,对品名、办理站(专用线、专用铁路)、自备车(箱)、应急预案及施救信息网络进行了公布,使《危规》增强了实用性和可操作性。

二、《危规》的组成系列

1.《危规》及其配套单行本系列

(1)综合治理系列——法律及法规依据、方针、目标、范围、宏观措施等。

(2)品名系列——编号、特性、标志、包装、消防及特殊运输条件等。

(3)托运人系列——证件、专用线及专用铁路条件、自备车、押运职责等。

(4)承运人系列——办理站条件、受理、承运要求等作业环节安全卡控。

(5)责任系列——铁路及企业安全制度、岗位分工、检查、签认处理等。

(6)作业过程系列——发送、中途、到达、交付等。

(7)预防、预案系列——隐患检查、预防预警、应急预案、施救信息等。

2.《危规》相关配套单行本简介

(1)《品名表》

我国铁路运输的危险货物品名在《品名表》(2009版,自2009年9月1日起施行)中包含品名4 892个,铁危编号2 514个(有的同一编号包含了性质相近的若干个品名);信息化(铁路危险货物监控系统使用)危险货物品名745个,"索引表"中品名10024个。《品名表》除品名索引外,在每类首页有该类项特性及安全防护措施,为便于查用,《品名表》还列载了77个"特殊规定"。《品名表》摘录举例见表1-1。

表1-1 《品名表》摘录(液化石油气)

铁危编号	品名	别名	信息化品名	主要特性	包装标志	包装类	包装方法	灭火方法	洗刷除污编号	急救措施	特殊规定	联合国及国际编号
1	2	3	4	5	6	7	8	9	10	11	12	13
21053	液化石油气	石油气(液化的)	液化石油气	浅黄色易燃液化气体,有特殊臭味,气体比重1.5,不溶于水。主要成分为丙烷、丁烷、丙烯、丁烯,易燃、易爆	4,6	Ⅱ	1	雾状水、泡沫、干粉、二氧化碳	1		2(a),15	1075

第1栏:铁危编号——铁路危险货物编号,由五位阿拉伯数字及拉丁文字母组成。左起第一位数字表示该品名的类别;第二位数字表示该品名在该类的项别;第三、四、五位数字表示该品名的项别顺序号,顺序号001～499为一级危险货物,501～999为该项二

级危险货物。如品名编号 31001，表示危险货物第三类(易燃液体)，第一项(低闪点液体)，第一个品名(汽油)。品名编号后的拉丁文大写字母(A,B,C 等)表示同一品名编号具有不同运输条件的危险货物。

第 2、3 栏：品名、别名——危险货物的具体名称。有的一个编号只有一个品名，有的一个编号有数个名称(这些不同名称的危险货物性质及运输条件相同或相近)。如编号 31255 的品名有硝酸正丙酯、硝酸异丙酯。有的危险货物除按规定的标准命名法所确定的名称外，考虑到人们的习惯俗称，还在品名表中列出了该货物的别名，如编号为 43025 碳化钙的别名为“电石”。

第 4 栏：信息化品名——解释略。

第 5 栏：主要特性——危险货物的主要物理、化学性质，如颜色、状态、气味、比重、溶解度、熔点、沸点、闪点、敏感度、爆发点、爆炸极限、燃点、毒害致死量、放射性活度及半衰期等。考虑到运输条件和安全作业与防护的需要，在“特性”栏中还着重明示了不同货物的易燃性、爆炸性、氧化性、毒害性、腐蚀性以及遇酸、碱、水(潮湿)作用和受热、撞击、摩擦、震动的危害性。

第 6、7、8 栏：包装标志、包装类、包装方法——对各种危险货物的包装所制定的要求。为简明起见，品名表中只出现该货物的包装标志号、包装类号和包装方法号。具体内容按号在《危规》附件 3“危险货物包装表”中查找。对某些货物，因包装方法有特殊要求，在品名表包装方法栏中提出了具体要求。

第 9 栏：灭火方法——根据该危险货物的性质所指定的相应消防灭火剂种别。为防止扑救火灾失误，特别在该栏中提出了禁忌要求和注意事项。如编号 51002 过氧化钠，“灭火方法”栏中规定“干砂、干粉，禁用水、泡沫和二氧化碳”，编号 51031A 氯酸钾的灭火剂要求是“雾状水或先用水后用砂土”。

第 10 栏：洗刷除污编号——为清除货物对车厢仓库的污染，根据货物性质所采取的洗刷除污剂和方法。在品名表中以编号表示，具体要求按所示编号在附件 9“铁路货车洗刷除污方法”中查找。

第 11 栏：急救措施——因包装污染、破损、溢流、泄漏，作业人员直接接触有害物质或其粉尘、气体侵害人体时建议采取的临时紧急施救措施。它主要根据该货物性质，分别在口服、吸入、皮肤沾染情况下引起中毒、腐蚀(灼烧)时，当即采用的应急办法和禁忌事项。视毒性和腐蚀性、侵入途径、致伤轻重，急救措施主要有：将伤害者移置新鲜空气处，用清水或中和性稀溶液冲洗，保护伤口，输氧，服用或注射药品，催吐，人工呼吸，严重者送往医院治疗等。如品名编号 51069 硝酸铵，其“急救措施”栏中规定“中毒后移至新鲜空气处，施行人工呼吸，输入含 5% 二氧化碳的氧气，皮肤沾染用水冲洗，切勿沾及黏膜”。

第 12 栏：特殊规定——对某些性质特殊或在一定条件下需采取专门措施的货物所制定的特殊运输条件。这些规定按不同货物的需要，在品名表“特殊规定”栏中以编号表示。其主要内容有：因货物极其危险，或运输安全措施尚无保证，发货人托运需经有关部门批准；有的货物暂不办理，甚至禁运；按货物性质对包装和使用车辆的特殊要求；因危险物质的含(水)量、重量、包装等可降低危险性而允许按普通货物运输或使用敞车运输的规定；对货物的配放、环境温度、货物稳定剂含量等方面的特殊要求；某些货物发生事故时的特殊处理方法等。

第 13 栏：联合国编号——《联合国危险货物运输专家委员会建议书》确定的该危险货

物编号。列载此项的目的是在必要时便于联运查找、参考有关该种货物的性质、包装、防护等。

有些货物虽不属危险货物，但容易引起燃烧，在铁路运输过程中需采取防火措施，这类货物称之为“易燃普通货物”，它们没有被列入《品名表》。

(2)《办理限制》

本规定列载了铁路符合办理条件的车站及该站所属的具备办理条件的专用线和专用铁路。对每一专用线确定了其名称，共用单位名称，分罐装、非罐装、集装箱别的发送及到达品名，以及计量和起重条件。表1-2列举了兰州局序号为5的办理站(大坝)所属的顺号第10、11专用线(专用铁路)及各线上的共用单位及其发到品名。

表1-2 危险货物办理站及专用线、专用铁路(摘录)

序号	办理站名称	顺号	专用线(专用铁路)	共用单位名称	发送品名			到达品名			轨道衡		起重条件	
					罐装	非罐装	集装箱(罐)	罐装	非罐装	集装箱(罐)	动态	静态	起重条件	设备类型
1	2	3	4	5	6			7			8		9	
5	大坝	10	宁夏大古铁路有限责任公司专用铁路(地方铁路)	中国石油天然气股份有限公司西北销售公司	汽油、柴油、石脑油、原油、燃料油、白油、溶剂油			汽油、柴油、石脑油、原油						
					汽油、柴油									
				宁夏宝塔石化集团有限公司	汽油、柴油、石脑油、原油、燃料油、白油、溶剂油			原油、汽油、煤油、柴油、溶剂油、石脑油、燃料油						
				甘肃西部物流有限责任公司	汽油、柴油、石脑油、原油、燃料油、白油、溶剂油			汽油、柴油、原油						
				宁夏工化石油经销有限公司	汽油、柴油、石脑油、原油									
		11	宁夏大坝发电有限责任公司专用铁路					盐酸、柴油	氢氧化钠					
				盐池县隆鑫源经贸有限公司	溶剂油、渣油、原油			原油、溶剂油						

(3)《事故应急预案及施救信息网络》

制定本预案的依据是国家“安全第一，预防为主，综合治理”的安全生产方针和国铁集团关于实施铁路突发事件应急预案的有关规定；预案制定的原则是“以人为本、减少危害、统一领导、分级管理、职责明确、规范有序、反应灵敏、运转高效”；制定预案的目的是“做到居安思危、思则有备、有备无患，确保铁路危险货物运输安全”，实施预案的要求是“加强领导、明确分工、落实责任、结合实际、加强演练、不断完善，密切协调、统一指挥、快速反应”。

预案单行本的主要内容有：

①国务院有关部门和单位指定的修订突发公共事件应急预案框架指南。

②国铁集团有关部门和单位制定和修订的突发公共事件应急预案框架指南。

③铁路危险货物运输事故应急预案。

④全路危险货物运输应急预案信息网络图。

⑤18个铁路局集团公司危险货物运输事故应急预案、危险货物运输事故施救信息网络图、危险货物运输事故施救信息网络表。

各铁路局集团公司的应急预案按《危规》附件10“铁路危险货物运输应急预案框架指南”编写。各铁路局集团公司的施救信息网络，是在局管线路示意图上标定办理站，并分别标明各办理站主管站长、运转主任、货运主任、安全室、派出所等负责人和单位联系电话。

各铁路局集团公司的施救信息网络表则以列表形式标明铁路局集团公司、站预案参加部门(单位)的联系电话和手机号码。

在各铁路局集团公司预案之前，列有国铁集团的施救信息网络图(表)。

复习思考题

1. 制定《危规》的依据是什么？
2. 举例说明现行《危规》的特点。
3.《危规》内容包括了哪些系列？
4.《危规》的配套单行文本有哪几种？
5. 铁路危险货物运输的安全管理方针是什么？解释该方针的含义和内容间的相互关系。
6. 通过国内外危险货物(危化品)事故案例和安全形势，说明危险货物安全运输的意义。
7.《品名表》的内容(栏目)是什么？
8. 查《品名表》写出任意站(专用线)办理品名的编号和特性。
9. 对照《危规》，你认为办理站(专用线)在设备和制度上还应该怎样完善？

第二章　铁路危险货物运输条件及作业

第一节　铁路危险货物的托运和承运条件

铁路危险货物运输组织过程(如图 2-1 所示)除应遵守普通货物的一般规定外,还应严格执行《危规》的规定。

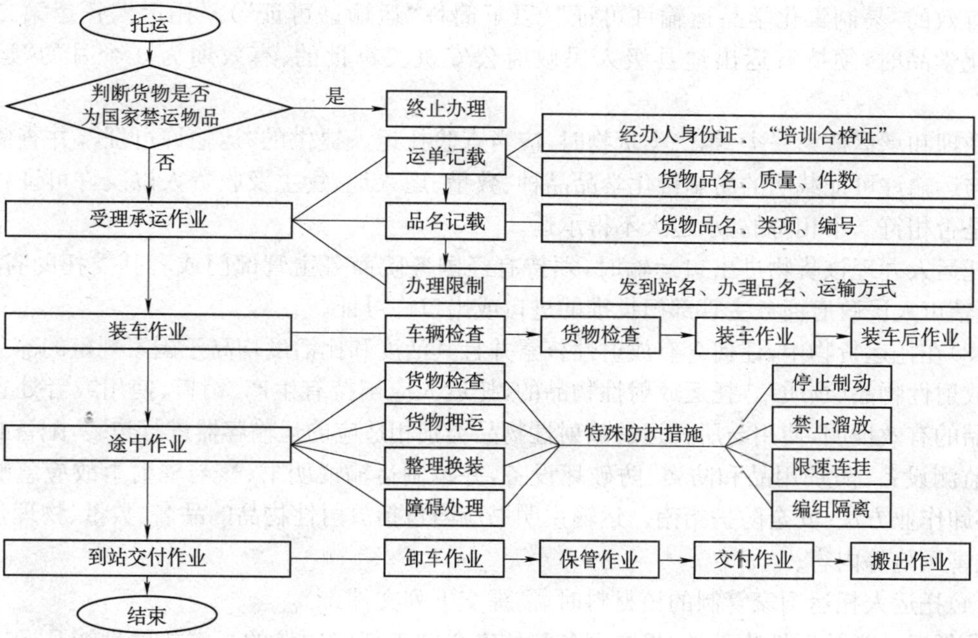

图 2-1　铁路危险货物运输组织过程

一、危险货物的托运

(一)托　　运

托运人与办理站签订运输协议后,托运人向承运人提出货物运单和运输要求,称为货物的托运。托运人在办理托运手续前应准备好货物,以便向承运人提交货物或装车(集装箱)。

1. 危险货物运输方式

危险货物仅办理整车和集装箱运输。

2. 按一批托运的规定

所托运的货物应符合一批的要求,凡危险货物与非危险货物(另有规定者除外)、性质或消防方法相互抵触以及配放号或类项不同的危险货物不能按一批托运。

3. 托运时需出具的证件

(1)托运人托运危险货物时,要出具经办人身份证和“培训合格证”,对派有押运员的还需出具押运员身份证和“培训合格证”,液化气体还需出具“液化气体铁路罐车押运员证”(以下简称“押运员证”),应在货物运单“货物名称”栏内填写危险货物品名和铁危编号,在货物运单的右上角用红色戳记标明类项名称(《危规》格式 1),并在货物运单“托运人记载事项”栏内填写经办人身份证号码,对派有押运员的还需填写押运员姓名、身份证号码。托运爆炸品时,托运人须出具运达地县级人民政府公安部门批准的“民用爆炸物品运输许可证”,托运烟花爆竹时须出具“烟花爆竹道路运输许可证”,均应在货物运单“托运人记载事项”栏内注明许可证名称和号码,并在货物运单右上角用红色戳记相应标明“爆炸品”或“烟花爆竹”字样。货物运单包装栏应按“铁路危险货物包装表”(以下简称“包装表”,《危规》附件 3)的规定填写相应的外包装和内包装名称。

(2)托运人托运第一类易制毒化学品时,须持有运出地市级人民政府公安机关审批的、一次有效的“易制毒化学品运输许可证”(以下简称“运输许可证”)。托运人托运第二类易制毒化学品时,须持有运出地县级人民政府公安机关审批的、有效期为 3 个月的“运输许可证”。

受理和承运该第一类、第二类货物时,应当查验托运人提供的“运输许可证”,并查验所运货物与运输许可证载明的易制毒化学品品种、数量、运入地、货主及收货人以及许可证种类等情况是否相符。不相符的,承运人不得承运。

托运人办理该货物进出口运输时,须持有经国务院商务主管部门或者其委托的省、自治区、直辖市人民政府商务主管部门批准的进口或出口许可证。

(3)在托运货物中,任何含有放射性核素并且其活度和比活度均高于国家规定的豁免值者属于放射性物品(物质)。托运放射性物品的,托运人应当持有生产、销售、使用或者处置放射性物品的有效证明,使用与所托运的放射性物品类别相适应的运输容器进行包装,配备必要的辐射监测设备、防护用品和防盗、防破坏设备,并编制运输说明书、核与辐射事故应急响应指南、装卸作业方法、安全防护指南。运输说明书应当包括放射性物品的品名、数量、物理化学形态、危害风险等内容。

(4)托运人托运国家管制的核材料时,需提交下列文件:

①托运一类放射性物品的,提交国务院核安全监管部门颁发的一类放射性物品运输容器设计批准书;托运二类放射性物品的,提交运输容器设计资料报国务院核安全监管部门备案的证明;托运三类放射性物品的,提交运输容器设计符合国家放射性物品运输安全标准的证明文件。

②托运一类放射性物品的,提交国务院核安全监管部门颁发的一类放射性物品运输容器制造许可证;托运二类放射性物品的,提交运输容器制造单位报国务院核安全监管部门备案的证明。

③使用境外单位制造的一类放射性物品运输容器的,提交国务院核安全监管部门颁发的使用批准书;使用境外单位制造的二类放射性物品运输容器的,提交运输容器材料报国务院核安全监管部门备案的证明。

④托运国家管制的核材料,提交国家核安全主管部门颁发的核材料许可证。

⑤进出口运输的,出具国家原子能主管部门颁发的核材料许可证及国务院对外贸易主管部门签发的进出口许可证。

⑥法律、法规规定的其他文件。

(5)托运一类放射性物品的,托运人应当委托有资质的辐射监测机构对其表面污染和辐射水平实施监测，辐射监测机构应当出具辐射监测报告，托运人应当编制放射性物品运输的核与辐射安全分析报告书，报国务院核安全监管部门审查批准，托运人应当向办理站提交运输说明书、辐射监测报告、核与辐射事故应急响应指南、装卸作业方法、安全防护指南，承运人应当查验、收存。托运人提交文件不齐全的，办理站不得承运。托运二类、三类放射性物品的，托运人应当对其表面污染和辐射水平实施监测，并编制辐射监测报告。监测结果不符合国家放射性物品运输安全标准的，不得托运。

(6)托运一类放射性物品、B型包装件、气体放射性物品、国家管制的核材料以及铁路危险货物品名表内未列载的放射性物品时，应由托运人的主管部门与国铁集团商定运输条件。

国家管制的核材料主要是：

①易裂变物质，包括^{233}U(铀-233)、^{235}U(铀-235)、^{239}Pu(钚-239)和^{241}Pu(钚 241)，或含有易裂变物质的材料和制品。

②T(氚、^{3}H)，含T的材料和制品。

③^{6}Li(锂-6)，含^{6}Li的材料和制品。

④其他需要管制的核材料和制品。

4. 货物的件数与重量

油漆、染料、化学试剂、空钢瓶、空铁桶等货物，无论规格是否相同，按一批托运时，每件平均重量在10 kg以上，托运人能按件点交给车站的，承运人都应按重量和件数承运。

托运人组织装车，到站由收货人组织卸车的货物，按托运人在运单上填记的件数承运。

整车货物和集装箱货物，由托运人确定重量。对于托运人确定重量的整车货物、集装箱货物，承运人应进行抽查，重量不符时应进行处理并向托运人或收货人核收过秤费。

5. 标志

对于危险货物，应在包装上按规定标打危险货物专用包装标志。在储运过程中有特殊要求的危险货物，应在包装上标打包装储运图示标志。各种标志见《危规》附录1、2。

(二)货物运单的作用、种类及使用

1. 货物运单的作用

运单是托运人与承运人之间，为运输货物而签订的一种货运合同或货运合同的组成部分。它是确定托运人、承运人、收货人之间在运输过程中的权利、义务和责任的原始依据。运单既是托运人向承运人托运货物的申请书，也是承运人承运货物和核收运费、填制货票以及编制记录和理赔的依据。

2. 货物运单的组成、种类及传递

(1)组成

货物运单由运单部分(托运人填写栏、承运人填写栏)和领货凭证两部分组成，见表2-1。

(2)种类

①现付运单：黑色印刷。

②到付或后付运单：红色印刷。

③快运货物运单：黑色印刷，仅将票据名称的“货物运单”改印为“快运货物运单”字样。

④剧毒品运输采用剧毒品黄色专用运单，并在运单上印有骷髅图案。未列入剧毒品跟踪管理范围的剧毒品不采用剧毒品黄色专用运单，不实行全程押运，但仍按剧毒品分类管理。

(3)传递过程

货物运单部分：托运人→发站→到站→收货人。

领货凭证部分：托运人→发站→托运人→收货人→到站。

表 2-1　货物运单（格式）

需求号：　　　　　　　　　　　　　　　　　　　　（整车、集装箱、批量、零散）

托运人	发站（公司）		专用线				货区	
	名称				经办人		货位	
					手机号码		车种车号	
	□上门取货	取货地址			联系电话		取货里程（km）	
收货人	到站（公司）		专用线				运到期限	标重
	名称				经办人		施封号	
					手机号码		篷布号	
	□上门送货	送货地址			联系电话		送货里程（km）	
付费方式	□现金□支票□银行卡□预付款□汇总支付		领货方式	□电子领货□纸质领货			装车方	施封方

货物名称	件数	包装	货物价格（元）	重量（kg）	箱型箱类	箱号	集装箱施封号	承运人确定重量（kg）	体积（m^3）	运价号	计费重量（kg）
合计											

选择服务	□上门装车		费目	金额（元）	税额（元）	费目	金额（元）税额（元）
	□上门卸车						
	□保价运输□装载加固材料 □仓储　　□冷藏（保温）						
	其他服务						
增值税发票类型 □普通票 □专用票	受票方名称： 纳税人识别号： 地址、电话： 开户行及账号：		费用合计		大写：		
托运人记事： 签章			承运人记事： 卸货时间　月　日　时　到站收费票据号码 通知时间　月　日　时　领货人身份证号码 货运员　　　　　　　　　　　车站日期戳				

收货人签章　　　　　　车站接（交）货人签章　　　　　　制单人　　　　　制单日期

（三）运单的使用

1. 国内运输

办理国内非水陆联运的货物运输，使用铁路货物运单。

2. 国际铁路货物联运

国际铁路货物联运使用《国际货协》运单。《国际货协》运单分为慢运和快运两种。

出口剧毒品，办理站除按规定要求填写联运运单外，还需填写国内剧毒品专用运单两份

(专用运单仅作为添附文件,连同联运运单装入封套内,并在封套外加盖剧毒品专用戳记),一份发站留存,一份随联运运单到口岸站存查。出口剧毒品到达口岸站后,需撤出专用运单并将运单所载信息和口岸站作业信息输入剧毒品运输跟踪管理系统。

进口剧毒品由口岸站填写剧毒品专用运单两份(一份口岸站留存,一份随联运运单到站存查),并将剧毒品专用运单所载信息和作业信息输入剧毒品运输跟踪管理系统。

剧毒品专用运单由办理站保存1年。

(四)运单的填写

1. 发站、到站(局)

发站和到站应按危险货物《办理限制》中所列载的发站、到站名称填写,不得省略,不得写简称。剧毒品按"全路剧毒品办理站名表"填写。在《货物运价里程表》上册"站名索引表"的第9栏"营业办理限制"中列载了办理站的营业限制,其符号有:

货 表示站内及专用线均不办理货运营业。

农 表示危险货物仅办理农药运输(不含剧毒品)。

危 表示不办理危险货物的发到作业。

炸 表示不办理整车爆炸品及整车一级氧化剂发到(硝酸钾、硝酸钠、硝酸铵除外)。

到站所属省(市、自治区),填写到站所在地的省(市、自治区)的名称。到站及到站所属铁路局集团公司、省(市、自治区)三者必须相符。

2. 托运人、收货人名称、地址及电话

托运人、收货人名称,应填写托运单位、收货单位的完整名称,当为自然人时,应填写其姓名(对于危险货物,应是企业法人)。托运人地址或收货人地址应详细填写其所在省、市、自治区城镇街道、门牌号码或乡、镇、村名称。电话号码也应填写,以便到货通知或联系。

3. 危险货物品名

托运人托运危险货物时,应如实填写收货人名称,货物的名称、性质、重量、数量等,不得匿报、谎报品名、性质、重量,不得在普通货物中夹带危险货物。办理站应对承运的货物加强安全检查,发现托运人匿报、谎报危险货物品名或在普通货物中夹带危险货物时,除依法不予承运外,铁路局集团公司还应按《铁路危险货物运输安全监督管理规定》要求,及时向所在地铁路监督管理局报告。

托运人托运危险货物时,应在货物运单"货物名称"栏内填写《品名表》内列载的正规、具体、全称名称(包括名称后括号内含水量、浓度及危险物质含量等内容),在运单的右上角用红色戳记标明类项名称。

(1)列有具体名称的应填写具体名称。

(2)具体名称附有别名的,别名可在括号内注明。

(3)属于概括名称的,先填写具体名称,再注明所属概括名称。

(4)不能填写《品名表》内未列载的品名,《品名表》中未列入而"索引表"列有品名,应按"索引表"中对应的编号办理铁路运输。

(5)同一货物如有"索引表"内未列载的其他名称,根据托运人的需要可以在品名的下面以括号注明其他名称。

(6)危险货物新产品,应先填写其所属危险货物第几类、第几项,再填写其比照的概括名称和比照的品名。

(7)剧毒品系指《危险化学品目录》中注明的剧毒化学品。《品名表》"特殊规定"栏有第67条特殊规定的,均实行铁路剧毒品运输跟踪管理。

(8)《品名表》第12栏特殊规定71号禁止运输品名:

①浓度大于72%的高氯酸(11026)。

②无机高锰酸盐中的高锰酸铵(51053)。

③无机亚硝酸盐类中的亚硝酸铵(51071)。

④铵盐和无机亚硝酸盐混合物(51074)。

⑤冷冻液态氢(21002)。

⑥冷冻液态甲烷及甲烷含量高的冷冻天然气(21008)。

(9)未列入《品名表》中的危险货物品名,由国铁集团确定并公布。不属于9类危险货物,在铁路运输过程中易引起燃烧、需采取防火措施的货物,属易燃普通货物(见《危规》附件1"易燃普通货物品名表")。

4. 危险货物编号

(1)对性质基本相同,运输条件、消防方法和急救措施相同的危险货物,可使用同一编号。

(2)同一品名编号具有不同运输条件的危险货物,在编号后加大写拉丁字母A、B、C以示区别。

5. 包装

危险货物运单包装栏须按《危规》附件3"铁路危险货物包装表"的规定填写相应的外包装和内包装名称。使用集装箱运输的货物填写箱型。

6. 件数

"件数"栏,按货物名称与包装种类,分别填写件数。使用集装箱运输的货物填写箱数。只按重量承运的货物,本栏填写"散""堆""罐"字样。

7. 货物价格

按保价运输和(或)货物保险运输时,必须填写此栏。一批多种货物时,按货物的名称分别填写,也可填写一个总数。

8. 托运人确定重量

按货物名称与包装种类,以kg为单位,分别填写货物的重量,也可填写一个总数。

9. 合计

"货物价格""托运人确定重量"各栏填写其合计数。

10. 托运人记载事项

此栏应视托运货物种别和办理方式等要求填写,可能填写的主要内容有:

(1)在货物运单"托运人记载事项"栏内填写经办人身份证和"培训合格证"号码。

(2)对派有押运员的还需填写押运员姓名、身份证号码和"培训合格证"号码,液化气体危险货物还需填写"押运员证"号码。

(3)委托铁路代递的有关文件或单据,应填写文件、单据的名称和页数。

(4)整车货物,应填写要求使用的车种、吨位、是否苫盖篷布;在专用线卸车时,还应填写"在××专用线卸车"。

(5)外国进(出)口危险货物按原包装运输时,应填写"转运进(出)口"字样。

(6)使用旧包装容器装危险货物(剧毒品除外),应填写"使用旧包装,符合安全要求"。

(7)在有关国际运输组织的规定中属危险货物,而《危规》规定按普通货物运输的,应注明“转运进出口”字样。

(8)新品名试运时,由托运人在货物运单“托运人记载事项”栏内注明“比照铁危编号×××新品名试运,批准号×××”字样。新包装试运时,由托运人在货物运单“托运人记载事项”栏内注明“新包装试运,批准号×××”字样。

(9)经批准进行危险货物新产品试运时,应填写“危险货物新产品试运”。

(10)自备罐车装运“危险货物品名索引表”未列载的品名,经国铁集团批准后进行试运时,应填写“自备罐车试运”。

(11)批准进行危险货物集装箱试运时,应填写“危险货物集装箱试运”。

(12)对某些特殊危货或新增加的产品应注明消防方法和中毒急救措施。

(13)托运短寿命放射性物品时,应填写“容许运输期限×天”,容许运输期限须大于铁路货物运到期限 3 d。

(14)按普通货物条件运输的危险货物,应填写“××(铁危编号),可按普通货物运输”,如“石棉(91006),可按普通货物运输”。

(15)托运人使用自备篷布时,应填写“自备篷布×张”。

(16)委托承运人代封货车或集装箱时,应填写“委托承运人施封”。

(17)使用自备货车或租用铁路货车在营业线上运输货物时,应填写“××单位自备车”或“××单位租用车”。

(18)发站由托运人组织装车,到站由承运人卸车,托运人要求到站会同收货人卸车时,应填写此要求事项。

(19)使用自备集装箱运输货物时,应填写“使用×吨自备箱”。

(20)集装箱内单件重量超过 100 kg 应注明。

(21)润滑油罐车运输润滑油时,应注明“罐车卸后回送××站”。

(22)对危险货物的包装及质量等需要事先声明的事宜。

11. 在运单的右上角应用红色戳记标明的内容

(1)托运人应在运单的右上角,用红色戳记标明危险货物的类项名称,如汽油(31001)应标明“3.1　一级易燃液体”。

(2)托运爆炸品(烟花爆竹)时,在运单右上角用红色戳记标明“爆炸品(烟花爆竹)”字样。

(3)需要编组隔离、禁止溜放或限速连挂、停止制动的货物标明相应标记。

(4)派有押运人的成组危险货物车辆,标记“成组连挂,不得拆解”。

12. 领货凭证

领货凭证各栏的内容应与运单相应各栏保持统一。

13. 托运人盖章或签字

托运人填写完运单和领货凭证并确认无误后,在此两栏内盖章或签字,还应在日期处填写日期。

(五)危险货物其他运输条件

1. 按普通货物运输的条件

《品名表》第 12 栏特殊规定符合按普通货物运输条件的,可按普通货物条件运输。运输时,经铁路局集团公司批准后可在非危险货物办理站、专用线(专用铁路)发运。

按普通货物条件运输的危险货物,限使用棚车装运,适箱品类可使用集装箱装运,但必须符合

《品名表》第 12 栏特殊规定要求，其包装、标志须符合《危规》关于危险货物运输包装的相应规定。

放射性物质的包装件外表面最大辐射水平不超过 0.005 mSv/h，包装件外表面放射性污染不超过表 2-2 中的最大限值的，可按普通货物运输。每个包装件放射性内容物不超过表 2-3 中所列限值。

表 2-2 包装件放射性污染最大限值

污染表示	β、γ 和低毒性 α 发射体(Bq/cm^2)	其他 α 发射体(Bq/cm^2)
包装件外表面或包装件外层辅助包装和运输工具表面	0.4	0.04

表 2-3 包装件的放射性活度限值

内容物性质		仪表或制成品		放射性物质包装件限值
		物品限值	包装件限值	
固态	特殊形式 其他形式	$10^{-2}A_1$ $10^{-2}A_2$	A_1 A_2	$10^{-3}A_1$ $10^{-3}A_2$
液态		$10^{-3}A_2$	$10^{-1}A_2$	$10^{-4}A_2$
气态	氚 特殊形式 其他形式	$2\times10^{-2}A_2$ $10^{-3}A_1$ $10^{-3}A_2$	$2\times10^{-1}A_2$ $10^{-2}A_1$ $10^{-2}A_2$	$2\times10^{-2}A_2$ $10^{-3}A_1$ $10^{-3}A_2$

2. 危险货物新品名、新包装和改变包装的运输条件

《品名表》中未列载的产品且货物性质不明确的，托运人办理运输时应委托国家安全生产监督管理部门认定的检测鉴定机构(以下简称鉴定机构)进行性质技术鉴定，出具鉴定报告；属于危险货物时，应办理危险货物新品名试运手续。鉴定机构对鉴定结果负责。

托运人提交技术鉴定前，需填写"铁路货物运输技术说明书"(以下简称"技术说明书"《危规》格式 2)，一式四份。托运人对填写内容和送检样品真实性负责。托运人办理新品名试运时，应向铁路局集团公司提交试运技术条件、事故应急预案和环保应急处理预案。

托运人要求采用新包装(含改变包装，下同)时，应委托包装检验机构进行包装性能试验，合格后方可办理危险货物新包装试运手续。托运人申请试运前，应填写"新运输包装申请表"(《危规》格式 3)，一式四份。托运人办理新包装试运时，应向铁路局集团公司提交试运技术条件。

危险货物新品名、新包装试运应符合《品名表》"特殊规定"栏的特殊规定，由铁路局集团公司批准，并报国铁集团货运部备案。经批准后，发站、铁路局集团公司、托运人各留存一份"技术说明书"和"新运输包装申请表"。试运应在指定的时间和区段内进行。跨铁路局集团公司试运时，由批准单位以电报形式通知有关铁路局集团公司。试运前办理站、托运人双方应签订试运安全运输协议。

鉴定为普通货物时，不需进行试运。

改变氯酸盐、高氯酸盐、高氯酸、黄磷等包装需经国铁集团批准。

3. 过度敏感或能自发反应引起危险的危险货物运输条件

禁止运输《危规》未确定运输条件的过度敏感或能自发反应而引起危险的物品，如迭氮铵、无水雷汞、高氯酸(>72%)、高锰酸铵、4-亚硝基苯酚等。

对易发生爆炸性分解反应或需控温运输等危险性大的货物，须由国铁集团确定运输条件，如乙酰过氧化磺酰环己烷、过氧重碳酸二仲丁酯等。

凡性质不稳定或由于聚合、分解在运输中能引起剧烈反应的危险货物，托运人应采用加入稳定剂或抑制剂等方法，保证运输安全，并在托运人记载事项栏内填写“已加入稳定剂或抑制剂”字样，如乙烯基甲醚、乙酰乙烯酮、丙烯醛、丙烯酸、醋酸乙烯、甲基丙、烯酸甲酯等。

4. 整列运输剧毒品的运输条件

整列运输剧毒品时不同时间段经由不同路径，由国铁集团协调各经由铁路局集团公司，保证全程运输安全工作，需要由国铁集团确定有关运输条件。

5. 放射性物质的运输条件

放射性物品包装件根据其外表面辐射水平和运输指数分为三个运输等级，见表 2-4。

表 2-4　放射性物质包装件运输等级

运输等级（标志颜色）	包装件外表面任意一点最大辐射水平 H(mSv/h)	运输指数 TI
Ⅰ级(白色)	$H \leqslant 0.005$	TI=0(注 1)
Ⅱ级(黄色)	$0.005 < H \leqslant 0.5$	0<TI≤1
Ⅲ级(黄色)	$0.5 < H \leqslant 2$	1<TI≤10
Ⅲ级(黄色)	$2 < H \leqslant 10$	TI>10(注 2)

注：1. 对于 TI≤0.05 的包装件均认为 TI=0；其他情况 TI 都应取一位小数；
2. 须按《危规》特殊规定 1 办理。

包装件和运输工具的限值应符合下列规定：

(1)货包、外包装和运输工具外表面放射性污染不得超过下列限值：

①对 β、γ 和低毒性 α 发射体为 4 Bq/cm^2。

②所有其他 α 发射体为 0.4 Bq/cm^2。

(2)货包、外包装的运输指数不大于 10，车内各包装件运输指数总和不大于 50。Ⅰ类低比活度放射性物品运输指数总和不受限制。易裂变物质的货包或外包装的临界安全指数不大于 50，车内各包装件临界安全指数总和不大于 50。

(3)运输工具或包装件外表面任一点辐射水平不大于 2 mSv/h，距运输工具 2 m 处的任一点辐射水平不大于 0.1 mSv/h。

(4)放射性包装件装车时，运输包装等级小的包装件应摆放在运输包装等级大的包装件周围。

6. 危险货物进出口运输条件

国家与国家、国家与地区之间的长途货物运输，中间环节多，涉及面广，情况复杂，托运人往往不可能亲自处理每一项具体运输业务，许多工作需要委托代理人代办，国际货运代理应运而生。

办理危险货物进出口运输时，对委托代理人代理的，铁路局集团公司在签订托运危险货物安全协议时，除要查验进出口代理人(委托人)的相关材料外，还应查验国家有关部门核发的进出口代理报关资质和委托代理合同。对国家规定需要办理进出口许可的危险货物，还应查验相应的许可证明。

二、危险货物的受理、进货与验货

(一)受　理

托运人提出货物运单后，经承运人审查，若符合运输条件，则在货物运单上签证货物搬入日期或装车日期的作业，称为受理。运单签证后即表示对货物受理完毕，车站接受了托运人托运货物的要求。

1. 办理站受理危险货物时的规定

办理站受理危险货物时，应符合下列规定：

(1)托运人名称与危险货物托运人名称表相统一。

(2)国家对生产、经营、储存、使用等实行许可管理的危险货物，发站还应查验收货人提供的相关证明材料并留存备查；必要时，到站应进行复查。

(3)经办人身份证与货物运单记载相统一(如图 2-2 所示)。

(4)货物运单记载的品名、类项、编号等内容与《品名表》的规定相统一，并核查《品名表》“特殊规定”栏有无铁路危险货物运输特殊规定(如图 2-2 所示)。

(5)发到站名、办理站名、装运方式与《办理限制》相统一(如图 2-2 所示)。

(6)货物品名、重量、件数与货物运单记载相统一(如图 2-2 所示)。

(7)经办人具有培训合格证明。

(8)托运人具有包装检验合格证明文件。

(9)货物运单右上角用红色戳记标明编组隔离、禁止溜放或限速连挂等警示标记。

(10)其他有关规定。

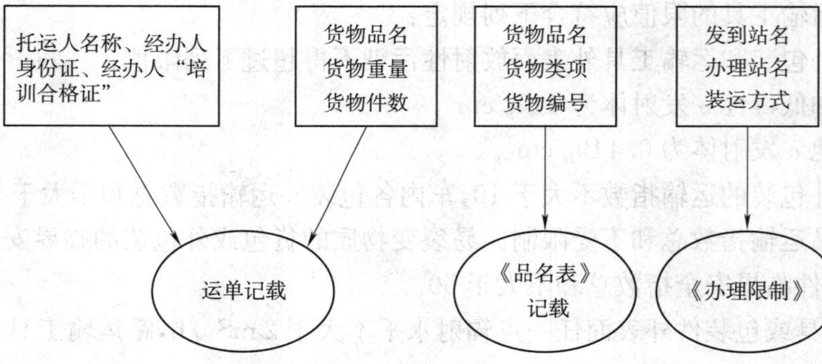

图 2-2　危险货物受理的“四个统一”

2. 受理气体类危险货物时的“四个统一”(如图 2-3 所示)

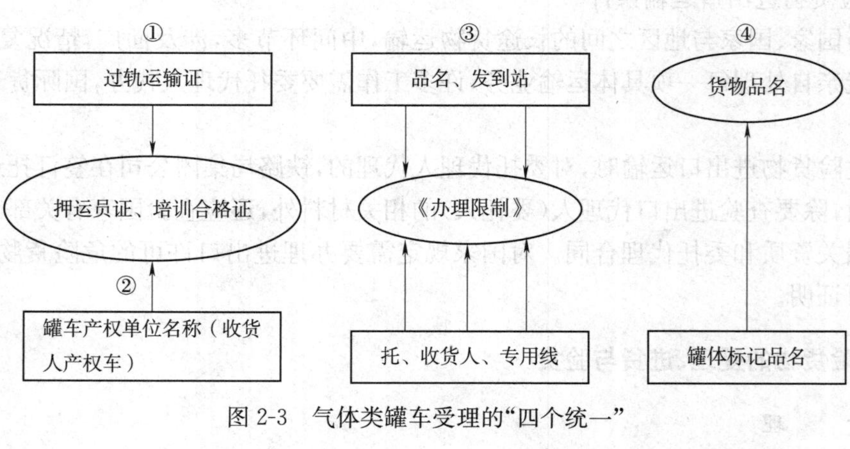

图 2-3　气体类罐车受理的“四个统一”

3. 危险货物运单的签证

运单经审查符合要求后即进行签证，其方法如下：

(1)整车货物，在站内装车者，在运单上签证计划号码、货物搬入日期及地点，将运单交还托运人，凭此搬入货物；在专用线装车者，在运单上签证计划号码和装车日期，将运单交指定的包线货运员，按时到装车地点检查货物。

(2)集装箱货物，在运单上签证运输号码、搬入日期及地点，将运单交还托运人，凭此搬入货物。

(3)加盖受理章和经办人的名章。

(4)加盖有关表示货物性质或运输要求及注意事项的戳记，如危险货物的“限速连挂”等。

(二)进货与验收

在铁路货场内装车的货物，托运人按承运人受理时签证的货物搬入日期，将货物全部搬入车站，并整齐堆放在指定的货位，完好地交给承运人的作业，称为进货。托运人进货时，门卫应根据运单核对是否符合签证的搬入日期，品名与现货是否相符等。经检查无误后，方准许搬入货场。

车站在指定进货货位时，要考虑便于车辆取送和货物装卸、搬运作业，并保证人身和货物安全。车站在接收托运人搬入车站的货物时，按运单记载对货物品名、件数、运输包装、重量等进行检查，确认符合运输要求并同意货物进入场、库指定货位的作业，称为验收。进货验收是为了保证货物运输安全、完整以及划清承运人与托运人之间的责任。如检查疏忽，则可能会使不符合运输要求的货物进入运输过程，造成或扩大货物的损失，使不属于铁路责任的损坏转化为铁路事故，造成铁路不应有的赔偿和信誉损害；同时，也可避免或减少托运人的损失。危险货物验货的重点是：

(1)核对现货与运单记载的品名、件数是否相符合。

(2)核对包装是否符合《危规》的规定与要求。

(3)核对危险货物包装标志与运单记载的类项是否相符。

(4)核对货签内填写的内容与运单记载是否统一。

货物验收完毕搬入指定货位时，一定要按《危规》“配放表”规定划分货位，同时要做到以下几点：

(1)经济合理地使用货位，便于装卸和搬运作业，并能保证人身和货物安全。

(2)货物堆码整齐、稳固，标记和标志向外，以便清点件数和进行交接。

(3)一批货物不得堆放两处，对性质相抵触的货物要隔离堆放。

(4)堆放在场库内的货物，距钢轨外侧的距离不得小于 1.5 m，靠汽车通道一侧不得少于 0.5 m，以保障调车人员及其他作业人员的安全。

(5)堆放在露天货位上的怕湿货物，要做好下垫上盖工作，货物堆码要成脊形，以防止货物湿损。

(三)包装检查

1. 危险货物包装定义

危险货物包装是指以保障运输、储存安全为主要目的，根据危险货物性质、特点，按国家有关法规、标准，专门设计制造的包装物、容器和采取的防护技术。装有危险货物的包装称为包装件。

2. 危险货物包装作用

(1)防止货物因接触雨雪、潮湿空气、阳光、杂质而变质或发生剧烈的化学反应而造成事故。

(2)防止因货物的撒漏、挥发及性质相互抵触的货物直接接触而发生事故或污染运输设备与其他货物。

(3)减少货物在运输过程中所受的撞击、摩擦,使其在包装的保护下处于完整和相对稳定状态,以保证运输安全。

(4)便于装卸、搬运和保管,以便及时运输、提高车辆的载重量。

3. 危险货物包装类别

我国铁路根据其内装货物的危险程度分为三个包装类别:

Ⅰ类包装——盛装具有较大危险性的货物,包装强度要求高。

Ⅱ类包装——盛装具有中等危险性的货物,包装强度要求较高。

Ⅲ类包装——盛装具有较小危险性的货物,包装强度要求一般。

有特殊要求的危险货物包装件按国家有关规定办理,如气体钢瓶按《气瓶安全技术监察规程》、放射性物质包装按《放射性物质安全运输规程》(GB 11806)办理。

4. 包装标志

在运输、装卸、搬运、储存过程中,对怕湿、怕热、怕震及其在搬运过程中有特殊要求的货物,在危险货物包装件上要标打包装储运图示标志,其目的是为货物在物流过程中引起从业人员的注意,便于安全操作。

危险货物包装上应牢固、清晰地标明"危险货物包装标志"(以下简称"包装标志",见《危规》附录1)和"包装储运图示标志"(以下简称"储运标志",见《危规》附录2)中相应的包装标志和储运标志。

5. 包装检查内容

检查包装件在站台和进货车辆上有无渗漏痕迹,包装封口是否严密,衬垫是否符合要求,检查包装内有无破损容器的声响,气瓶上检验钢印是否过期等。

6. 包装生产

包装应由取得工业产品生产许可证(列入国家实行生产许可证制度工业产品目录的包装)的企业生产,除符合国家有关标准外,还应符合"铁路危险货物运输包装性能试验规定"(《危规》附件4)和"铁路危险货物运输包装性能试验要求和合格标准"(《危规》附件5),并经国家质量监督检验检疫部门认定的检验机构(以下简称包装检验机构)检验合格,出具包装检验报告。包装检验机构对检验结果负责。

7. 包装检查的依据

(1)危险货物包装的基本要求

危险货物运输包装不得重复使用。性质特殊、须采取特殊包装的(如盛装气体危险货物的钢瓶等)不受本规定限制。

危险货物的运输包装和内包装应按《品名表》及"包装表"的规定确定,同时还须符合下列要求:

①包装材料材质、规格和包装结构应与所装危险货物性质和重量相适应。包装材料不得与所装物产生危险反应或削弱包装强度。

②充装液态货物的包装容器内至少留有5%的余量。罐车及罐式集装箱装运的液体危险货物应符合《危规》有关规定。

③液态危险货物要做到气密封口。对须装有通气孔的容器,其设计和安装应能防止货物

流出和杂质、水分进入。其他危险货物的包装应做到严密不漏。

④包装应坚固完好，能抗御运输、储存和装卸过程中正常的冲击、振动和挤压，并便于装卸和搬运。

⑤包装的衬垫物不得与所装货物发生反应而降低安全性，应能防止内装物移动和起到减震及吸收作用。

⑥包装表面应保持清洁，不得黏附所装物质和其他有害物质。

⑦货物包装上应牢固、清晰地标明“包装标志”和“储运标志”中相应的包装标志和储运标志。

⑧采用集装化运输的危险货物，包装须符合《危规》规定，使用的集装器具必须有足够的强度，能够经受堆码和多次搬运，并便于机械装卸。

⑨进出口危险货物在国内段运输时必须粘贴或拴挂、喷涂相应的中文危险货物包装标志和储运标志。

⑩不同编号（品名）的危险货物不能混装在同一运输包装内。

（2）危险货物包装的特殊要求

①爆炸品包装。内包装必须严密，爆炸性物质不得撒漏；严禁金属材料与爆炸性物质接触；内包装要定位妥实，不得松动；不同名称的爆炸品不得装入同一包装内。

②压缩气体和液化气体的包装。各种耐压容器的规格、质量应符合国家《气瓶安全技术监察规程》、国务院《锅炉压力容器安全监察条例》的规定。

③易燃液体的包装。盛装低沸点液体的容器，其强度应有足够的安全系数；封口达到气密封口；闭口钢桶大包装具有外凸环筋和底部双重卷边。

④易燃固体、自燃物品和遇湿易燃物品的包装。所装货物为易燃固体时，包装应密封，防火、防热、防止货物与空气接触氧化分解；所装货物为自燃物品时，需要用水浸润的物质（如黄磷），要将物品全部浸没，隔绝空气；能缓慢氧化的浸油、油制品包装应保证通风散热；所装货物为遇湿易燃物品时，性质活泼的碱金属钾、钠等应浸没于矿物或密封于石蜡中，其他遇水、潮湿空气能引起反应的物品（如电石）应充入惰性气体或设置通气、吸潮装置。

⑤氧化剂的内、外包装要严密、防潮、防止撒漏或渗漏，严禁与有机物、可燃物接触等。

⑥腐蚀品包装应选择耐腐蚀的容器盛装，按货物的物理特性，对能挥发蒸气的物品，液体、固体应分别采用气密、液密、严密封口；外包装必须坚固，不脱底；高温灌装的腐蚀品，防止坛身冷却裂缝，单件重量不宜过重。

8. 危险货物的包装性能试验

危险货物运输包装应取得国家质监部门核发的工业产品生产许可证及检验合格证。铁路运输时，应根据铁路运输特点、状况、条件，由符合国家规定条件且由包装检测机构进行包装性能试验。试验要求、方法、合格标准，须符合“铁路危险货物运输包装性能试验规定”（见《危规》附件 4）和“铁路危险货物运输包装性能试验要求和合格标准”（见《危规》附件 5）。钢瓶应符合《气瓶安全技术监察规程》规定；放射性物质包装应按照《放射性物质安全运输规程》（GB 11806）的要求进行设计和试验。

运输包装的试验项目主要有：

（1）堆码试验。在包装件上放置一定高度同样重量的包件，观察试件在一定时间内承受堆积静载的能力和包装对内装物的保护能力。

（2）跌落试验。将包装件按规定高度和着地方式跌落于坚硬、平整的水平面上，以包装的破损、裂缝、变形来评定包装件承受垂直冲击的能力。

(3)震动试验。将包装件放在震动试验机台面上，使其在一定的时间内按规定的震动波形、加速度和频率进行震动，以包装的破损、松散、失封程度来评定包件承受震动的能力。

(4)压力试验。将包件置于压力试验机上，以一定的速度在其顶部(或底部)均匀施力，以包装的破损、变形程度来评定包装承受外部压力的能力。

(5)水压试验。利用水压机对金属或塑料桶(罐)施加压力，经一定时间后，以容器的破裂、变形、减压和渗漏情况，评定桶(罐)的强度和液密封口能力。

(6)渗漏试验。将桶(罐)浸入水中，利用空压机加压，观察气泡的产生，评定容器的严密性和气密封口能力。

(7)高、低温试验。将包件按规定温度和时间置于高、低温试验室(箱)内，评定包件受热、冷气候环境的能力和包装对内装物的保护能力。

(8)喷淋试验。将包装件在规定条件下按一定时间和喷水量要求进行喷淋，评定包装件承受水的侵袭能力和对内装物的保护能力。

此外，根据货物性质和包装材料、结构，必要时还应进行有关材料的力学试验和特殊包装试验，如滚筒试验、实地运输试验等。各种试验的技术和合格标准应能满足危险货物运输过程中最严酷条件的要求。其定量值可参考有关试验的国家、部标准或国际上试行、推荐的标准。

9. 危险货物包装表

为了保证危险货物的完整及运输、装卸、搬运、保管的安全、方便，托运人托运的危险货物，应按“包装表”(《危规》附件3)中的规定进行包装，并符合危险货物包装的基本要求。“包装表”也是承运人受理、承运货物的依据。

“包装表”是根据国家标准《危险货物包装通用技术条件》、各种单项国家包装标准及行业包装标准，参照了联合国危险货物专家委员会及各国际单项组织制定的危险货物运输规则中确定的包装方法，采纳了不断出现的新的包装材料、包装容器、包装方法而制定的。“包装表”由包装号、包装要求(外包装、内包装)、单位包装限制重量和备注等组成(举例见表2-5)。

表2-5　危险货物包装表格式(举例)

包装号	包装要求		单位包装件限制质量或容量	备注
	外包装	内包装		
17	**花格箱** 板材符合国家标准。板厚12 mm以上，宽度不小于50 mm。木箱四周上下16根箱挡，箱挡宽40 mm、厚15 mm。花格比率小于30%。箱钉长度为40 mm；箱钉数量，以箱面宽度计，平均50 mm一只。钉子钉实，钉尖盘实。箱外两道钢带加固，钢带搭接后用钢钉钉在木箱上。钢带宽13～16 mm，厚0.3～0.4 mm	**金属桶(罐)** 内衬塑料袋。袋口双层扎口或封口，严密不漏。 **塑料桶** 桶壁厚大于2 mm，内盖严密，外螺纹盖旋紧，内衬塑料袋。袋口双层扎口或封口，严密不漏。 箱内用松软衬垫材料(性质不得与内装物抵触)隔垫妥实	每箱净重不超过20 kg	

“包装表”中共列载了26个包装号：1号包装为压缩气体和液化气体专用包装(气瓶)；2号至9号包装为桶类包装；10号、11号包装为袋类包装；12号至23号包装为木箱包装；24号、25号包装为纸箱包装；26号包装为放射性物品专用包装。

在每个包装号中，分别对外包装、内包装的材质、厚度、结构、封口等均做了具体规定，并规定了单位包装限制重量以及需要说明的问题。由于危险货物性质特殊，为保证安全，只能允许正常的撞击、摩擦，因此危险货物的装卸、搬运必须轻拿轻放，不能肩扛、背负、拖拉、滚动，有的在使用装卸机械时有限制，因此包装不能过重、过大，必须对单位包装重量加以限制。

某些危险货物因性质特殊，为保证运输安全，《品名表》"包装方法"栏中规定了具体的包装要求。

10. 对进出口危险货物包装的要求

(1)在《国际海运危险货物规则》、《国际铁路货物联运协定》附件 2、《危险货物运送规则》等有关国际运输组织的规定中属危险货物，而《危规》规定按普通货物运输的，按《危规》有关要求办理运输，包装和标志应符合上述有关国际运输组织的规定。

(2)《危规》规定为危险货物，而《国际海运危险货物规则》、《国际铁路货物联运协定》附件 2、《危险货物运送规则》等有关国际运输组织的规定中属非危险货物时，其包装按《危规》规定办理。

(3)办理非国际联运的危险货物时，同属危险货物但包装方法不同时，进口的货物，经托运人确认包装完好，符合安全运输要求，并在运单"托运人记载事项"栏内注明"进口原包装"字样，由托运人或代理人提供有关的包装检测资料，车站请示铁路局集团公司同意批准后，可按原包装方法运输；出口的货物，托运人应按《危规》有关试运规定办理。

(4)办理国际联运的进出口危险货物，在我国陆运口岸站不进行换装时，不受《办理限制》中有关口岸站办理危险货物品名的限制，其他均须符合《危规》及《办理限制》的规定。

(5)进口集装箱装运的危险货物(陆运口岸按国际联运有关规定办理)，在 30 个工作日前，托运人提出申请报告、危险货物运输有关资质、技术说明书、集装箱类型、包装形式及装载方式等有关技术文件和资料，以中文文书形式经铁路局集团公司审核后，报国铁集团批准。

11. 剧毒品包装

必须符合有关技术条件的规定，必须出具厂家认定的包装检测机构提出的检测合格证明，由铁路运输主管部门认可后方可使用。剧毒品包装严禁重复使用。

12. 放射性物质的包装

放射性物质(物品)运输包装容器应符合《放射性物品运输安全管理条例》、《放射性物质安全运输规程》(GB 11806)的相关规定。压力容器应当符合国家特种设备安全监督管理部门制定并公布的《移动式压力容器安全技术监察规程》《气瓶安全技术监察规程》等有关安全技术规范要求，并在经核准的检验机构出具的压力容器安全检验合格有效期内。

放射性物质的包装除应符合《危规》包装和标志的有关规定外，还必须满足下列要求：

(1)包装件应有足够的强度，保证内容物不泄漏和散失。内、外容器必须封严、盖紧，能有效地减弱放射线强度至允许水平并使放射性物质处于次临界状态。

(2)便于搬运、装卸和堆码，重量在 5 kg 以上的包装件应有提手；袋装矿石、矿砂袋口两角应扎结抓手；30 kg 以上的应有提环、挂钩；50 kg 以上的包装件应清晰耐久地标明总重。

(3)应在包装件两侧分别粘贴、喷涂或拴挂放射性货物包装标志(见《危规》附录 2)。

三、危险货物的承运和保管

(一)承运的概念

整车货物装车完毕，集装箱货物由发站接收完毕，危险货物经前述受理、进货、验货、包装检查无误后，发站在货物运单上加盖车站日期戳后，即为承运。承运标志着货物进入了铁路运输过程。

铁路罐车经检查，货物品名、使用车辆、装载量及容量计表符合规定，气体类罐车的介质、车种车型、充装记录、押运员小修检查等符合规定，方可承运。

（二）承运前的保管

托运人将整车或批量零散危险货物搬入车站，经验收完毕后，若不能立即装车，需在货场内存放，这就产生了承运前保管的问题。发站实行承运前保管的，从收货完毕填发收货证起，即负责承运前保管责任，铁路从这时开始负责运输。不实行承运前保管的车站可通知托运人自行看管。集装箱货物，车站从收货完毕时即负保管责任。

第二节　铁路危险货物的装卸车作业

装车作业是铁路货物运输工作的一个重要环节，装车质量直接影响到货物安全及列车运行安全、货物运送速度、车辆周转时间，因此，合理使用货车、合理组织劳动力和装卸机械，遵守装车作业规章制度和作业程序，对顺利完成装车作业具有重要意义。

一、装运危险货物车辆的使用

（一）装运危险货物车辆的限用

装运危险货物的车辆，要求技术状态良好，不能使用扣修或定检过期的车辆；车辆的种类和技术性能要适合货物的性质；车内应清洁无污染，经洗刷除污的车辆，应符合除污标准；车辆的种类和技术性能要适合货物的性质。各种车辆的限用范围见表 2-6。

表 2-6　装运危险货物的车辆限用范围

车辆种类	危险货物品名（举例）	备　注
可使用敞车	塑料沥青；动植物纤维及制品；用钢桶包装的氢氧化钠、氢氧化钾、硫化钠、硫化钾、煤焦油、松焦油	1. 按要求加盖篷布 2. 生石灰的车体要干燥 3. 棚车不足时，采用安全措施后也可使用敞车
限用内木底棚车	爆炸品、氯酸钾、氯酸钠、黄磷、硝酸铵	1. 使用铁底棚车应采用安全措施 2. 未限定“停止制动作用”的爆炸品应选用有防火板的棚车
限用停止制动作用的棚车	硝化二乙醇胺火药、硝化纤维素（含氮量＞12.6%）、硝化甘油混合炸药、黑火药（颗粒状或粉状）、季戊四醇四硝酸酯、环三次甲基三硝铵、三硝基苯基甲硝胺、三硝基甲苯［干的，或湿的（含水＜30%）］、重氮甲烷、导爆索、电引爆雷管、非电引爆雷管	
限用冷藏车	二乙醚	铁桶包装，4～9 月份使用 2 号包装时
毒品专用车	农药等、低比和低水平放射性物质	
自备专用车	表面辐射水平或运输指数超过Ⅲ级的放射性物质	
自备罐车	原油及液体石油燃料和溶剂油以外的液体、化工品	

（二）危险货物车辆的洗刷除污

1. 危险货物对货车的污染

受危险货物污染的货车（毒品等专用车除外）若不按规定进行洗刷和除污，直接装运食品、药材、搬家货物、活动物等，很容易造成货物的污染。若直接装运其他危险货物，还会因与原装危险货物性质抵触而发生化学反应，造成事故。此外，残留的危险货物长期侵蚀车体，也会使车辆受到损坏。

危险货物污染车辆的情况有以下几种：

（1）表面污染。这种污染一般是因易燃固体、粉状农药及其他固体有毒物品的包装不良，撒漏，使车辆的表面部分受到污染。

（2）浸透污染。这种污染主要是易燃液体、毒害品、腐蚀物品、氧化剂等液体危险货物因容器破陋，使货物渗入车地板内部所致。

（3）潮解吸收污染。这种污染是氧化剂、毒害品、腐蚀物品等危险货物中的固体物质撒漏后吸湿溶解，渗入车底板造成的。

（4）气体熏蒸污染。这种污染是气体和挥发性较强的危险货物在运输过程中，或货物包装破损，造成大量气体熏蒸车厢。

（5）放射性污染。这种污染是因放射性货物包装表面带有放射性粉尘，或内容器损坏，使放射性物质沾染货车。

2. 货车洗刷除污的基本方法和要求

装过危险货物的车辆，除毒品专用车及其他另有特殊规定者外，必须在卸后进行彻底清扫。需要进行洗刷除污的货车，一般是装过剧毒品的货车，或发生过撒漏、受到污染（包括有刺激异味）的货车，或回送检修运输过危险货物的货车。

铁路局集团公司应按照管内货车自局洗刷、减少空车长距离回送洗刷和环保达标的要求，新建或升级改造货车洗刷所。

危险货物车辆洗刷除污的药剂主要有稀酸、碱水溶液、硫代硫酸钠、肥皂水等。其原理是根据危险货物的酸碱等性质，使用相应的药剂后能够通过中和、氧化、还原，消除或减弱沾污危险货物的危险性。《品名表》及《危规》附件 9 中对不同品名的危险货物都规定了相应的洗刷除污编号及方法（举例见表 2-7）。个别物品因性质特殊，应按规定采取特殊的除污方法。

表 2-7　危险货物货车洗刷除污编号及方法

编　号	1	2	3	4	5
洗　刷除污剂	水	稀盐酸（浓盐酸用水稀释 20 倍）	碱水（烧碱或纯碱用 50 倍水溶解）	硫代硫酸钠（用 20 倍水溶解）	肥皂水

货车洗刷除污工艺应符合“铁路货车洗刷除污方法”（《危规》附件 9）。回送洗刷除污的货车，应在“特殊货车及运送用具回送清单”内注明品名及编号，并在货车两车门内外明显处粘贴“铁路货车洗刷回送标签”（《危规》格式 4）各一张。货车经洗刷除污达到要求后，应撤除货车洗刷回送标签，并在货车两车门内外明显处粘贴“铁路货车洗刷除污工艺合格证”（《危规》格式 5）各一张，并填写“洗刷除污登记表”（《危规》附表 17）。

3. 危险货物货车洗刷除污设备

（1）货车洗刷除污所（站）一般应设置在空车回送径路的编组站上。设置在编组站上的洗刷除污所，应与调车场中停放待洗车辆的线路有便捷的联系，减少与正线、机车走行线的交叉。

为减少待洗货车的回送距离,每个铁路局集团公司应视危险货物到发量的大小,至少设一个洗刷除污所(站)。洗刷除污所也可以设在专门或大量办理危险货物作业的车站上。

(2)在选择洗刷除污所场地时,应与当地环保、卫生、农业、市政及邻近工厂取得联系。洗刷除污所要有可靠的水电来源,应与铁路其他设备隔开一定距离,特别要与铁路正线、仓库、办公用房及居民区等隔开,以防污染。洗刷场地应考虑污物的堆积、污水处理及今后扩展等。

(3)货车洗刷除污所,应有完善的洗刷除污设备,如洗车台、洗车线、冷热水及蒸汽供应管道、除污剂制配室、化验室、各种洗刷工具和防护用品等,洗车台位数、洗车线的数量和长度应达到洗刷除污的能力需求。

(4)洗刷除污的废水、废物处理技术条件应符合《铁路货车洗刷废水处理技术条件》(TB 1797)、《铁路货车洗刷固体废物处理技术条件》(TB/T 2321)以及《铁路污水处理工程设计规范》(TB 10079)等的要求。洗刷除污后的废水、废物的排放必须达到环保部门的有关标准。

4. 洗刷除污程序

(1)洗车作业前要先打开车门、车窗进行通风。

(2)检查货车污染状况,对重点处作出标志。

(3)用水压不低于 0.6 MPa 的清水冲洗。

(4)对需用药剂消除污染的车辆,应根据《品名表》的规定使用相应的药剂对污染部位浸泡 30 min。

(5)用 50～60 ℃热水及扫帚、刷子洗刷。

(6)将残留水扫净,再通风,吹干车体。

(7)撤除"货车洗刷回送标签",并在货车两侧车门外部及车内明显处粘贴"洗刷工艺合格证"各一张。

(8)对洗刷合格的货车进行登记。

5. 洗刷除污检测方法和检查合格标准

(1)检查方法。用眼看、鼻嗅,必要时可用试纸或小动物试验。对放射性货物污染的车辆,洗后用仪器测定。

(2)经过洗刷除污的货车,必须达到水清无白点水泡,无秽物,无恶臭异味,无污染痕迹。被放射性物质污染的货车,洗刷后应符合《危规》的要求。

(3)装过放射性物质的货车、苫盖的篷布及有关用具,卸后须由省级人民政府环保部门认定的有资质的辐射监测机构对 α、β、γ 发射体的污染水平进行检测,检测结果必须低于包装件和运输工具外表面放射性污染和外表面的辐射水平限值的 1/50,否则必须由收货单位彻底洗刷除污,经检测,达到要求后方可排空使用。

(4)对装过性质特殊、缺乏有效洗刷除污手段的货车,洗刷所应通知卸车站,要求收货人提供有效的洗刷除污方法和药物,再次洗刷处理。

二、危险货物装卸车作业

(一)装卸车责任的划分

货物装车或卸车的组织工作根据装卸地点和货物性质来划分承运人与托运人、收货人责任范围。

1. 承运人装卸的范围

危险货物原则上应在专用线(专用铁路)办理。危险货物罐车装卸作业必须在专用线(专用铁路)办理。

危险货物装车或卸车的组织工作,在车站公共装卸场所以内由承运人负责。有些货物虽在车站公共装卸场所内进行装卸作业,由于在装卸作业中需要特殊的技术或设备、工具,仍由托运人或收货人负责组织。

2. 托运人、收货人装卸的范围

除车站公共装卸场所以外进行的装卸作业,装车由托运人、卸车由收货人负责。一件重量超过1t的放射性同位素,即使在车站公共场所装卸也由托运人、收货人负责。此外,其他货物由于性质特殊,经托运人或收货人要求,并经承运人同意,也可由托运人或收货人组织装车或卸车,如气体放射性物质、尖端保密物资等。货物的装卸不论由谁负责,都应在保证安全的条件下,积极组织快装、快卸,昼夜不断地作业,以缩短货车停留时间,加速货物运输。车站应同各专用铁路、专用线所有人签订运输协议,商定货车交接地点、货车取送、货车装卸、货物和备品交接等有关事项,并报主管铁路局集团公司备案。由托运人或收货人装车或卸车的货车,车站应在货车调到前,将调到时间通知托运人或收货人。托运人或收货人在装卸车作业完了,应将装车完了或卸车完了的时间通知车站。

托运人、收货人负责组织装卸的货车,超过规定的装卸车时间标准或规定的停留时间标准,承运人应向托运人或收货人核收规定的货车使用费。

(二)装卸车作业

1. 装卸车前的要求

在送车前,货运员应随时与运转值班员联系,了解送车时间。送车时,要求安全、迅速。装卸作业前,应对车辆和仓库进行必要的通风和检查,货运员向装卸工组说明货物品名、性质、作业安全事项并准备好消防器材和安全防护用品,传达安全注意事项及装载方案。

货运员和装卸工组应确认配放条件及入库存放要求,准备好相应的防护用品和装卸机具,检查车辆技术状态和货物包装,根据货物性质,穿戴软质、无油污、能防止摩擦产生静电及防毒、防腐蚀的衣服、鞋帽和手套。

危险货物装卸前,应对车辆、仓库进行打扫,保持干净。装卸危险货物严禁使用明火灯具照明。危险货物装卸作业使用的照明设备及装卸机具必须具有防爆性能,并能防止由于装卸作业摩擦、碰撞产生火花。

危险货物装卸作业前,对车辆采取防溜、防护措施。作业时要轻拿轻放,堆码整齐稳固,防止倒塌,严禁倒放、卧装(钢瓶等特殊容器除外)。

2. 装车前的"三检"

为保证装车工作质量,使装车工作顺利进行,监装货运员在装车前应做好以下"三检"工作:

(1)检查运单,检查货物品名、包装、件数与货物运单填写是否一致,以及货物包装是否符合规定。

(2)检查待装货物,即根据运单所填记的内容核对待装货物品名、件数、包装,检查标志、标签和货物状态是否符合要求。集装箱还需检查箱体、箱号和封印。检查货物品名、包装、件数与运单填写是否统一,货物包装是否符合规定。

对于剧毒品,货运员要认真核对其到站、品名是否符合国铁集团公布的办理范围;要检查品名填写是否正确,包装方法、罐车类型、危险货物包装标志是否符合《危规》及有关规定。要求剧毒品包装件材质、印刷文字、外观尺寸规格必须统一。不符合上述要求以及包装不良的一律不得装车。

(3)检查货车，即检查货车的技术状态和卫生状态。其主要检查内容有：是否符合车辆使用条件；货运状态是否良好，主要检查车体(包括透光检查)、车门、车窗、盖、阀是否完整良好；车内是否干净，是否被毒物污染，有无“铁路货车洗刷除污工艺合格证”；货车“定检”是否过期，有无扣修色票。

3. 监装工作

(1)装车作业。监装货运员传达安全注意事项及装载方案，检查消防器材和安全防护用品。装载货物(含国际联运换装)不得超过车辆(含集装箱，下同)标记载重量及罐车允许充装量，严禁增载和超装、超载。

(2)同一车辆只允许装运同一品名、铁危编号的剧毒品。装车前，货运员要认真核对剧毒品到站、品名是否符合《办理限制》；要检查品名填写是否正确，包装方式、包装材质、规格尺寸、车种车型、包装标志等是否符合规定。

(3)在站内装载剧毒品时，应通知公安人员到场监护。作业时要轻拿轻放，堆码整齐牢固，防止倒塌。要严格按规定的安全作业事项操作，严禁货物倒放、卧装(钢瓶及特殊容器除外)。包装破损的货物不准装车。

(4)在专用线装载剧毒品时，要配齐专用线货运员。装卸作业时，货运员要会同托运人确认品名、清点件数(罐车除外)，监督托运人进行施封，并检查施封是否有效。须在车辆上门扣用加固锁加固并安装防盗报警装置。到站卸车时，应与押运人、收货人共同确认封印状态，并及时与收货人办理交接手续。

(5)车站货检人员对剧毒品车辆应作重点检查，用数码相机或手持机两侧拍照(如车号、施封、门窗状况)，并存档保管至少 3 个月；运输过程中发现装有剧毒品的车辆或集装箱无封、封印无效以及有异状时，应立即甩车，并报告铁路公安部门共同清点，按规定进行处理。如发生丢失被盗等问题，立即报告铁路局集团公司和国铁集团调度、货运部门及铁路公安部门。

(6)办理站办理危货箱时，应对品名、包装、标志、标记等进行核查，防止匿报、谎报危险货物或在危货箱中夹带违禁物品。严禁在站内办理危货箱的装箱、掏箱作业。

4. 装卸作业过程中的要求

传达安全注意事项及装载方案，检查消防器材和安全防护用品。装载货物(含国际联运换装)不得超过车辆(含集装箱、罐式箱)标记载重量及罐车允许充装量，严禁增载和超装超载。

(1)装卸车过程中的一般要求

①货物重量应均匀分布在车地板上，不得超重、偏重和集重。

②装载应认真做到大不压小、重不压轻，堆码稳妥、紧密，保证在运输中不发生移动、滚动、倒塌或坠落等情况。

③使用敞车装载货物时，应堆码成屋脊形，苫盖好篷布，规定使用篷布支架的，支架的强度符合支撑方式要符合规定，并将绳索捆绑牢固。

④使用棚车装载货物时，装在车门口的货物，应与车门保持适当距离，以防挤住车门或湿损货物。

⑤使用罐车装运货物时，应严格执行装载量的规定。

(2)各类危险货物装卸作业过程中的特殊要求

①装卸作业中要轻拿轻放，堆码整齐稳固，防止倒塌，严禁倒放、卧装(钢瓶等特殊容器除外)。

②装卸作业中不倒置、不拖拉、不滚动、不背负、不肩扛；包装破漏时严禁装车，撒漏的货物

及时收集另行处置；装载高度（按单位重量、性质、包装）要适当。

③发生着火、中毒、腐蚀等事故，应迅速扑救。

(3)各类危险货物装卸的特殊注意事项

①爆炸品和氧化性物质的装卸。严禁火花发生；装载和码垛高度不得超过 1.5 m；装卸机具的负荷应适当降低；注意防滑；采用防爆灯具照明；切忌与酸、碱和有机物、粉状可燃物接触。

②气体的装卸。防止气瓶阀门损坏；工具和手套不得沾有油脂；气瓶卧式装载，高度不得超过 5 层，并采取掩垫措施；装卸毒害性气体，应穿戴或备用供氧式防毒面具 。

③易燃液体的装卸。装卸车前必须保证 15～20 min 通风，严禁火花；作业环境温度超过 40℃时应停止装卸，容器膨胀应先用水冷却；桶装货物不得卧装，金属容器之间应采用铺垫措施。

④易燃固体、自燃物品和遇湿易燃物品的装卸。应注意黄磷、金属钠等包装的抑制剂（水、矿物油）撒漏，电石桶装卸前应注意对鼓桶体放气（充氮者除外）；遇湿放出易燃气体的物质在雨雪天气禁止作业。

⑤毒害性物质的装卸。注意作业中的个人防护，严防皮肤、伤口接触毒物，作业时间较长时，应轮换作业或间歇；装备规定的防毒用品。

⑥腐蚀品的装卸。坛、瓶大包装必须采用手推车或抬架装卸，注意防止脱底、散架；装载、存放坛、瓶大包装货物，注意码垛高度不超过 2 层，使用胶质防腐蚀用具。

⑦放射性包装件装车时，运输包装等级小的包装件应摆放在运输包装等级大的包装件周围。作业人员与放射性物质最小安全距离应符合表 2-8 要求。每人每天装卸放射性货物的时间不得超过容许作业时间表 2-9 的限值。

表 2-8　作业人员与放射性物质最小安全距离表　单位：m

包装件的运输指数(TI)	照射时间(h)					
	1	2	4	10	24[1]	48[2]
0.2	0.5	0.5	0.5	0.5	1.0	1.0
0.5	0.5	0.5	0.5	1.0	1.5	1.5
1.0	0.5	0.5	1.0	1.5	2.5	2.5
2.0	0.5	1.0	1.5	2.0	4.0	4.0
4.0	0.5	1.0	2.0	3.0	5.0	5.0
8.0	1.0	2.0	2.5	4.0	7.0	7.0
10.0	1.5	2.5	3.0	5.0	8.0	8.0

注：[　]为天数。

表 2-9　装卸放射性物质容许作业时间表

包装件运输等级	包装件表面辐射水平(mSv/h)	运输指数TI	徒手作业	简单工具(距包装件表面约 0.5 m)	半机械化操作(距包件表面 1 m)	机械化操作(距包件表面 1.5 m)
Ⅰ级	≤0.005	0(注 1)	6 h	(注 2)	—	—
Ⅱ级	0.01	0	4 h	6 h	—	—
	0.05	0	1.5 h	6 h	—	—
	0.1	0.1	40 min	3 h	—	—
	0.2	0.3	20 min	2 h	6 h	—
	0.3	0.6	15 min	1.5 h	6 h	—
	0.4	0.8	10 min	1 h	5 h	—
	0.5	1.0	7 min	40 min	5 h	—

续上表

包装件运输等级	包装件表面辐射水平（mSv/h）	运输指数TI	徒手作业	简单工具（距包装件表面约0.5 m）	半机械化操作（距包件表面1 m）	机械化操作（距包件表面1.5 m）
Ⅲ级	0.6	1.5	×（注3）	40 min	5 h	—
	0.8	2.0	×	25 min	3.5 h	6 h
	1.0	3.0	×	20 min	2.5 h	4 h
	1.2	4.0	×	15 min	1.7 h	3 h
	1.4	5.0	×	12 min	1.5 h	2 h
	1.8	7.0	×	10 min	1 h	1.5 h
	2.0	10.0	×	8 min	30 min	1 h

注：1. 对于TI≤0.05（即0.0005 mSv/h）的货包，其运输指数均认为0；
2. “—”表示不必限制；
3. “×”表示不容许。

5. 装车后的“三检”

(1)检查车辆装载：主要检查有无超重、偏重、超限现象，堆码及装载是否稳妥，捆绑是否牢固，施封是否符合要求，表示牌插挂是否正确。对装载货物的敞车，要检查车门插销、底开门搭扣和篷布苫盖、捆绑情况。此外，还需检查车的门、窗、盖、阀、端侧板是否关闭严密，填记危险货物发送登记簿。

(2)检查运单：检查运单有无误填和漏填，车种、车号和运单、封套记载是否相符。

(3)检查货位：检查货位有无误装或漏装的情况。

经检查符合要求后，即可将票据移交货运室，同时将装车完了时间通知运转室或货运调度员，以便取车、挂运。

6. 装车后的作业

(1)货车施封。是否需要施封，是根据使用的车种（或集装箱）来决定的。使用棚车、冷藏车、罐车、集装箱运输的货物都应施封，但派有押运人的货物，需要通风运输的货物以及组织装车单位认为不需施封的货物（集装箱运输的货物除外）以及托运的空集装箱可以不施封。

施封人，原则上是由组织装车（或装箱）单位在车（或集装箱）上施封，托运人委托承运人代封时，托运人应在运单上注明“委托承运人施封”字样，并由承运人以托运人责任施封，核收施封费。

采用的施封器具有施封环、施封锁等。目前正在研究、试用电子（密码）锁。

需要施封的货车应用10号铁线将两侧车门上部门扣和门鼻拧紧，在每一车门下部门扣处各施封施封器一个。罐车应在灌油口和排油口处施封，并用铁线拧紧。集装箱在右侧箱门把手锁件施封孔施施封锁（环）一个。

(2)苫盖篷布。符合使用敞平车装运危险货物的，货物装载应成屋脊形，并正确使用篷布支架，篷布要苫盖严密、捆绑要牢固。绳索余尾长度不超过300 mm。接缝处要顺向（按运行最远方向）压紧，且注意不能遮盖车号、车牌和手闸。

篷布的质量、状态，直接影响到行车和货物的安全。因此，篷布破损绳锁不齐全的，应进行更换。

到达专用线或专用铁路的铁路货车篷布，收货人应于货车调到卸车地点或交接地点的次日起2 d内送回车站。超过规定时间，核收篷布延期使用费。

对使用篷布的货车，应将篷布号码填写在运单、货票、票据封套和货车装载清单内。

(3)填写运输票据。

①填写货运票据封套，见表 2-10。

表 2-10 货运票据封套

车种车号＿＿＿＿＿＿＿＿	标记载重量＿＿＿＿＿＿＿＿
货车到站＿＿＿＿＿＿＿＿	到局＿＿＿＿ 篷布号码＿＿＿＿
运单号码＿＿＿＿＿＿＿＿	
货物品名＿＿＿＿＿＿＿＿	货物实际重量(吨)＿＿＿＿＿＿＿＿
收货人及卸车地点＿＿＿＿＿＿＿＿	
施封号码＿＿＿＿＿＿＿＿	
记事＿＿＿＿＿＿＿＿	
	发站戳记＿＿＿＿＿＿＿＿
	经办人章＿＿＿＿＿＿＿＿

装运危险货物和其他指定急需挂运的货车，应在“记事”栏内加盖红色“急运”戳记。

当运输途中发生特殊情况必须拆开封套时，由拆封的单位编制普通记录证明(放入封套内)，并再进行封固，在封口处加盖有单位名称的经办人名章。

②填写货车装载清单。

货车装载清单是装车货运员对同一车内装载货物的完整而真实的记录。它记载了每批货物的运单号码、货物名称、件数、重量和发到站等内容，作为卸车时核对货物的一种依据。

整车国际联运出口货物和过境货物[发站(进口国境站)应填制货车装载清单一份，随同货车送至到站(或出口国境站)]。

派有押运员的成组危险货物车辆，要求成组连挂，不得拆解；发站必须在该组车辆每一张运单、货票上注明“成组连挂，不得拆解”，并将该组票据单独装入封套(剧毒品除外)，封套上注明“成组连挂，不得拆解”。

(4)挂插货车表示牌。禁止溜放表示牌的“禁止溜放”栏印红地白字，其余各栏印白地红字。限速连挂表示牌各栏都印白地红格红字。

表示牌具有对车站调车作业人员提示的作用。货车装车后需要插挂“禁止溜放”或“限速连挂”时，应按所装货物品名的要求正确插挂表示牌加以提示，以防编解、调车作业违反规定，发生事故。

装车完毕后，按规定需要插挂表示牌的车辆，货车表示牌应在货车两侧插挂。

(5)填记车辆隔离标记。

(6)通知车辆部门关闭截断塞门，需要“停止制动作用”的货车通知有关人员关闭截断塞门。

(7)清扫(洗)货位，装卸工组或清扫员应及时清扫(洗)货位。

(8)对上述装车作业按要求进行“签认”。

根据危险货物特殊性质，在调车作业和运输编组隔离、车辆技术检查、整备、检修等技术作业中需采取特殊防护事项,要有明确规定,并须书面通知有关单位和人员。有关运输单据和货车上的表示方式见表 2-11。

表 2-11　特殊防护事项表

特殊防护事项	货车上的表示	运输单据上的表示
《危规》附件 7 中规定禁止溜放和限速连挂的货车	在货车两侧插挂“禁止溜放”或“限速连挂”的货车表示牌	在运单右上角、票据封套上用红色记明“禁止溜放”或“限速连挂”的字样
《技规》中规定编组需要隔离的货车	① 在货车表示牌上要记明三角标记 ② 未限定“禁止溜放”或“限速连挂”的货车可用货车表示牌背面记明三角标记,并插于货车两侧	在运单右上角、票据封套上用红色记明规定的三角标记
《品名表》中规定停止制动作用的货车	在货车表示牌上记明“停止制动作用”字样	在运单右上角、票据封套上用红色记明“停止制动作用”的字样

三、危险货物签认

爆炸品、硝酸铵、剧毒品(非罐装、《品名表》“特殊规定”栏有第 67 条特殊规定的)、气体类和其他另有规定的危险货物运输作业实行签认制度。作业应按规定程序和作业标准进行并签认。要对作业过程内容的完整性、真实性负责,严禁漏签、代签和补签。签认单保存期半年。

签认单分为三种:铁路危险货物运输作业签认单(见《危规》格式 7)、铁路剧毒品运输作业签认单(见《危规》格式 8)、危险货物罐车运输作业签认单(见《危规》格式 9),每种签认单又分发送作业签认单、途中作业签认单和到达作业签认单。危险货物运输作业过程应按规定程序和作业标准由责任人进行签认。

实行危险货物运输作业的签认制度,是确保危险货物安全运输的一项重要举措。统一安全签认制度,规范了办理站和专用线(专用铁路)作业过程标准化,使危险货物基础管理更加有序,使各项作业标准都有了规范,明确了执行作业流程的责任人。由于运输爆炸品(烟花爆竹除外)、硝酸铵实行全程随货押运,剧毒品(跟踪管理的)实行全程随车押运,此类货物的装运还须公安人员和押运人员签认。罐车装运气体类(含空车)危险货物实行全程随车押运,也须押运员签认。

1. 危险货物作业签认的基本要求

(1)作业过程应按规定程序和作业标准进行签认,要对作业过程的完整性,真实性负责,严禁漏签,代签和补签。

(2)在货检站无改编作业时,是否要进行签认由各铁路局集团公司结合实际情况自行确定,但须有押运人的车辆必须进行相关签认。

(3)成组、成列的危险货物车辆(发到站均相同),可合签一份“作业签认单”,但车号、票据号须完整填记在“作业签认单”的背面。

2. 剧毒品装卸签认

剧毒品装卸作业过程须进行签认,签认单格式见“铁路剧毒品发送作业签认单”(见《危规》格式 8-1)、“铁路剧毒品途中作业签认单”(见《危规》格式 8-2)、“铁路剧毒品到达作业签认单”(见《危规》格式 8-3),其中途中在表 2-14 所示铁路路网性货检站进行签认。

3. 专用线发送交接签认

(1)车站根据装车计划向专用线送空车前,通知企业做好接车及装车准备工作。

(2)车站与专用线有关单位运输员按照《专用线运输协议》的规定办理交接检查签认,检查车辆技术状态是否良好。当专用线交出重车时,应确认施封是否完好、是否超载,核对票据与现车,并双方签认。

第三节　铁路危险货物车辆特殊防护措施

根据危险货物特殊性质,在车辆的调车作业和列车运行等技术作业过程中需要对车辆采取特殊防护措施,如停止制动、禁止溜放、限速连挂、隔离编组等。

一、停止制动

装运需停止制动作用的货车时,车站应书面通知所在地货车车辆段,由货车车辆段派就近的列检作业场人员到场检查确认后关闭截断塞门并施封,封上须有"停止制动"字样,同时在货票上注明"停止制动"。施封后,所在地货车车辆段应认真做好记录,并将"停止制动"施封车辆的车种车型车号及到站及时通知到站所在地货车车辆段。到站卸车后,车站应书面通知所在地货车车辆段,由货车车辆段派就近的列检作业场人员到场检查确认后拆封,开启截断塞门,并将该车辆的车种车型车号及时通知发站所在地货车车辆段予以销号。

二、禁止溜放、限速连挂

危险货物车辆应避免冲撞,所以在调车、编组时对装有某些危险货物的车辆规定"禁止溜放",有的规定为"限速连挂"。

禁止溜放,表示调动这些车辆时禁止溜放和从驼峰上解体。

限速连挂,表示调动这些车辆时可以溜放和从驼峰上解体,但连挂速度不得超过 2 km/h,以避免连挂时车辆互相冲撞。

确定禁止溜放和限速连挂时,一般考虑以下原则:

(1)货物性质极易挥发易燃蒸气,对火星敏感,需严防冲击。

(2)货物的包装经冲撞容易破碎,以致造成燃烧、爆炸或中毒。

(3)货物性质特别危险的列入"禁止溜放";性质较危险,但包装条件好,可列入限速连挂。

(4)在考虑货物性质和安全的同时,兼顾铁路调车、编组效率,对能经受车辆正常震动的货物不考虑禁止溜放或限速连挂。

铁路车辆禁止溜放和限速连挂要求(危险货物)见表 2-12。

表 2-12　铁路车辆禁止溜放和限速连挂表(危险货物部分)

顺号	种　类	禁　止　溜　放 (调动这些车辆时禁止溜放和由驼峰上解体)	限　速　连　挂 (溜放或由驼峰上解体调车,车辆连挂速度不得超过 2 km/h)
1	爆炸品	有整体爆炸危险的物质和物品;有迸射危险,但无整体爆炸危险的物质和物品;有燃烧危险并有局部爆炸危险或局部迸射危险或这两种危险都有,但无整体爆炸危险的物质和物品	不呈现重大危险的物质和物品;有整体爆炸危险的非常不敏感物质;无整体爆炸危险的极端不敏感物品

续上表

顺号	种　类	禁　止　溜　放 (调动这些车辆时禁止溜放和由驼峰上解体)	限　速　连　挂 (溜放或由驼峰上解体调车,车辆连挂速度不得超过 2 km/h)
2	气体	罐车(含空罐车)和钢质气瓶装载的易燃气体、毒性气体	①非易燃无毒气体 ②钢质气瓶以外其他包装装载的气体类危险货物
3	易燃液体	乙醚,二硫化碳,石油醚,苯,丙酮,甲醇,乙醇,甲苯	①除禁止溜放栏内规定以外的装入玻璃或陶瓷容器的易燃液体 ②汽油
4	易燃固体、易于自燃的物质、遇水放出易燃气体的物质	硝化纤维素,黄磷,硝化纤维胶片	三硝基苯酚[含水≥30%],六硝基二苯胺[含水>75%],三乙基铅,浸没在煤油或密封于石蜡中的金属钠、钾、铯、锂、铷、硼氢化物
5	氧化性物质和有机过氧化物	过氧化氢,过氧化钠,过氧化钾,氯酸钠,氯酸钾,氯酸铵,高氯酸钠、高氯酸钾、高氯酸铵,硝酸胍,漂粉精和有机过氧化物	除禁止溜放栏内规定以外的装入玻璃容器的氧化性物质和有机过氧化物
6	毒性物质和感染性物质	玻璃瓶装的氯化苦、硫酸二甲酯、四乙基铅(包括溶液)、一级(剧毒)有机磷液态农药、一级(剧毒)有机锡类、磷酸三甲苯酯、硫代膦酰氯	①禁止溜放栏内的货物装入铁桶包装时 ②除禁止溜放栏内规定以外的装入玻璃或陶瓷容器的毒害性物质
7	放射性物质	二、三级运输包装或气体的放射性货物	
8	腐蚀性物质	罐车装载以及玻璃或陶瓷容器盛装的发烟硝酸、硝酸、发烟硫酸、硫酸、三氧化硫、氯磺酸、氯化亚砜、三氯化磷、五氯化磷、氧氯化磷、氢氟酸、氯化硫酰、高氯酸、氢溴酸、溴	除禁止溜放栏内规定以外的装入玻璃或陶瓷容器的腐蚀性物质

注:除顺号 1、2“禁止溜放”外,其他“禁止溜放”的货物车辆可向空线溜放。

三、编组隔离限制

由于挂有危险货物车辆的列车在运行中接触的外界条件复杂,编入同一列车的危险货物车辆也有不同的性质,为保证人身安全、货物安全及发生事故时不致使灾害扩大,装运危险货物的车辆在编入列车时,要以铁路车辆编组隔离表(见表 2-13)的要求用装有普通货物的车辆或空车隔离危险货物车辆。

确定隔离车辆数的主要依据:

(1)剧毒气体、放射性物品、爆炸品等性质激烈,发生事故不易施救,事故后果严重,所以与牵引的机车隔离 4 辆。

(2)乘坐旅客的车辆与装载爆炸品、放射性物品、罐车和各种钢瓶装载的剧毒、易燃、助燃的压缩气体、液化气体车辆隔离 4 辆。

(3)装载危险货物的车辆之间的隔离,主要按相互的性质来决定,如起爆器材性质敏感,与一级易燃液体、固体、易自燃物质隔离 4 辆。

(4)敞平车装载的易燃货物本身易燃,而且装在敞平车上易接触火星起火。

(5)高出车帮的货物在列车运行中容易串动,影响相邻车辆的安全。

表 2-13　车辆编组隔离表

货物种类（品名编号）		隔离标记	最少隔离辆数						备注
			距牵引的内燃、电力机车，推进运行或后部补机使用火炉的车辆	距乘坐旅客的车辆	距装载雷管及导爆索（11001，11002，11007，11008）的车辆 △7	距装载除雷管及导爆索以外的爆炸品的车辆 △8	距装载易燃普通货物的敞车、平车	距装载高出车帮易窜动货物的车辆	
气体（含空罐车）	易燃气体 非易燃无毒气体 毒性气体	△1	4	4	4	4	2	2	运输气体类危险货物重、空罐车时，每列编挂不得超过3组；每组间的隔离车不得少于10辆
一级易燃液体 一级易燃固体 一级易于自燃的物质 一级氧化性物质 有机过氧化物 一级毒性物质（剧毒品） 一级酸性腐蚀性物质 一级碱性腐蚀性物质 一级其他腐蚀性物质		△2	2	3	3	4	2		运输原油时，与机车及使用火炉的车辆可不隔离；运输硝酸铵时，与机车及使用火炉的车辆隔离不少于4辆
放射性物质（物品）；（矿石、矿砂除外）		△3	2	4	×	×	2	1	×标记表示不能编入同一列车
七〇七	一级	△4	4	4	4	4	4	2	一级与二级编入同一列车时，相互隔离2辆以上，停放车站时相互隔离10 m以上，严禁明火靠近
七〇七	二级	△5	4	4	4	4	4	2	
敞车、平车装载的易燃普通货物及敞车装载的散装硫黄		△6	2	2	2	2			装载未涂防火剂的腐朽木材的车辆，运行在规定的区段和季节须与牵引机车隔离10辆，如隔离有困难时，各铁路局集团公司与相邻铁路局集团公司办商规定隔离办法
爆炸品	雷管及导爆索（11001，11002，11007，11008）	△7	4	4		4	2	2	
爆炸品	除雷管及导爆索以外的爆炸品	△8	4	4	4		2	2	

注：1. 小运转列车及调车隔离规定，由铁路局集团公司自行制定。

2. 有△主标记的车辆与装载蜜蜂的车辆运输时按有关规定办理。

3. 空罐车可不隔离（气体类危险货物除外）。

（6）“七〇七”性质特殊，要保证绝对安全，隔离条件严格。

（7）整列运输的原油可以不用在车辆两侧插放标注隔离标记的车辆表示牌。

四、危险货物车辆的挂运要求

1. 挂运基本要求

（1）装运危险货物应快装、快卸、快取、快送、优先编组、优先挂运。站内停放危险货物车辆时，要采取安全防护措施，对需要看护的重点危险货物，由车站派员看守并通知铁路公安部门。

进出办理站取送危险货物的机动车辆必须具备危险货物道路运输证件，取送爆炸品、剧毒品货物的机动车辆还须持有当地或到达地公安机关出具的道路运输通行证。

(2)派有押运员的成组危险货物车辆，要求成组连挂，不得拆解；发站必须在该组车辆每一张运单、货票封套上注明“成组连挂，不得拆解”。

(3)装运需停止制动作用的货车时，车站应通知车辆部门关闭制动机，到站卸车后，应通知车辆部门恢复制动作用。车站及车辆部门应认真登记并做好记录。

(4)危险货物车辆，在始发站和编组站应根据编组计划的规定以最近的车次挂出，要求做到：

①主任货运员（车站货物调度员）必须及时向站调度报告危险货物的车种类、车号、装完时间、停留时间。

②站调度对危险货物车重点掌握，安排最近车次挂出。

③对装有爆炸品等特殊物品的车辆，站调应向列车调度报告，以便在运行中重点指挥、加强预报报告。

④机车乘务员（司机），应认真检查隔离辆数及危货车的门、窗、车牌、施封、敞车的棚布苫盖及票据。在运行中起、停车及变速时操纵平稳、防止紧急制动。

⑤站车交接中，交接双方应详细办理票据交接。

2. 剧毒品车辆的挂运

(1)剧毒品运输安全要作为重点纳入车站日班计划、阶段计划。车站编制日班计划、阶段计划时要重点掌握，优先安排改编和挂运。车站要根据作业情况建立剧毒品车辆登记、检查、报告和交接制度，值班站长要按技术作业过程对剧毒品车辆进行信息跟踪监控。

(2)车号员要认真编制列车编组顺序表，并在剧毒品车辆记事栏内标记“D”符号。发车前认真核对现车，确保出发列车编组、货运票据和列车编组顺序表（运统1）内容统一。发车后，要及时发出列车确报。

(3)车站调度员（车站值班员）于列车出发后，将剧毒品车辆的挂运车次、编挂位置等及时报告铁路局集团公司调度，并将信息登录到剧毒品运输信息跟踪系统。

第四节　铁路危险货物的途中作业

危险货物途中作业主要包括货物的交接、检查、整理换装、途中押运、运输变更、运输障碍处理等。

一、危险货物车辆的途中货运检查

货运检查工作是保证货物运输安全的一项专业技术性较强的工作，也是铁路货物运输管理工作必不可少的重要环节。货运检查质量的好坏直接影响着铁路行车和货物运输的安全。

铁路货运检查实行区段负责制。区段负责制是指在对货物列车的交接检查中，按列车运行区段划分货运检查站责任的制度。中间站停车及甩挂作业的货物列车，由车站负责看护，保证货物安全，发生问题要及时处理。中间站应保证货物列车安全继运到下一货运检查站。

货运检查站是列车运行途经有技术作业或无技术作业但停车时间在 35 min 以上的技术作业站。货运检查站分为路网性和区域性货运检查站。路网性货运检查站是指国铁集团公布的编组站，见表 2-14。区域性货运检查站是指除路网性货运检查站外，铁路局集团公司管内有货运检查作业的技术作业站。区域性货运检查站由铁路局集团公司自定，报国铁集团备案、公布。铁路局集团公司间交接货运检查站的撤销应报国铁集团批准、公布。

表 2-14　标准化路网性货检站名表

铁路局集团公司名称	货运检查站名
哈尔滨局集团公司	哈尔滨南、三间房
沈阳局集团公司	四平、山海关、通辽、苏家屯、裕国
北京局集团公司	丰台西、石家庄南、南仓
太原局集团公司	大同
呼和浩特局集团公司	包头西
郑州局集团公司	郑州北
武汉局集团公司	武汉北、襄阳北
西安局集团公司	宝鸡东、新丰镇、安康东
济南局集团公司	济西
上海局集团公司	南翔、乔司、芜湖东、阜阳北、徐州北、南京东
南昌局集团公司	向塘西、鹰潭
广州局集团公司	江村、衡阳北、株洲北、怀化西
南宁局集团公司	柳州南
成都局集团公司	成都东、贵阳南、兴隆场
昆明局集团公司	昆明东
兰州局集团公司	兰州北、迎水桥
乌鲁木齐局集团公司	乌西
青藏集团有限公司	西宁、格尔木

1. 对货运检查站的基本要求

货运检查站应根据货运检查工作设置相应的生产机构，并配齐管理人员。货运检查站应设置货运检查值班员岗位，负责货运检查的现场组织工作。货运检查站应按照每列车双人双面检查作业的要求配齐货检员。货检员应保持相对稳定。

(1)对货运检查站设备设施的要求

货运检查站应为货运检查管理和作业提供办公场所，配备计算机、摄录器材、复印机、传真机等办公、通信设备。

货运检查站应有甩车整理及换装设施，具有符合作业要求的装卸货物线路、场地，装卸机械和计量衡器等。

路网性货运检查站应逐步配齐轨道衡、超偏载检测装置等有关货运计量安全检测设备。

货运检查作业办公场所应设在车站到、发场，便于预检作业的适当位置。货运检查作业线路应以水泥板或细道砟铺平，作业现场需设灯桥等照明设施。

货运检查站应充分利用已开通使用的 TMIS 确预报、现车管理系统和铁路货运计量安全检测监控系统，并在货运检查办公场所配置系统终端，实现信息共享，方便货运检查作业。

(2)货运检查主要内容

①货物列车中货物装载、加固状态。

②货车篷布及篷布绳网苫盖、捆绑状态。

③施封。

④货车门、窗、盖、阀关闭情况。

⑤《铁路超限货物运输规则》规定的事项。

⑥《铁路货车超偏载检测装置运用管理办法》规定的内容。

⑦《危规》规定的内容，包括危险货物车辆的安全状况和危险货物押运人及押运情况。

⑧国铁集团规定的其他事项。

2. 货运检查站货运检查作业联系制度

(1)车站调度员(值班员)应及时将班计划、阶段计划、变更计划下达给货检员。

(2)车站调度员(值班员)或有关人员应在列车到达前或出发列车编组完毕，按接发列车作业标准，将到发车次、股道、时刻、编组辆数等有关信息通知货检员。

(3)货检员应及时准确掌握列车车次、股道、时刻、列车编组内容及重点车情况并准备好作业工具和作业手册。货检员作业时，应严格执行《铁路车站货运作业第5部分：货运检查作业》(TB/T 2116.5—2005)标准。

(4)货运检查作业应在规定的技术作业时间内完成，检查作业和在列整理完毕后及时向车站调度员(值班员)报告，未接到货运检查作业完毕的报告，不准动车。

(5)货运检查作业时，应采取有效的防护措施，确保货检员的人身和作业安全。快速及以上旅客列车通过时，作业人员须提前停止在相邻线路通过列车一侧的作业。电气化区段作业时，应按有关规定办理。

3. 货运检查站的货运检查工具和备品管理

货运检查站应配备以下主要备品：对讲机，限界尺，工具包，钢尺，吊锤，电工刀、断线钳，铁锤，撬棍，照明灯具，8号、10号镀锌铁线，绳索，扒锔钉，钉子，绞棍以及施封锁，消防器材，危险货物泄露检测仪，应急救援防毒面具等。

货检员应按人手一台配备对讲机，并应配备照明灯具等必要的检查作业工具。

货运检查站应建立货运检查工具及备品登记簿，设立工具备品室，个人备品与公用备品分室(柜)存放。

二、危险货物运输押运管理

1. 危险货物运输押运意义

铁路实行负责运输，因此应对所承运的货物要负责照看和防护，以保证货物的完整，这是铁路履行货运合同的一项主要义务。由于有些货物的性质特殊，在运输过程中需要加以特殊防护和照料，否则不能保证货物运输安全，因而需托运人派对货物性质及防护熟悉的押运人押运。

《危规》规定，运输爆炸品(烟花爆竹除外)、硝酸铵实行全程随货押运。剧毒品、罐车装运气体类(含空车)危险货物实行全程随车押运。装运剧毒品的罐车和罐式箱不需押运。其他危险货物需要押运时按有关规定办理。

派有押运人的货物，应由托运人在运单内注明押运人姓名、证件名称与号码。押运人应随车押运，乘坐指定的车辆。押运员在押运过程中必须遵守铁路运输的各项安全规定，并对所押运货物的安全负责。发站要对押运工具、备品、防护用品以及押运间清洁状态等进行严格检查，不符合要求的禁止运输。

2. 危险货物运输押运管理规定

(1)押运员必须取得"培训合格证"。运输气体类的危险货物时，押运员还须取得"押运员证"。

(2)押运管理工作实行区段签认负责制。货检人员须与押运员在所押运的车辆前签认，要对押运备品及押运间状态进行检查，不符合要求的要甩车处理。签认内容见"全程押运签认登记表"(附表21)。托运人再次办理运输时(含须押运的气体类罐车返空)须出具此登记表，并由车站保留 3 个月。对未做到全程押运的，再次办理货物托运时车站不予受理。

(3)新造出厂的和洗罐站洗刷后送检修的及检修后首次返空的气体类危险货物罐车不需押运，但须在运单、货票注明“新造车出厂”、“洗刷后送检修”或“检修后返空”字样。

(4)运输时发现押运员身份与携带证件不符或押运员缺乘、漏乘时应及时甩车，做好记录，并通知发站或到站联系托运人、收货人立即补齐押运员后方可继运。

(5)托运人应针对运输的危险货物特性，建立危险货物运输事故应急预案及施救措施。押运员应熟悉应急预案及施救措施，在运输途中发现异常现象时，应及时采取应急措施并向铁路部门报告。

3. 押运方式(同一托运人、同一到站押运方式、车辆及人数规定)

(1)气体类 6 辆重(空)罐车(含带押运间车辆)以内编为 1 组。1～6 车押运员不得少于 2 人，7～12 车押运员不得少于 4 人，13～18 车押运员不得少于 6 人。每列编挂不得超过 3 组。每组间的隔离车不得少于 10 辆(原则上需要用普通货物车辆隔离)。装运爆炸品(含烟花爆竹)、硝酸铵、气体类车辆与牵引机车隔离不少于 4 辆。

(2)剧毒品 4 辆(含带押运间车辆)以内编为 1 组，每组 2 人押运；2 组以上押运人数由铁路局集团公司确定(考虑货物危害性、件数、重量、押运员工作经验、途经线路的治安情况等)。

(3)硝酸铵 4 辆以内编为 1 组，每组 2 人押运；2 组以上押运人数由铁路局集团公司确定。

(4)爆炸品(烟花爆竹除外)每车 2 人押运。

上述车辆编组隔离还须符合“铁路车辆编组隔离表”的规定。

派有押运员的车辆，成组挂运时，途中不得拆解。

4. 押运员的职责

押运员应当掌握所押运危险货物的性质、危害特性、包装容器、载运工具的使用特性和发生意外的应急措施。押运员押运时应携带“培训合格证明”，并符合下列规定：

(1)押运员在押运过程中应遵守铁路运输的各项安全规定，并对自身安全和所押运货物的安全负责。

(2)押运员应了解所押运货物的特性，押运时应携带所需安全防护、消防、通信、检测、维护等工具以及生活必需品，应按规定穿着印有红色“押运”字样的黄色马甲，不符合规定的不得押运。押运员执行押运任务期间，严禁吸烟、饮酒及做其他与押运工作无关的事情。

(3)押运员在途中要严格执行全程押运制度，认真进行签认，严禁擅自离岗、脱岗。严禁押运员在区间或站内向押运间外投掷杂物。对押运期间产生的垃圾要收集装袋，到沿途有关站后，可放置车站垃圾存放点集中处理。

(4)押运员应熟悉应急预案及施救措施，在运输途中发现异常现象时，应及时采取应急措施并向铁路部门报告。

5. 押运员在押运途中的工作

(1)车辆在专用线内待挂时

液化气体铁路罐车充装后，押运员应主动与专用线值班员(调车区长)联系，询问挂车计划及时间。当调车机车或摘挂列车本务机车来专用线挂车时，押运员应与司机及调车员联系。

(2)车辆在编组场停留时

液化气体铁路罐车经取车或从到达列车上解体后，送入编组场等待编入新的列车时，押运员应与编组场调车区长联系，询问调车作业计划，了解所押运的罐车计划编入哪一列车、调车作业时间、转入哪一股到发线、列车的车次及发车时间等，做到心中有数。同时向货运检查室报到，接受货检员检查。当车辆在编组场内停留时间较长，发现未纳入出发列车的编车计划时，押运员应去到发场值班区找调车区长询问，请调车区长向站调反映情况，查明原因，了解所押运的罐车变更计划后的情况。

(3)车辆在技术站到发线时

车辆进入到发线后，一般都进行车辆的列检、货检作业。押运员应充分利用技术检查的作业时间对所押运的罐车安全附件进行全面细致地检查，同时应向检车员了解自己所押运的罐车走行装置各组成部分的状态，并分别做记录。如发现所押运的罐车安全附件有泄漏，需要甩车进行处理时，应立即向货检员或车辆检车员报告，通知车站值班员扣车，并将车甩到无电网线路上。对车辆在技术站到发线，当因车辆进行技术检查和维修作业时间有限时（到达作业30 min，始发作业 20 min，无调中转作业 35 min)，押运员不能擅自离开车辆，以防漏乘。

6. 押运员押运途中漏乘处理

押运员在押运途中不得漏乘，一旦发生漏乘，应立刻到漏乘站向车站值班员报告漏乘原因。车站值班员向列车调度报告，由列车调度员根据实际情况能采取适当措施的。押运员必须按列车调度员的命令赶到指定的车站继续值乘，前方技术站货检员发现该车辆（组）车押运人数不足时，甩车等补足后继运。押运员漏乘，车站应进行分析，属于押运员责任造成漏乘事故者，车站站长或值班员应在该“押运员证”上做记载。

7. 押运途中事故处理

押运期间发生事故时，押运员应根据事故严重程度按下列顺序及时报告：在车站发生事故时，应及时向车站值班员及有关部门报告；在区间发生事故时及时向车长报告有关情况，并积极主动进行处理。事故较严重时，车站（车长）协助押运员向“施救信息联络网”中较近城市有关部门报告事故情况，请求协助应急处理，同时向邻近车站、调度部门、托运单位报告事故情况，并听取相应指示。对不积极采取措施或擅离职守扩大事故后果的，须追究押运员的经济或法律责任。

8. 押运员在押运途中的记录工作

(1)押运员应在“全程押运签认登记表”中如实记录发车站及运输途中各编组站站名、挂运列车车次和到发站时间、罐车到站和运到专用线的时日。

(2)押运员在沿途各技术站检查罐体安全附件情况及了解车辆检车员对罐车走行装置的检查情况，分别做好记录。

(3)押运员填写“液化气体铁路罐车运行记录”（以下简称“运行记录”）。

①押运员在押运途中，对罐体压力表、安全阀、气相阀、液相阀、液位计等安全附件的检查情况和检车员对走行装置的底架、转向架、车钩缓冲装置和制动装置检查情况，分别记入“运行记录”。中途发生事故时，应详细记录事故的原因、责任、措施及后果。

②液罐车运行记录所规定的填写内容是检查押运工作中是否认真执行岗位职责的见证，是押运员复审的主要项目之一，对“运行记录”填写连续间断超过一年的不予复审。

③押运员须认真填写“运行记录”，不得弄虚作假。每次完成押运任务后，应将“运行记录”送交所在单位主管部门存档。

三、危险货物的换装整理

货物的换装整理是指装载货物的车辆在运送过程中发生可能危及行车安全和货物完整情况时所进行的更换货车或货物整理作业。

列检和货检中发现货车偏载、超载、货物撒漏、罐车装运的液体货物因罐体及安全附件不良造成泄漏以及因车辆技术状态不良经车辆部门扣留不能继续运行时或根据交接货物(车)时检查和处理的事项中规定需要换装整理的货物，应由发现站(或指定站)及时换装或整理。

剧毒品车辆需换装时，应在摘车后立即由站调、局调形成剧毒品在站换装信息报国铁集团，换装中遵守剧毒品装卸车要求，公安守卫。液化气罐车摘车换装，必须慎重操作，换装地点、设备符合防火、介质要求，此项工作应由托运人或收货人委托的发、到站或换装地区的专业技术人员处理。

四、危险货物运输阻碍的处理

因不可抗力(如风灾、水灾、雹灾、地震等)的原因致使行车中断，货物运输发生阻碍时，铁路局集团公司对已承运的货物，可指示绕路运输。或者在必要时先将货物卸下，妥善保管，待恢复运输时再行装车继续运输，所需装卸费用，由进行装卸作业的铁路局集团公司负担。因货物性质特殊(如危险货物发生燃烧、爆炸等)绕路运输或卸下再装，可造成货物损失时，车站应联系托运人或收货人，请其在要求的时间内提出处理办法。超过要求时间未接到答复或因等候答复将使货物造成损失时，比照无法交付货物处理。

五、剧毒品途中运输

各级货运、运输等部门，要把剧毒品日常运输纳入每日交班内容，严格掌握发运、途中和交付的情况。

1. 剧毒品运输实行三级计算机跟踪管理

(1)铁路剧毒品运输计算机跟踪管理系统指以危险货物办理站为基础，在国铁集团、铁路局集团公司和车站，根据不同层次管理要求建立的信息管理系统。

(2)计算机跟踪管理工作由国铁集团负责方案规划和监督指导，铁路局集团公司负责方案实施和日常管理，铁路信息技术部门负责软件维护、更新、完善等技术支持，保证系统正常运转。

(3)办理剧毒品运输的车站须与剧毒品计算机跟踪管理系统联网运行。需具备原始信息及时发送和接收能力，要求配备相应的传输、通信、打印等信息跟踪管理设备。

(4)装车站要将剧毒品货票所载信息，及时生成“剧毒品运输管理信息登记表”，实时报告剧毒品运输跟踪管理系统。“剧毒品运输管理信息登记表”内容包括剧毒品车的车号(集装箱类型、箱号及所装车号)、发到站、品名及编号、件数、重量和承运、装车日期等。

(5)挂有剧毒品车辆的列车，应在“运统1”记事栏中注明“D”字样，并将剧毒品车辆的车种车号、发到站、货物品名、挂运日期、挂运车次等信息及时报告给铁路局集团公司行车确报系统和剧毒品运输跟踪管理系统。

(6)中途站发现装有剧毒品的车辆或集装箱无封、封印无效以及有异状时，应立即甩车，报告所属铁路局集团公司和铁路公安部门，并共同清点。同时按规定及时以电报形式，向发到站及所属铁路局集团公司和国铁集团报告有关情况。继续运送时，按第(4)条办理。

(7)剧毒品到站后和卸车交付完毕后，立即将车种车号(集装箱箱型、箱号及所装车号)、发到站、托运人、收货人、品名及编号、件数、重量、到达日期、到达车次、交付日期等信息上网报告剧毒品运输跟踪管理系统，并在2 h内通知发站。

2. 剧毒品车辆作业

车站编制日班计划、阶段计划时要重点掌握，优先安排改编和挂运。车站要根据作业情况建立剧毒品车辆登记、检查、报告和交接制度，值班站长要按技术作业过程对剧毒品车辆进行跟踪监控：

(1)列车出发作业。

车号员要认真编制列车编组顺序表(运统1),并在剧毒品车辆记事栏内标记“D”符号。发车前认真核对现车,确保出发列车编组、货运票据和列车编组顺序表内容一致。发车后,要及时发出列车确报。车站调度员(车站值班员)于列车出发后,将剧毒品车辆的挂运车次、编挂位置等及时报告铁路局集团公司调度,并将信息录入剧毒品运输信息跟踪系统。

(2)列车改编作业。

车站调度员(调车区长)要准确掌握剧毒品车辆信息,及时安排解编作业,正确编制调车作业计划,并在调车作业通知单上注明标记。严格执行剧毒品车辆禁止溜放和限速连挂规定。调车指挥人员要按调车作业计划,将剧毒品车辆的作业方法、注意事项直接向司机和调车作业人员传达清楚,严格按要求进行调车作业。作业完毕,及时将剧毒品车辆有关信息向车站调度员(调车区长)报告。

(3)列车到达作业。

车号员严格执行核对现车制度,发现列车编组、货运票据和列车编组顺序表(运统1)内容不一致时,及时记录并向车站调度员(调车区长)汇报。对剧毒品车辆要进行标记,货检人员对剧毒品车辆要重点进行检查。要认真检查剧毒品车辆等状态,没有押运员的应及时通知发站派人处理并采取监护措施,同时报告铁路公安部门。完成上述工作后应将有关情况及时报告车站调度员(调车区长)。

3. 剧毒品车辆调度

铁路局集团公司调度应将剧毒品运输纳入日(班)计划并负责全程跟踪。跨局运输时,各局间调度要互相进行预报,预报内容包括挂运车次、车种、车号、品名、发站、到站。各级调度部门要及时组织挂运,重点组织放行,成组运输的不得拆解,无特殊情况不得保留;挂有剧毒品的列车遇特殊情况,必须停车或保留时,要通知车站采取监护措施,同时报告铁路公安部门。各级调度部门要掌握每天6:00和18:00装车、接入、交出、到达的剧毒品运输情况。

六、危险货物罐车途中运输

危险货物罐车运输途中发生泄漏、火灾及其他行车事故时,车站应立即启动应急预案,迅速向铁路主管部门、地方政府、公安消防及环保、卫生防疫部门报告,并速请熟悉货物性质及罐体构造的部门协助处置。要设立警戒区,组织人员向逆风方向疏散,防止危险货物流入水域。易燃、有毒液体发生泄漏时,应及时阻断火源。对标有“禁水”标记的罐车,严禁用水施救。对有毒气体施救时应站在上风方向,防止中毒事故发生。

七、放射性物质途中运输

放射性包装件破损时不得继续运输,放射性物质泄漏时,要立即启动应急预案,事故地点应按辐射水平0.005 mSv/h为依据划出警戒区并悬挂警告牌,派人看护。

第五节　铁路危险货物的到达作业和保管要求

一、专用线(专用铁路)的危险货物到达作业

1. 接轨站运输作业能力

专用线接轨站的运输能力、技术设备及车流组织等运输条件应能满足专用线的危险货物

运输需要。危险货物运输作业实行到达签认制度,作业按照规定程序和作业标准进行并签认,相关环节作业人员对作业过程内容的真实性,完整性负责。对于站内临时停放的危险货物车辆,要采用安全防护措施,对重点危险货物,由车站通知公安部门派人看护巡守。

2. 专用线、专用铁路运输作业能力

专用线、专用铁路负担着全路95%的罐车和65%非罐车危险货物的装卸任务,组织好专用线、专用铁路的危险货物的装卸工作具有重要意义。为了实现专用线、专用铁路管理的基本要求,路企(厂)应签订专用线、专用铁路运输协议。协议的内容包括专用线、专用铁路调车组织方法、装卸作业组织、日班计划的编制和执行、铁路货车在专用线或专用铁路内停留时间标准以及货车、货物和货运用具的交接地点、凭证与方法等。

3. 专用线、专用铁路货车到达交接作业

(1)车站根据列车的预确报,将到达危险品车辆的时间、辆数、顺序提前通知专用线有关单位。

(2)车站与专用线有关单位的收货人按照《专用线运输协议》指定的地点,办理车辆的检查交接并签认。有关人员提前到达检查地点,车辆到达后,严格按规定检查车辆状态及施封,核对票据与现车。

二、办理站危险货物货车到达作业

1. 卸车前"三检"

为了保证卸车作业的顺利进行,防止误卸并确认货物在运输途中的状态,便于分清责任,必须进行卸车前检查。

(1)货位检查。货运员接到货调下达的卸车计划后,应提前准备好空货位,确定卸车地点和送车顺序。

(2)运输票据检查。检查票据记载内容与现车状况是否相符,与货调下达的卸车计划是否相符。

(3)现车检查。车辆状态及施封检查,核对票据与现车,确定卸车及堆码方法。

2. 卸车作业

(1)卸车作业开始前,监装卸货运员在完成现车外观检查后,通知装卸工组打开车门、窗通风。

(2)检查货物装载状态,发现有倒垛、包装撒漏及时拍照、记录。

(3)向卸车工组传达安全作业注意事项及卸车方案,检查消防器材和安全防护用品。重点内容有品名、件数 、包装、装载状态、防护、消防、堆码等。

(4)以票对货、清点件数,按标准进行堆码。

(5)严格按《危规》"配放表"要求,正确、合理使用货位。

(6)注意作业安全,对事故货件编制记录。

(7)传达安全作业注意事项及卸车方案,检查消防器材和安全防护用品。

3. 卸车后"三检"

(1)运输票据检查。检查货物实际堆放的货位与票据记载的卸车货位是否相符;货票是否已加盖了卸车日期戳记;随票据递交到站的垫款通知书等单据是否完整。

(2)货物检查。检查货物的件数、配放、堆码及防火、防湿措施是否正确。

(3)车辆检查。检查车体是否被损坏,车内货物是否卸净并清扫干净;车门、窗是否已盖好；失效的表示牌是否已全部撤除等。此外，对于按规定应洗刷除污的货车，应正确粘贴洗刷回送标签向指定的洗刷除污站(线)回送。

卸下的货物应登入"卸货簿"(或集装箱到达登记簿)或具有相同内容的卸货卡片、集装箱号卡片内。将卸完的时间报告货调，以便取车。

三、危险货物的配放

危险货物品名繁多，有些危险货物的性质和消防方法相互抵触，给危险货物的存放带来了特殊的问题。危险货物存放时要求按类、项区别专库专用，如不同类项的危险货物确需同库或同货位混合存放，须符合"配放表"(见《危规》附件 6，见表 2-15)的规定。该表是确定危险货物在同一仓库内存放时隔离条件的依据。

危险货物应按其性质和要求存放在指定的仓库、雨棚等场地。遇潮或受阳光照射容易燃烧或产生易燃、易爆、有毒气体的危险货物不得在雨棚、露天存放。存放保管危险货物时，应符合"配放表"的要求。编号不同的爆炸品不得同库存放。

堆放危险货物的仓库、雨棚等场地应清洁干燥、通风良好，配备充足有效的消防设施。货场应设置明显的安全警示标志，应建立健全值班巡守制度。仓库作业完毕后应及时锁闭，剧毒品、爆炸品以及储存数量构成重大危险源的危险货物应加双锁，做到双人收发、双人保管。

对到达的货物要及时通知收货人，做到及时交付货物，及时取送车辆。货位清空后，需及时清扫、洗刷干净。对撒漏的危险货物及废弃物，应及时通知收货人进行处理。对危险性大、撒漏严重的，要会同安监、卫生防疫、环保、消防等部门共同处理。

危货箱的堆码存放也应符合"配放表"中的有关规定。

1. 制定"配放表"的因素

确定不同配放号的危险货物能否配放在同一库内的因素很多，主要考虑了货物特性、消防方法和仓库条件。

(1)不能同库或同货位配放(在"配放表"中以×表示)

①性质相互抵触。

②性质相近或同类同项，但危险性大，不能配放。

③性质虽不抵触，但消防方法相互抵触。

(2)隔离 2 m 以上配放(在"配放表"中以△表示)

性质虽有不同，但在包装完好的条件下，相互间影响不大，可配放，但要隔离 2 m 以上(注释 4 隔离 1 m 以上)。

(3)可以同库或同货位配放(在"配放表"中以空白表示)

性质相近，消防方法不抵触的可以同库或同货位配放。

危货箱的堆码存放也应符合"配放表"中的有关规定。

2."配放表"的注释说明

(1)注释 1：硝酸和发烟硝酸及硝酸盐都含有硝酸根，它们之间不起化学反应，所以可以配放。"其他情况"是指：

①配放号是 12 的其他氧化性物质与配放号是 17 的强酸(硫酸、硝酸、氯磺酸等)不能配放。因为它们的性质抵触，能发生剧烈化学反应。如：氯酸钾(51031)和浓硫酸(81007)相遇会立即燃烧爆炸，其反应式为

表 2-15　铁路危险货物配放表

危险货物的种类和品名			品名编号	配放号	1	2	3	4	5	6	7	8	9	10	11	12	13
危险货物 气体	易燃气体		21001～21061,21063～21064	1	1												
	非易燃无毒气体	氧、空气、一氧化二氮(氧及氧气空钢瓶不得与油脂在同库配放)	22001,22003,22017	2	△	2											
		其他非易燃无毒气体	22005～22016,22019～22055	3			3										
	有毒气体(液氯及液氨不得在同库配放)		23001～23061	4				4									
易燃液体			31001～31055,31101～31302,31319 32001～32150,32152	5		×		×	5								
易燃固体、易于自燃的物质、遇水放出易燃气体的物质	易燃固体(发孔剂 H 不得与酸性腐蚀性物质及有毒或易燃酯类危险物品配放)		41001～41062,41501～41554	6		×		×		6							
	易于自燃的物质	一级易于自燃的物质	42001～42040	7	×	×		×	×	×	7						
		二级易于自燃的物质	42501～42526	8	△	△		×	△			8					
	遇水放出易燃气体的物质(不得与含水液体货物在同库配放)		43001～43051,43501～43510	9	△	△		△			×		9				
氧化性物质和有机过氧化物	氧化性物质	过氧化氢	51001,51501	10					×		△	△	×	10			
		亚硝酸盐、亚氯酸盐、次(亚)氯酸盐(注 2)(注 5)	51043 ～ 51046, 51071 ～ 51074, 51087,51509,51525	11	△			×	×	△	△		△		11		
		其他氧化性物质(配放号 13 所列品名除外)	51002 ～ 51042, 51047 ～ 51067, 51069, 51080 ～ 51083, 51502 ～ 51508,51510～51524,51526,51527	12	△			×	×	△	△		△		×	12	
	硝酸胍、高氯酸醋酐溶液、过氧化氢尿素、二氯异氰尿酸、三氯异氰尿酸、四硝基甲烷等有机过氧化物		51068,51075～51079,52001～52103	13	×			×	×	×	×		△	△	×	×	13

说明：

一、配装符号

1. 无配装符号表示可以配放；
2. △表示可以配放，堆放时至少隔离 2 m；
3. ×表示不可配放；
4. 有"注 1"、"注 2"……注释时按注释规定办理。

二、注释

1. 除硝酸盐(如硝酸钠、硝酸钾或硝酸铵等)与硝酸、发烟硝酸可以混存外，其他情况皆不得混存；
2. 氧化性物质不得与松软的粉状可燃物(如煤粉、焦粉、炭黑、糖、淀粉、锯末等)混存；
3. 饮食品、粮食、饲料、药品、药材类、食用油脂及活动物不得与贴有毒性气体、毒性物质、感染性物质包装标志的物品，及有恶臭能使货物污染异味的物品，以及畜禽产品中的生皮张、生毛皮(包括碎皮)、畜禽毛、骨、蹄、角、鬃等物品混存；
4. 饮食品、粮食、饲料、药材类、食用油脂与按普通货物运输的化工原料、化学试剂、香精、香料应隔离 1 m 以上；
5. 漂白粉与过氧化氢、易燃物品、非食用油脂应隔离 2 m 以上；与饮食品、粮食、饲料、药品、药材类、食用油脂、活动物不得混存；
6. 贴有易燃液体包装标志的液态农药不得与氧化性物质和有机过氧化物混存。

危险货物	毒性物质	氰化物	61001～61005	14										×				14										
		其他毒性物质(注 6)	61006～61205,61501～61520,61551～61941	15										△					15									
	腐蚀性物质	酸性腐蚀性物质 溴	81021	16	△				△		×	△	△				×	×	△	16								
		酸性腐蚀性物质 发烟硝酸、硝酸、硝化酸混合物、废硝酸、废硝化混合酸、发烟硫酸、硫酸、含铬硫酸、废硫酸、淤渣硫酸、氯磺酸	81001～81004,81006～81009,81023	17	×	△	△	×	△	△	×	×	△	△	×	注1	×	×	△	△	17							
		酸性腐蚀性物质 其他酸性腐蚀性物质	81005,81010～81020,81022,81024～81135,81501～81647	18	△			△			△		△	△	△	△	△	×	△		△	18						
		碱性腐蚀性物质(水合肼、氨水不得与氧化性物质和有机过氧化物配放)其他腐蚀性物质	82001～82041,82501～82526,83001～83030,83501～83514	19									△								×		19					
普通货物	易燃普通货物			20	×			×						△			△			△	×			20				
	饮食品、粮食、饲料、药品、药材类、食用油脂(注 3)(注 4)			21	△			×	△	△	×		×	△				×	×	×	×	×	△		21			
	非食用油脂			22										△						×	×					22		
	活动物(注 3)			23	×			×	△	△	×		×	×	△	△	△	×	×	×	×	×	×				23	
	其他(注 3)(注 4)			24																								24
配放号					1	2	3	4	5	6	7	8	9	10	11	12	13	14	15	16	17	18	19					

$$KClO_3+H_2SO_4=KHSO_4+HClO_3$$
$$\longrightarrow HClO_4+ClO_2$$

生成的高氯酸是强酸，二氧化氯极不稳定，很容易发生燃烧爆炸。

②硝酸盐与配放号是17的不含硝酸根的其他强酸（硫酸、氯磺酸等）也不能配放，它们接触后能发生化学反应，生成物都有硝酸，硝酸盐和硝酸遇热分解，甚至发生爆炸。

（2）注释2：氧化性物质与松软的可燃物混合，能生成爆炸性混合物，与明火、受热、振荡、摩擦或撞击时，极易引起燃烧或爆炸。如黑火药就是由硝酸钾、硫黄、碳混合而成，其爆炸反应为：

$$KNO_3+S+C \rightarrow K_2S+N_2+CO_2\uparrow +热量$$

（3）注释3：包装标志为6、13、14、15、16的物质属有毒或感染性物质，与人、畜相关物品不能配放；畜产品中含有一种炭疽菌，寄生在畜禽的毛、骨、蹄、角、鬃内，与食品接触，可通过食品传染给人、畜。畜产品的恶臭味能污染食品，故不能配放。

（4）注释4：按普通条件运输的化工原料、化学试剂、香精、香料仍然属于危险货物，只是量小，包装条件较好情况下可按普通货物办理，它们仍具有一定的危险性。因此，与人、畜相关的物品隔离1 m以上。如氢氧化钠（82001）、氢氧化钾（81002）采用小包装时，可普通条件运输，但它们仍属强碱，具有强腐蚀性。依靠严格的包装，危险性不易发生。所以，采取隔离1 m以上配放。

（5）注释5：漂白粉（51509）虽列入二级氧化剂，但有腐蚀性，与有机可燃物及液体接触能引起燃烧或爆炸，所以，规定不能与食品类及活动物配放。漂白粉能和酸类起剧烈化学反应，放热，生成氯化氢和原子态氧，具有强氧化性。其反应式为

$$Ca(OCl)_2+2HNO_3=Ca(NO_3)_2+2HClO$$
$$\longrightarrow HCl+[O]$$

故“配放表”规定漂白粉与酸类腐蚀性物质不能配放。

漂白粉和过氧化氢抵触，能起化学反应，生成原子态氧，但依靠严密的包装，使之不能接触，故可隔离2 m以上配放。

（6）注释6：贴有7号包装标志的液态农药是指二级氨基甲酸酯液态农药（61889）、苯氨基液态农药（61891）、硝基苯酚液态农药（61893）、杂环类液态农药（61895）、双吡啶液态农药（61897）、酰胺类液态农药（61901）。

上述农药遇到氧化剂和有机过氧化物后能起化学反应，破坏农药结构而失效，故不能配放。

除上述6个注释外，液氯（23002）和液氨（23003）性质抵触，能发生剧烈，接触后生成的三氯化氮极易爆炸，故不能同库配放。水合肼（82020）及氨水（82503）有极强的还原性，因此规定它们不能与氧化性物质及有机过氧化物配放。

3. 配放方案确定的步骤

确定危险货物在仓库的配放方案，视办理站运量、品种及仓库采用固定或活动货位以及单库全分隔、全库无分隔、全库半分隔等方式统筹安排。一般配放方案确定的步骤如下：

（1）根据危险货物品类或编号查“配放表”，确定配放号。

（2）根据需配放货物的运量、危险性、包装、急运程度等确定优先安排货位的限定要求。

（3）根据配放号从“配放表”中确定不同配放号的相互配放条件。

（4）根据消防方法的抵触性对上述配放条件进行调整。

4. 配放举例

某危险货物专办站仓库采用活动货位制，现有危险货物：压缩氧气、氯磺酸、氯乙烷、潮湿棉花、液氮、二氧化硫、硝化沥青、硫化钡、苯酚、电石、过氧化钙等需入库保管。配放步骤如下：

(1)根据货物品名，在《品名表》中查出铁危编号、类项、灭火方法，再根据铁危编号在“配放表”中查出配放号。将上述各项汇总，列为表 2-16。

表 2-16 危险货物核查表

铁危编号	类　项	灭火方法	配放号
22001	第 2.2 项 非易燃无毒气体	雾状水、二氧化碳	2
81023	第 8.1 项 酸性腐蚀性物质	干砂、二氧化碳、禁水	17
21036	第 2.1 项 易燃气体	雾状水、二氧化碳、泡沫	1
42505	第 4.2 项 易于自燃的物质	水、泡沫	8
22006	第 2.2 项 非易燃无毒气体	雾状水、二氧化碳	3
23013	第 2.3 项 毒性气体	雾状水、砂土、泡沫	4
41033	第 4.1 项 易燃固体	雾状水、砂土、二氧化碳	6
82013	第 8.2 项 碱性腐蚀性物质	二氧化碳、干粉、禁水和泡沫	19
61067	第 6.1 项 毒性物质	水、砂土、干粉、泡沫	15
43025	第 4.3 项 遇水放出易燃气体的物质	干砂、干粉、禁水和泡沫	9
51006	第 5.1 项 氧化性物质	干砂、干粉、禁水和泡沫	12

(2)比照“配放表”的表格排列方法，将已查出危险货物的配放号由小到大列成“危险货物配放梯形表”(见表 2-17)。

表 2-17 危险货物配放梯形表

货物品名	铁危编号	配放号											
氯乙烷	21036	1	1										
压缩氧	22001	2	△	2									
液氨	22006	3			3								
二氧化碳	23013	4				4							
硝化沥青	41033	6		×		×	6						
潮湿棉花	42505	8	△	△		×		8					
电石	43025	9	△	△		△			9				
过氧化钙	51006	12	△		×	×	△		△	12			
苯酚	61067	15									15		
氯磺酸	81023	17	×	△	△	×	△	×	△		△	17	
硫化钡	82013	19							△			×	19

表 2-17 中，对照“配放表”标画上相应的配放符号，以右斜上方的配放号为基准，向左、向下确认。如果以上 11 个品名无特殊取舍要求，可依次用直线划去配放有较多抵触的(×)和隔离符号的(△)配放号，另库保管或暂不进货或较大距离隔离，经整理便得到危险货物同库配放小梯形表(见表 2-18)。

表 2-18　危险货物同库配放小梯形表

货物品名	铁危编号	配放号								
氯乙烷	21036	1	1							
压缩氧	22001	2	△	2						
液氨	22006	3			3					
潮湿棉花	42505	8	△	△		8				
电石	43025	9	△	△			9			
过氧化钙	51006	12	△				△	12		
苯酚	61067	15							15	
硫化钡	82013	19					△			19

(3)表 2-18 中,配放号 1、2、9 的隔离符号较多,8、12、19 的隔离符号较少,配放号 3、15 无隔离符号,为直观起见,将配放号视作货物,画图表示在库中的位置。首先,将 1、2、9 代表的货物尽量分开配放于仓库中,这样可尽量满足隔离要求。此时,可设计 1 配放于仓库最左端,2 位于仓库中部,9 位于仓库最右端;其次,3、15 由于无隔离符号,对于配放位置无特殊要求,因此,可作为隔离物配放于仓库中,配放次序为 1、3、2、15、9。最后,将 8、12、19 逐一安排如下:①8 须与 1、2 隔离,设计在 15 的右侧;② 12 须与 1、9 隔离,设计在 3 与 2 之间;③19 须与 9 隔离,设计在 12 与 2 之间,得到初步方案(见表 2-19)。

表 2-19　危险货物同库配放方案

初步方案	1	3	12	19	2	15	8	9
最终方案	1	3	15	8	2	12	19	9
					△			△

5. 考虑消防方法的最终配放方案

在配放时,如仅考虑符合"配放表"要求,则设计出的配放方案可能将灭火方法相抵触的货物存放在同一个仓库里。当某一批货物发生燃烧,所采用的灭火方法恰恰是另一种货物禁止使用的。如表 2-19 中配放号为 9、12、19 的货物灭火方法均为禁水和泡沫,而其他除液氮外的货物灭火方法采用水和泡沫,表 2-19 所示的初步配放方案没有考虑消防隐患,出现了灭火方法为禁水的货物与用水的货物相邻配置的情况,这种配放方案存在严重安全隐患,非禁水货物一旦发生火灾,用水施救时会引起禁水货物发生火灾。因此,在危险货物配放时应充分考虑消防因素,只有消防方法不相抵触的货物才可以同库配放或相邻货位存放(同时符合性质配放的要求)。解决上述实例中危险货物配放消防安全隐患的步骤如下:

(1)根据灭火方法不同,将消防方法相抵触的货物分开,表 2-19 中的货物可以分为两组:禁水组(配放号:9、12、19)和非禁水组(配放号:1、2、3、8、15)。

(2)禁水组货物对照"配放表",用划线划去除有"×"符号的配放号后得表 2-20。

表 2-20　禁水组危险货物同库配放小梯形表

货物品名	铁危编号	配放号			
电石	43025	9	9		
过氧化钙	51006	12	△	12	
硫化钡	82013	19	△		19

禁水货物应与其他货物分组集中配置,从表 2-20 可以看出,9 号与 12 号、19 号可以配放,但配放时均应至少隔离 2 m。

(3)9 号与 19 号设计隔离配放,以 19 号为中心,9 号位于其右侧,保持 2 m 以上的隔离距离;12 号与 19 号无特殊要求,将 12 号设计紧靠在 19 号左侧,不用隔离,这样可以保证 9 号与 12 号的隔离要求,最终调整的方案见表 2-19。

对于非禁水组危险货物也同样使用铁路危险货物划线配放法来进行配放设计。但上述货物配放方案并不是唯一的,在实际操作过程中,作业人员可根据具体情况加以比选,如也可先以消防方法确定禁水组配放,然后统筹安排,最终确定最优方案。20 世纪 80 年代初已有人对"配放表"进行了计算机配放研究,有的车站也采用了这一先进的方法,相信在运量大、办理品种复杂等条件下危险货物的科学配放问题会取得新的进展。

四、货物的保管、交付和搬出

1. 危险货物的保管

危险货物的保管分为承运装车前的保管和卸车后交付前的保管。危险货物应按其性质和要求存放在指定的仓库、雨棚等场地。遇潮或受阳光照射容易燃烧或产生易燃、易爆、有毒气体的危险货物不得在雨棚、露天存放。存放保管危险货物时,应符合"配放表"的要求。编号不同的爆炸品不得同库存放。放射性物质需建专用仓库,并与爆炸品仓库保持 20 m 以上的安全距离。

堆放危险货物的仓库、雨棚等场地必须清洁干燥、通风良好,配备充足有效的消防设施。货场应设置明显的安全警示标志,须建立健全值班巡守制度。仓库作业完毕后应及时锁闭,剧毒品以及储存数量构成重大危险源的其他危险货物须加双锁,做到双人收发、双人保管。进入货场的机动车辆必须安装防火帽(罩)。

2. 危险货物的交付

对到达的货物要及时通知收货人,及时交付货物,及时取送车辆。货位清空后,需及时清扫、洗刷干净。对撒漏的危险货物及废弃物,应及时通知收货人进行处理。对危险性大、撒漏严重的,要会同卫生防疫、环保、消防等部门共同处理。到站向运单内所记载的收货人进行交付货物,是承运人履行货运合同的重要义务,货物交付包括票据交付和现货交付。

(1)票据交付

收货人持领货凭证和规定的证件到货运室办理货物领取手续,在支付费用和在货票丁联盖章(或签字)后,留下领货凭证。到站在运单和货票上加盖到站交付日期戳,然后将运单交给收货人,凭此领取货物。货物在运输途中发生的费用(如包装整修费、托运人责任的整理或换装费、货物变更手续等)和到站发生的杂费,在到站应由收货人支付。

(2)现货交付

现货交付即承运人向收货人点交货物。收货人持货运室交回的运单到货物存放地点领取货物,货运员向收货人点交货物完毕后,在运单上加盖"货物交讫"戳记,并记明交付完毕的时间,然后将运单交还给收货人,凭此将货物搬出货场。

3. 货物的搬出

收货人持加盖的"货物交讫"运单将货物搬出货场,门卫对搬出的货物应认真检查品名、件数、交付日期与运单记载是否相符,经确认无误后放行。

加强进出铁路车站取送危险货物的机动车辆管理,要按照《危险化学品安全管理条例》关于道路运输危险货物的有关规定，对进出办理站取送危险货物的机动车辆，必须具有“危险货物道路运输证件”，取送爆炸品、剧毒品货物的机动车辆还须持有当地公安部门出具的“公路运输通行证”。凭“危险货物道路运输证件”进出办理站取送危险货物，有利于进出办理站的车辆管理，有利于危险货物运输安全，办理站应严格执行。

剧毒品到站和卸车交付完毕后，应分别将车种车号(集装箱箱型、箱号及所装车号)、发到站、托运人资质证书确认号、收货人、货物品名、铁危编号、件数、重量、到达日期、到达车次、交付日期等信息上网报告剧毒品跟踪管理系统，并拍发电报通知发站，通知延迟时间不得超过1 h。

办理站对清空后的货位须及时清扫、洗刷干净，对撒漏的危险货物及废弃物，应及时通知收货人进行处理。对危险性大、撒漏严重的，要会同卫生防疫、环保、消防等部门共同处理。

五、无法交付的危险货物处理

危险货物因运单丢失，票货分离，标签脱落等情况，应及时联系专业机构判明货物性质，会同卫生、防疫、环保、消防等部门共同处理。

1. 托运人托运危险货物时，应遵守哪些规定？

2. 在货物运单“托运人记载事项”栏内可能填写的内容有哪些？

3. 托运和承运爆炸品、剧毒品有哪些特殊要求？

4. 查出危险货物硫化钠(无水)、压缩氧、汽油(闪点$\leqslant -18$ ℃)、页岩油、硅铁的品名、编号、类项、包装方法、包装标志、消防方法和急救措施。

5. 对新产品和改变运输包装有何规定？

6. 对危险货物的包装有何要求？如何进行包装检查？

7. 受理、承运危险货物时，必须符合的“四个统一”如何规定？受理气体类危险货物时必须符合的“四个统一”如何规定？

8. 下列各组危险货物的到站相同，试确定各组两种危险货物可否按一批运输(不考虑包装、重量等条件)。

高锰酸钾和过氯酸　　亚氯酸钠和碘酸　　过氧化氢和磷化锌

三氧化硫和五氧化磷　　氢氧化钠和氢氧化钾

9. 下列危险货物哪些可按普通货物条件运输？为什么？按普通货物办理时应注意什么？

迭氮钠每盒净重100 g，每箱净重0.4 kg；三氯化铝(含水20%)；硫酸(浓度35%)；拷纱(植物油含量2%)。

10. 爆炸品、液化气体、剧毒品的押运人数是如何规定的？

11. 举例说明危险货物“配放表”制定的原则是什么。

12. 某站有一些危险货物需确定在仓库内的存放保管位置，货物品名有：溴、甲酸、氧(压缩)、安全火柴、黄磷、过氧化氢、碱石灰、硝酸、硝酸钠，请确定配放方案(图示说明)。

13. 装运危险货物的车辆应符合哪些条件？

14. 危险货物装卸车作业有何要求？

15. 为什么对危险货物车辆有停止制动、禁止溜放、限速连挂、编组隔离和挂运的要求？

16. A 站发 B 站危险货物 4 批，确定每批危险货物车辆的溜放限制和隔离标记。

(1)硝酸(81002，陶瓷坛外加半透笼木箱包装)。

(2)碘酸铵(51517，塑料瓶外加木箱包装)。

(3)三氧化二砷(61007，钢桶)。

(4)氧气(22001，钢瓶)。

17. 分别装有下列危险货物的车辆是否"禁止溜放"或溜放时"限速连挂"？

导爆索、磷化锌(玻璃瓶装)、碘酸钾(玻璃瓶装)、过氧化钾、硝酸钠(纸袋装)、油布、汽油(铁桶装)、硫酸(陶瓷坛装)、盐酸(陶瓷坛装)

18. 确定下列危险货物车辆的编组隔离标记及是否需要停止制动作用？

过氧化钠、氧气、汽油、黑火药、雷管、放射性同位素钴、水银、碳酸钙、1,3,5—三硝基苯、除氧催化剂

第三章　办理站、专用线(专用铁路)安全技术条件

第一节　危险货物办理站

一、办理站定义及分类

运输危险货物应当在符合法律、行政法规和标准规定，具备相应品名办理条件的车站、专用铁路、铁路专用线间发到。铁路运输企业应当将办理危险货物的车站名称、作业地点(货场、专用铁路、铁路专用线名称)、办理品名及编号、装运方式等信息及时向社会公布。发生变化的，应当重新公布。危险货物办理站是站内或接轨的专用线(含专用铁路，下同)办理危险货物发送(含换装，下同)、到达业务的车站。按类型分为三种：

(1)站内办理站：仅在站内办理危险货物业务的车站。

(2)专用线接轨站：仅在接轨的专用线办理危险货物业务的车站。

(3)兼办站：在站内和接轨的专用线均办理危险货物业务的车站。

办理站除应执行铁路货场、专用线一般规定外，还应符合铁路危险货物办理站、专用线货运安全设备设施有关技术条件等相关规定以及有关法律、法规、规章对危险货物运输安全的规定。

二、办理站概况

全路每天危险货物装车超过 8 000 辆，品种繁多、性质特殊的危险货物分别在全路多个危险货物办理站(专用线、专用铁路)办理。截至 2021 年 6 月底，共有 8 个站内办理危险货物办理站，见表 3-1，衔接危险货物专用线(专用铁路)的办理站 989 个，见表 3-2。

表 3-1　站内办理危险货物的办理站

铁路局集团公司	序号	车站	发送品名	到达品名	办理品类
昆明	8	蒙自北	黄磷	—	四类
兰州	3	惠农	氢氧化钠	—	八类
兰州	4	固原	氢氧化钠	—	八类
乌鲁木齐	1	阿拉山口	八氧化三铀	八氧化三铀	七类
乌鲁木齐	1	阿拉山口	硫黄	硫黄	四类
乌鲁木齐	3	七泉湖	硫化钠(二)	—	八类
乌鲁木齐	4	阿克苏	—	硫黄	四类
乌鲁木齐	6	吐鲁番	氢氧化钠	—	八类
广州	7	湘乡	—	氢氧化钠	八类
乌鲁木齐	8	鱼儿沟	氢氧化钠	—	八类

表 3-2　各铁路局集团公司衔接危险货物专用线(专用铁路)的办理站

铁路局集团公司	接轨站数量	专用线(专用铁路)数量	托运人数量
哈乐滨	98	139	35
沈阳	118	147	79
北京	88	116	36
太原	32	47	14
呼和浩特	36	59	38
郑州	51	65	22
武汉	51	60	17
西安	36	48	17
济南	43	59	32
上海	65	73	34
南昌	58	69	10
广州	65	98	26
南宁	38	53	49
成都	100	131	28
昆明	26	39	26
兰州	39	52	32
乌鲁木齐	31	54	60
青藏	14	23	12
合计	989	1 332	567

由于我国工农业生产的快速发展和科学技术的不断进步,危险货物的运输需求日益增长,通过铁路运输的危险货物品类和数量越来越多。随着我国铁路危险货物运输改革计划的实施,危险货物办理站开始逐步适应危险货物运输的发展要求。

三、办理站办理危险货物运输的要求

(1)办理站的仓库、站台、雨棚、装卸作业线、装卸设备、消防设备、防雷防静电设施、安全防护用品等要符合《铁路危险货物办理站、专用线(专用铁路)货运安全设备设施暂行技术条件》的相关规定。

(2)危险货物办理地点、场所应配备有关检测设备和报警装置;作业人员应配备相应的防护用品;装卸设备应具有防爆、防静电功能,装卸能力、计量方式、消防设施、安全作业防护应符合要求。

(3)货运人员、技术管理人员、装卸及驾驶人员应经过铁路危险货物及运输业务知识培训,熟悉本岗位的相关危险知识,掌握运输规定。

(4)建立健全危险货物受理、承运、装卸、储存保管、消防、劳动安全防护等安全作业规程及管理制度。

(5)办理站应有铁路危险货物运输事故应急预案,配备应急救援人员和必要的救援器材和设备。

(6)办理站应建立危险货物运输有关技术档案,具体掌握危险货物的运量、品类、理化特性、包装、运输方式、装卸作业设备、计量方法、消防设施等情况。适时掌握企业危险货物运输发展动态,相应调整管理措施和内容。

(7)危险货物办理站、专用线(专用铁路)应具备完善的网络通道,安装铁路危险货物运输安全监控系统,并在危险货物装卸、储存等关键部位安装视频监控系统。

(8)经国铁过轨运输的非国家铁路控股的合资铁路、地方铁路(已委托铁路局集团公司管理的除外)办理危险货物业务的,铁路局集团公司应首先核对其所属铁路运输企业是否按照《铁路危险货物运输安全监督管理规定》要求,向社会公布办理危险货物的车站名称、作业地点、办理品名、装运方式等信息;然后与其所属铁路运输企业签订危险货物过轨运输协议,交换上述有关信息;按照约定的交接地点、方式、内容、条件和安全责任等与其所属铁路运输企业办理危险货物交接。

第二节　铁路危险货物专用线、专用铁路

一、铁路危险货物专用线(专用铁路)及其共用

危险货物运输具有风险大、技术含量高、性质复杂等特征,一旦出现安全事故,不但会带来财产经济损失,而且还会造成人员伤亡,形成十分严重的社会影响。因此,近年来大部分非罐车运输量由办理站的站内办理转移至专用线(专用铁路)办理,危险货物超过95%的运量是在全路1332条专用线(专用铁路)装运的,办理危险货物品名已经达到了3000多种,年运量2.5亿t左右。

危险货物专用线(专用铁路)是指办理铁路危险货物运输业务(铁路危险货物到达、发送)的专用线(专用铁路),其安全要求均高于普通货物专用线。专用铁路配属有自备调车机车,拥有较多的铁路自备货车,并具备专门的调车作业人员,其内部为完整的铁路运输系统,与接轨铁路车站间的取送调车作业一般由企业自备调车机车负责完成。

二、危险货物专用线(专用铁路)建设及管理

1. 危险货物专用线(专用铁路)建设

(1)新增办理站、专用线(专用铁路)、共用单位以及新增品名时,须由铁路局集团公司提交申请报告及国家安监部门认定机构出具的"专用线及其附属设施安全评价报告"。铁路局集团公司对报告中提出影响铁路危险货物运输安全的问题督促整改,并在申请报告中予以明确。

(2)企业新建专用线时,其前期可行性研究报告应报国铁集团,符合《铁路专用线接轨管理办法》的接轨方案由国铁集团审核批准。

(3)新建、改扩建专用线应符合《危险化学品安全管理条例》、《铁路安全管理条例》的相关规定。

(4)新建危险货物专用线的储存、装卸等设施与铁路正线及车站(含货场)的安全距离须符合《铁路安全管理条例》的相关规定。对安全距离不符合要求的既有专用线,原则上不再办理增加品名、共用单位等有关业务。

(5)专用线(专用铁路)的铁路运输设备,应符合《铁路技术管理规程》和《工业企业标准轨距铁路设计规范》的要求,修建运量大、取送车频繁的专用线,其作业条件必须满足铁路取送车、调车作业和交接检查工作的需要。

2. 危险货物专用线(专用铁路)管理

铁路局集团公司、办理站、专用线(专用铁路)各自的职责范围如下：

(1)铁路局集团公司的职责

①加强规划、监督、指导。

②搞好运输组织和协调，批准专用线协议。

③确定专职管理人员。

④新建、改扩建审核，报批国铁集团。

⑤授权并指导车站与专用线签订“路产租用协议”“运输协议”“安全协议”“共用协议”，处理协议变更及向国铁集团报批事项。

⑥组织企业运输员、押运员进行业务培训，核发“培训合格证”。

(2)办理站的职责

①制定具体的专用线管理制度和作业标准，检查交接、预确报、统计分析及专用线货运员岗位责任落实情况，提高为企业服务的质量。

②制定、落实保证安全的措施。

③与专用线产权单位、共用单位共同制定各种协议，向铁路局集团公司报批，并监督执行。

④按规定核收费用。

⑤检查专用线装车质量，专用线货运员对爆炸品、罐装液化气、剧毒品要亲临现场指导、验收。

(3)专用线(专用铁路)的职责

①与车站签订各种协议，并严格执行。

②制定符合铁路要求的各种规章制度。

③完成监装卸和与专用线货运员的交接工作。

④为专用线货运员提供必要的工作、生活条件。

三、专用线(专用铁路)办理危险货物运输的要求

(1)专用线(专用铁路)应与设计时办理危险货物内容一致，装运和接卸危险货物运输品类，要有专门的仓库、雨棚、栈桥、鹤管、输送线路、储罐等附属设施和安全防护设备，达不到上述要求的，如无仓库、雨棚或无栈桥采用罐车与汽车对装对卸等，不得办理危险货物运输。

(2)专用线(专用铁路)办理危险货物作业场所的消防、防雷、防静电、安全检测、防护、装卸、充装等安全设备、设施应符合《铁路危险货物办理站、专用线(专用铁路)货运安全设备设施暂行技术条件》的规定。储存仓库的耐火等级、防火间距应符合《建筑设计防火规范》等有关国家标准。

(3)装运压缩气体和液化气体的，应安装国家规定的轨道衡等安全检测装置，需具备专用线(专用铁路)与接轨站之间的网络通道和相应的视频监控设备。

(4)制定有完善的铁路危险货物运输安全管理制度和操作规程，有铁路危险货物运输事故处理应急救援，配备应急救援人员和必要的救援器材及设备。

(5)凡在《办理限制》中未列载的专用线(专用铁路)不得办理危险货物运输。批准办理危险货物运输的专用线(专用铁路)只准办理列载的危险货物，如需增加或修改有关内容，由铁路局集团公司报国铁集团批准。

(6)在专用线办理危险货物运输时，产权单位应与办理站(货运中心)签订专用线运输协议和危险货物运输安全协议。危险货物运输需要共用专用线时，应由产权单位、共用单位、办理站(货运中心)签订危险货物专用线共用协议。危险货物运输安全协议、危险货物专用线共用协议每年

签订一次。首次签订协议应在办理限制公布之后、正式运输前进行;《办理限制》内容发生变化时,应在《办理限制》公布之后、运输实施前重新签订协议。危险货物运输安全协议、危险货物专用线共用协议有效期到期前1个月,办理站(货运中心)应通知相关单位按规定签订新协议。逾期未签订新协议的单位,由办理站(货运中心)、铁路局集团公司逐级上报国铁集团货运部在《办理限制》中取消。

四、专用线(专用铁路)的合理布局

新疆、陕西、青海、内蒙古处于我国西北部,油气资源非常丰富,是我国最主要的原油、成品油、天然气输出区。铁路运输是这些地区最主要的资源输出方式,铁路原油运输量占地区原油产量的50%以上。四川、重庆处于我国西南部,是最大的成品油输入区,部分成品油需要通过铁路运入,而川渝两地还是较大的天然气输出区,这类地区的危险货物运输主要是油气运输。西北和西南地区有多条油气输送管道已经初具规模,但是由于国内液化气和成品油管道输送技术尚处于起步阶段,在未来一段时间内,铁路在以上地区还要承担部分油气产品运输任务。在以上六个省、区、市进行铁路危险货物专用线(专用铁路)建设需要着重考虑与管道运输在时间和空间上协调配合,重点在不宜建设管道或管道不能到达的地方部署运力。

黑龙江、山东、辽宁、河南、吉林、河北和天津等省、市均是我国较成熟的原油加工基地或化工生产基地,这类地区的特点是管道运输已成规模,综合交通运输体系相对发达,由铁路运输的危险货物品类繁多,结构复杂。以上七个省、市一直是铁路危险货物运输的重要服务地区,随着危险化工品物流在这些地区的不断升温,一方面需要更新和完善危险货物运输基础设施,另一方面要优化危险货物运力分布,使其与管道、水运、公路等运输方式在货物品类上合理分工,在空间上顺畅衔接。

广东、上海是危险化学品生产相对集中的地区,铁路部门在两地设立了大量专用线和设备条件较好的专用线(专用铁路)。

其他省、区、市的石化产业规模不大,不存在严重的铁路危险货物运输供需矛盾,现有运力设施基本能够满足需求。

危货箱运输是未来我国危险货物运输发展趋势方向之一。危货箱在与其他运输方式衔接、与国际危货箱运输接轨方面具有显著优势,特别是在提高专用线(专用铁路)安全质量,改善职工劳动环境方面有明显优势。因此,应增加危货箱专用线(专用铁路)的数量,扩大进箱品名,改革危货箱运输的收费办法,积极发展危货箱运输业务,以实现危险货物安全、快速、清洁、高效的运输。

五、新形势下专用线管理

铁路政企分开后,国铁集团和各铁路局集团公司作为铁路危险货物运输承运人企业,与专用线企业、地方铁路等托运人企业是平等的市场主体关系,不能依靠行政手段对托运人加以限制、约束、监督和检查,在这种情况下如何保证专用线铁路危险货物运输安全十分关键。铁路企业与专用线企业成为平等企业主体,铁路企业对专用线企业管理由行政管理转变为协议制管理后,专用线企业对铁路危险货物运输管理的有关规定执行力有所弱化,这为专用线危险货物运输埋下了安全隐患,需要今后在法制框架下对铁路专用线危险品运输进行有效的管理。铁路危险品运输要确保公共安全利益,满足和完成社会效益,同时兼顾企业的经济利益,需要监管部门、铁路运输企业和托运人企业共同努力和参与。

第三节　办理站(专用线、专用铁路)应具备的技术条件

作为办理铁路危险货物运输业务的办理站、专用线(专用铁路),除应具备办理铁路运输业务的设施(设备)外,还应具备保证危险货物运输安全的相关设施(设备)。

危险货物装卸、储存场所和设施应当符合下列总要求:

(1)装卸、储存专用场地和安全设施设备封闭管理并设立明显的安全警示标志。设施设备布局、作业区域划分、安全防护距离等符合规定。

(2)设置有与办理货物危险特性相适应,并经相关部门验收合格的仓库、雨棚、场地等设施,配置相应的计量、检测、监控、通信、报警、通风、防火、灭火、防爆、防雷、防静电、防腐蚀、防泄漏、防中毒等安全设施设备,并进行经常性维护、保养,保证设施设备的正常使用。

(3)装卸设备符合安全要求,易燃、易爆的危险货物装卸设备应当采取防爆措施,罐车装运危险货物应当使用栈桥、鹤管等专用装卸设施,危货箱装卸作业应当使用集装箱专用装卸机械。

(4)法律、行政法规、标准和安全技术规范规定的其他条件。

一、硬件条件

办理铁路危险货物运输业务的办理站、专用线(专用铁路)应具备的各项硬件条件包括铁路运输作业所需的基础设施(设备)和保证铁路危险货物运输安全所需的安全防护设施(设备)两部分。

1. 基础设施(设备)

货场是办理站办理危险货物作业的基本场所,为了安全、迅速、便利地组织危险货物的承运、保管、装卸和交付作业,在货场内必须配备足够的场库、装卸机械、配线和道路等设备设施,并且要保证各项货运设施设备在货场内的合理布置。危险货物专用线(专用铁路)是企业(公司、集团)办理危险货物作业的基本场所,通过接轨站与国铁线路接轨。

办理站、专用线(专用铁路)应根据货运作业量、作业性质和货物品类并结合生产需要和当地条件,主要设置以下设备设施:

(1)配线

配线包括货物线、存车线、牵出线、轨道衡线等。装卸作业线路是办理站、专用线、专用铁路进行装卸车作业时,保证危险货物车辆停留的场所。

(2)场库设备

仓库、雨棚、站台、堆场、储罐等是保证货物存储的场库设备。其中仓库、雨棚、站台、堆场适用于非罐装货物和集装箱的存储,对于危险性较大或遇水会发生化学反应、易于受潮的铁路危险货物,应储存于仓库中;储罐适用于罐装货物的存储。罐装货物主要是指液体类铁路危险货物(易燃液体、腐蚀性液体等)。考虑到铁路危险货物的特殊性,除危货箱外,其存储一般不用堆货场。

(3)装卸设备、计量条件

①针对非罐装货物

装卸设备有起重机(桥式、门式)、叉车(内燃、电瓶)、手推车等。

计量方法有利用轨道衡、汽车衡等称重或采用人工点件数等方法。

②针对罐装货物

装卸设备有装卸作业泵、相关输送管路、装卸栈桥、鹤管、计量罐等。

计量方法有轨道衡称重、量油尺测量换算、计量罐定体积、流量计测装卸总容积等。

国家铁路罐车计量总站在铁路罐车“容量计表”的基础上开发应用了一款“铁路罐车计量”软件。该软件在输入铁路罐车车型、罐车中所装介质液面高度、常温下介质比重等数据后,可直接输出铁路罐车中装载介质的准确重量(吨数)。“铁路罐车计量”软件是一款比较实用的软件,且该软件目前在专用线(专用铁路)上应用较为广泛和普遍。

2. 安全防护设施(设备)

(1)八防设施(设备)

①防爆、防火设施(设备)

化学爆炸、燃烧是由于不同物质间发生化学反应而产生的一种现象,它们的发生离不开三个基本要素,即可燃物、助燃物、点火源。在铁路危险货物各类项中,爆炸品、易燃气体、易燃液体、易燃固体及易于自燃的物质、遇水放出易燃气体的物质、氧化性物质和有机过氧化物、毒性物质中的可燃烧类、腐蚀性物质中的可燃烧类等均属于可燃物。空气中的氧气即属于助燃物;爆炸品的组成成分中含有氧化剂,所以其发生反应时迅速、猛烈,一般不需要氧气参与其爆炸的化学反应。点火源包括持续明火、瞬间火源、间接火源。持续明火有炉火、打火机、香烟头等;瞬间火源有闪电、静电火花、电气火花、碰撞火花、电焊切割等;间接火源有剧烈摩擦产生的热量、化学反应能量、辐射能量(包括手机等的辐射)等。

不燃烧的压缩气体和液化气体一般比较稳定,不易发生化学反应,但在一定条件下可能发生物理爆炸现象,也具有一定的危险性。

爆炸和燃烧可以互相转化,具备条件时两者可能同时发生(先爆后燃或先燃后爆),增加事故的范围和危险性。

办理站、专用线(专用铁路)必须满足防爆、防火要求。首先,铁路危险货物作业有关场所应远离居民区、生活区、带火(高热)生产区等,并与周围建筑物间保证足够的防火间距;储存危险货物的仓库等建筑物应具备足够的耐火等级。其防火间距、耐火等级等应符合《建筑设计防火规范》(GB 50016)和《石油化工企业设计防火规范》(GB 50160)等国家相关标准。其次,铁路危险货物作业地点防爆、防火的措施需针对可燃物、点火源两个方面着手。针对可燃物,主要依靠各类防泄漏、撒漏的设施(设备),如各仓库内和有关作业地点安装的可燃气体检测报警设备、火灾自动报警设备、储罐防止冒罐的各类液位计、各密闭空间(仓库、泵房等内部)内的强制通风设备等。针对点火源,主要采用严格控制明火,保证铁路危险货物作业地点与其他有明火场所或电焊、高温切割等车间的有效距离,电气线路采用地埋方式走线,仓库内线路穿管入墙,照明电路尽量采用 36 V 及以下的低压电源,机械设备等均应采用防爆电机;做好防雷防静电措施,操作中严禁野蛮作业造成剧烈碰撞,作业场所禁止带入打火机、火柴,禁止拨打接听手机,装卸作业中轻拿轻放,严禁拖拉摔撞货物。

为保证上述防爆防火各项措施落实而配备的设施(设备)均属于防爆、防火设施(设备)。

专用线(专用铁路)各有关作业地点配备的灭火器、消防栓等设备可用于作业场所火灾初期的现场自救。

②防热设施(设备)

铁路危险货物的九个大类中,大部分属于易受温度影响的物质,在外界温度过高时,如不采用降温措施,将会增加其发生危险的概率。因此,在夏季阳光强烈时或在南方高温地区,涉及铁路危险货物存储的库房、储罐及运输用的铁路罐车，均应及时采取降温措施。用于铁路危险货物存储场所降温的各项设施（设备）属于防热设施（设备）。

用于仓库降温的设备有不吸热的特殊材质屋顶（日照特别强烈地区可在原有屋顶上方留出一定距离后再加一层同材质顶棚），仓库内的散热通风装置，库内降温冰池等。

用于储罐降温的设备主要是清水喷淋系统，在外界温度较高时，可以显著降低储罐外表温度。

铁路罐车的降温可以依靠消防系统中的消防栓和水龙带，利用喷淋清水降低罐车外表温度。

③防潮设施（设备）

对于遇水发生化学反应或易于吸湿的一些危险货物，其存储地点要特别注意防潮（防水）。这样一些危险货物在储存时应存于能有效防雨的仓库中，仓库中要有良好的排水系统，地面应设置 0.5%～1.0%的单面坡或双面坡利于排水。

强制通风设备也可用于仓库内部除湿。在外部环境湿度太大时，可利用生石灰等强吸水性物质作除湿剂，达到除湿的目的（南方湿度较大地区，可在仓库内建一石灰池，用于梅雨季节时库内除湿）。

④防雷、防静电设施（设备）

在雷雨天气，往往会发生强烈的闪电现象。由于闪电具有很强的能量，具有热效应、电效应和机械效应，如直接作用于储存危险货物的仓库、储罐等，会产生很大的危害。所以铁路危险货物仓库、储罐、装卸车点及建筑物上必须设置避雷装置。

避雷装置由接闪器（避雷针、避雷线、避雷带、避雷网等）、引下线、有效接地装置三部分组成，其规格、性能应符合《建筑物防雷设计规范》(GB 50057)中的规定。

各类防雷建筑物应采取防直击雷和防雷电波侵入的措施。

各建筑物屋顶表面应装设独立避雷针或架空避雷线（网），使被保护的建筑物及风帽、放散管等突出屋面的物体均处于接闪器的保护范围内。建筑物内的设备、管道、构架、电缆金属外皮、钢屋架、钢窗等较大金属物和突出屋面的放散管、风管等金属物，均应接到防雷电感应的接地装置上。

静电产生主要是由于摩擦起电，此外还有附着带电、感应起电和极化起电。产生的静电如果没有良好的接地，则会因电荷积聚，产生高电位，形成火花放电引起可燃物燃烧或爆炸。在铁路危险货物作业地点的储罐、输送管路、栈桥、鹤管、铁路车辆、汽车等均有可能因静电积聚放电而产生危险，所有上述地点的有关设备必须设置符合要求的防静电装置。

防静电装置可与防感应雷装置合用一套接地系统，但须保证该处接地电阻不大于需要值。

一般压力储罐、内浮顶罐或罐壁厚度大于 4 mm 的储罐，可以不设避雷针、线，但应保证有效接地。储罐内各种金属构件须与罐体等电位连接，且在多个部位接地。钢储罐的防雷接地装置可兼作防静电接地装置。内浮顶罐的浮顶和罐壁间应至少有两处用铜绞线进行等电位连接。

露天装卸车作业的鹤管和装车栈桥，可不装设避雷针（带）。进入装卸车区的输送管道在进入点应接地。输送管道在进出装置区处、分岔处应进行接地。平行管道净距小于 100 mm 时，应每隔20 m加跨接线。当管道交叉净距小于 100 mm 时，应加跨接线。当弯头、阀门、法兰盘等连接处的过渡电阻大于 0.03 Ω 时，连接处应用金属线跨接。对有不少于 5 根螺栓连接的法兰盘，在非腐蚀环境下，可不跨接。当金属法兰采用金属螺栓或卡子紧固时，一般可不必另装静电连接线,但应保证至少有两个螺栓或卡子间具有良好的导电接触面。地上或管沟敷设的输送管道的防静电装置可与防感应雷的接地装置合用,接地电阻不宜大于 20 Ω,接地点宜设在固定管墩(架)处。

铁路装卸车设施的钢轨、鹤管、钢栈桥等应进行等电位连接并接地,两组跨接点间距不应大于 20 m,每组接地电阻不应大于 10 Ω。装卸车区域内铁路钢轨的两端应接地,区域内与区域外钢轨间的电气通路应绝缘隔离。钢轨间应有良好的电气通路,平行钢轨间跨接,每个鹤位处宜跨接一次并接地。

铁路车辆通过接触的钢轨可满足接地电阻的要求。汽车车辆可利用防静电卡带(由两端的卡子和之间连接的电线组成)将汽车金属部分与接地装置连接,达到防静电的目的。

在泵房(棚)的门外、储罐的上罐扶梯入口、装卸车栈桥入口处应设置消除人体静电接地装置。

⑤防盗设施(设备)

办理站、专用线(专用铁路)防盗主要由作业地点周围的围墙及大门、门卫等组成。此类设施(设备)除具有防盗功能外,主要保证作业地点除相关作业人员外其他无关人员限制进入,以确保作业地点的作业安全。

⑥防污染设施(设备)

办理站、专用线(专用铁路)作业地点在危险货物装卸作业过程中,可能会出现液体类、气体类铁路危险货物泄漏,或固体类铁路危险货物的撒漏。在出现危险货物的泄漏或撒漏时,必须及时处理,否则将有可能引起更严重的危险或引发事故。

专用线(专用铁路)各有关作业地点配备气体检测仪等设备可用于作业场所气体浓度的检测。如气体类危险货物泄漏,应加强通风,切勿使泄漏的易燃气体浓度达到爆炸极限或其他类气体浓度达到足够影响人体健康的程度。

专用线(专用铁路)各有关作业地点配备砂土、活性炭、酸碱性固体粉末、消防用水等,当液体类危险货物泄漏,易燃液体等应用砂土、活性炭等吸附后运至规定地点进行处理;腐蚀性液体可利用性质相反的固体粉末等中和后处理,或用性质相反的液体中和后用大量水冲洗并排入废水系统。

固体类危险货物撒漏,应尽量小心地收集后处理,切勿剧烈摩擦;强氧化剂可用水冲洗,废水经处理后才可排放。办理放射性物质的专用线(专用铁路)配备核放射探测仪防止放射性污染。

(2)运输安全防护设备

运输安全防护设备主要是为了保证铁路行车安全和装卸作业安全而配备的相关防护设备,主要包括装卸作业安全防护设备和车辆防溜逸设备。

①作业安全防护设备

为保证办理站、专用线(专用铁路)装卸作业人员人身安全和作业车辆的安全,避免邻线调动机车车辆时误入作业线路,各有关股道入口处应设置装卸作业安全防护设备或采取相应防护措施。

一般防护设备有脱轨器(固定式手工扳动或能落入道心的)、简易脱轨器、移动式信号牌(灯)等。

铁路车站防护措施可以采取将道岔扳动至不能进入作业股道的方向并锁闭的方式,但这种措施对专用线(专用铁路)具有局限性。另外可采用将红色信号旗布置于车辆端头并临时固定的方式进行防护，但这种方法最好有专人在作业过程中监视防护。

②防溜逸设备

为避免办理站、专用线（专用铁路）作业的车辆产生溜逸，铁路车站规定的车辆停留线或接轨站调动车辆进入专用线（专用铁路）后必须按要求进行防溜。防溜设备有车辆人力制动机、铁鞋、防溜枕木、止轮器等。

对于专用线（专用铁路）来说，防溜设备多采用比较方便和实用的车辆人力制动机和铁鞋。目前《技规》规定，编组站、区段站在到发线、调车线以外的线路上停留车辆，不进行调车作业时，应连挂在一起，可采取一道防溜措施（拧紧两端车辆的人力制动机或以铁鞋、止轮器、防溜枕木等牢靠固定），因装卸车对货位等情况，不能连挂在一起，应分组防溜；中间站停留车辆，无论停留的线路是否有坡度，均应连挂在一起，并采取两道防溜措施；不能连挂在一起，应分组防溜。各铁路局集团公司对专用线（专用铁路）普遍的要求是向线路尽头方向用车辆人力制动机进行一道防溜，向接轨站方向用车辆人力制动机和铁鞋进行二道防溜；线路上车辆分为几个车组时，只对两端车组按要求防溜，中间车组不做防溜。

（3）个人防护用品

按办理的铁路危险货物类项或品名存在的危险性不同及对人体可能的伤害程度，应为有关作业人员配备合适的个人防护用品。常见的个人防护用品有防静电工作服、防静电工作鞋、手套（防油、防酸碱）、防护眼镜、防毒面具、防酸碱服、防护鞋、防酸碱鞋套、橡胶围裙（披肩）等。为保证办理站、专用线（专用铁路）应急救援的需要，还应配备足够数量的石棉消防服、正压自给式呼吸器等。

二、软件条件

1. 从业人员应具备的资格条件

办理铁路危险货物运输业务的从业人员，必须取得相应的资格证书。铁路和企业从事危险货物运输的主要负责人、主管人员以及现场货装人员、企业运输员（押运员）应进行技术业务培训。

气体类危险货物铁路罐车押运人员，企业还应进行押运员技术业务培训，考试合格者由企业核发“液化气体铁路罐车押运员证”（简称“押运员证”）。“押运员证”每两年进行一次复审。办理站根据“押运员证”发“押运员须知”。

铁路危险货物运输从业人员，还应取得地方政府安全生产监督管理部门核发的“危险化学品生产经营企业主要负责人、职业技术人员合格证”。从业人员中操作特种设备的人员，必须取得各种“特种设备操作合格证”。

2. 制订完善的各项安全管理制度

办理铁路危险货物运输业务的办理站、专用线（专用铁路），应依据本单位作业具体情况，制订贴近实际、内容完善、措施合理、切实可行的各项安全管理制度，并严格执行落实。涉及铁路危险货物运输业务的单位，应制订的主要安全管理制度有以下几种：

（1）事故应急预案及施救信息网络框图。

（2）有关作业岗位责任制。

（3）专用线（办理站）分线分区分库货位管理制度。

（4）涉及办理的铁路危险货物分品类的作业安全制度，能保证作业安全的合理的作业流程图。

（5）作业各环节间的交接、签认制度。

（6）个人安全防护及防护用品管理制度。

当然,以上只是涉及铁路危险货物运输业务的单位应制订的、基础的一些安全管理制度,在实际工作过程中,各单位必须根据实际需要,制订本单位的系统的各项安全管理制度,一般还应制定以下一些制度:

(1)要建立健全消防、安全防护责任制,针对本站危险货物业务特点,对职工进行消防、安全防护教育和培训;确定重点危险源,按照国家有关规定,配置消防、安全防护设施和器材,设置消防、安全防护标志。消防、安全防护设施、器材需由专人管理,负责进行检查、维修、保养、更换和添置,确保消防、安全防护设施和器材齐全完好有效。

(2)要建立义务应急救援队伍,制定事故处置和应急预案,设置醒目的安全疏散标志,保持疏散通道安全畅通;定期组织事故救援演练,开展预防自救工作,并对活动进行记录和总结,并对巡查情况进行完整记录。

(3)危险货物办理站和货车洗刷所必须建立健全劳动保护制度,劳动安全与环保设施必须符合国家和国铁集团等有关规定。对从事危险货物运输的作业人员应进行劳动安全保护教育,严格执行国家劳动安全卫生规程和标准,有效预防作业过程中的人身伤害事故。

(4)应建立健全劳动防护用品的购买、验收、保管、发放、使用、更换、报废等管理制度;按照劳动防护用品的使用要求,在使用前对其防护功能进行必要的检查。

(5)应建立直接从事危险货物运输人员的职业健康监护档案,做好职业健康管理工作。对直接从事危险货物运输的人员应按国家规定给予相应营养保健待遇;每年应进行一次职业健康体检,合理组织和安排健康疗养等活动。

(6)应根据危险货物的运量、品类等情况,配备劳动保护用品和安全检测仪器等有关设施、设备。

3. 重视作业人员的技术业务素质提高、定期组织培训学习

办理站、专用线(专用铁路),应重视有关作业人员对业务知识、安全保护知识、消防灭火常识等方面的学习,对安全学习工作能抓紧、抓细、抓实。各单位应制订定期学习制度,在必要时还应选派人员外出参加学习,这对涉及危险货物运输业务的各单位安全运行和发展壮大是必不可少的。各单位除定期安排学习外,还可以加强与当地武警消防部门官兵的交流,邀请其来专用线对有关人员进行实训和演练指导。各单位应依据作业地点所涉及危险货物的危险性,每年或间隔几年组织一次在消防部门指导下的消防演练活动。

三、按要求与铁路部门签订各项协议

为保证铁路危险货物运输安全,国铁集团、铁路局集团公司、铁路基层管理部门、办理站、专用线(专用铁路)均应明确各自的责权利。为明确责任,保证各方利益,专用线(专用铁路)产权单位、共用单位、接轨站应在铁路局集团公司指导和监督下签订各项有关协议。

专用线(专用铁路)产权单位与接轨站两方(不论有无共用单位)签订《专用线(专用铁路)运输协议》(简称《运输协议》)和《危险货物运输安全协议》(简称《安全协议》)。

铁路局集团公司应与托运人每年签订托运危险货物安全协议,并将托运人名称、托运品名范围、协议有效期(起止日期)等上报国铁集团货运部备案,国铁集团货运部在危险货物托运人名称表中公布。签订托运危险货物安全协议时,铁路局集团公司应查验托运人提供的下列相关材料:

(1)托运品名范围。

(2)营业执照。

(3)危险化学品安全生产许可证、安全使用许可证、经营许可证或工业产品生产许可证。

办理民用爆炸物品、烟花爆竹业务的，提供民用爆炸物品生产许可证或烟花爆竹安全生产许可证，办理民用液化石油气、天然气业务的，提供燃气经营许可证；办理放射性物质（物品）业务的，提供辐射安全许可证等。对于列入《品名表》或经鉴定为危险货物，但未列入国家实行生产许可证制度的工业产品目录或《危险化学品目录》的货物品名，在办理危险货物运输时，可不提交相应的生产许可证或经营许可证等。危险化学品建设项目试生产（使用）期间办理危险货物运输时，应符合《危险化学品建设项目安全监督管理办法》相关规定。

（4）办理气体类危险货物运输的，提交轨道衡年检合格证。

（5）铁路危险货物运输事故应急预案。

（6）包装检验合格证明文件。

（7）法律、法规、规章规定的其他材料。

不符合规定的，不得签订托运危险货物安全协议。托运危险货物安全协议的有效期应在上述相应证照文书有效期内。铁路局集团公司应将上述相关材料的扫描件或彩色照片存档，填写托运人登记表（《危规》附表1），建立托运人材料信息化档案。

托运人的名称、办理的危险货物品名等发生变化以及换发证照文书时，应及时向铁路局集团公司提供新的证照文书等材料，重新签订托运危险货物安全协议，变更托运人材料信息化档案。托运人的证照文书未按规定换证以及被依法暂扣或吊销的，托运人应及时、如实向铁路局集团公司说明，铁路局集团公司应及时在托运人材料信息化档案中予以注明，通知办理站不再受理业务，并上报国铁集团货运部备案公布。托运人未及时或如实向铁路局集团公司说明的，托运人应承担违约责任。铁路局集团公司未及时或如实向国铁集团货运部上报，造成不良后果的，铁路局集团公司应承担责任。

产权单位、共用单位、接轨站三方涉及专用线多家共用时，每家共用单位均应签订《危险货物专用线共用协议》（简称《共用协议》）和《安全协议》。

其他有关协议还有《自备车过轨运输协议》《危险货物专用线租用协议》等。

四、加强自备车运输安全管理

办理铁路危险货物运输业务的企业，如拥有铁路危险货物自备货车（或铁路危险货物自备罐车）时，必须按要求取得自备铁路车辆的运用许可，并应保证其自备铁路车辆在使用中技术状态良好。

为保证铁路运输的安全，企业的自备货车在进入国铁线路前，必须具备良好的车辆技术状态，并能满足运输危险货物的需要。保证企业自备货车的技术状态，主要是做好车辆检修工作。

自备车要定期做好厂修、段修、辅修等各铁路车辆检修修程。

气体类铁路罐车还要注意定期进行罐体的大修、中修修程，并按规定由押运员进行小修检查。同时对应各修程要办理全面检验、年度检验、耐压实验、综合修理等保证罐体安全使用的检验项目。

复习思考题

1. 什么是铁路危险货物办理站？共分哪几类？
2. 办理站办理危险货物运输的要求是什么？
3. 什么是危险货物专用线共用？共用条件是什么？

4. 铁路对危险货物专用线建设和管理的规定是什么?
5. 专用线(专用铁路)办理危险货物运输的要求是什么?
6. 办理站和专用线在管理中各自的主要职责范围是什么?
7. 办理站(专用线、专用铁路)应具备哪些硬件、软件技术条件?
8. 办理站应制定哪些主要的安全管理制度?
9. 专用线接轨站、产权单位、共用单位互相签订的协议名称和签订方是如何规定的?

第四章　铁路危险货物载运工具技术条件

第一节　铁路危险货物载运工具种类

一、铁路危险货物运输方式

危险货物办理整车集装箱(罐)运输。

目前危险货物主要通过棚车、罐车、集装箱(罐)运输，少部分在一定条件下可采用敞车运输。其中整车货车按产权分为铁路产权和危险货物自备货车。危险货物自备货车是企业为满足自身生产需要装运危险货物并经铁路车站过轨运输的货车。危险货物自备货车必须达到国铁集团规定的安全标准和技术条件，同时应能保证所装运危险货物的安全。危险货物自备货车包括装运危险货物的罐车、棚车、敞车、平车、矿石车及其他特种车，目前全路的铁路危险货物自备货车中85%为铁路罐车。集装箱(罐)分通用集装箱和自备集装箱(罐)。

二、铁路危险货物载运工具装运的危险货物

(一)危险货物货车装运的危险货物

1. 棚车装运的危险货物

危险货物限使用棚车装运(《品名表》第12栏内有特殊规定除外)，装运时，限同一品名、同一铁危编号。棚车门、窗、底板、施封设备等技术状态良好，能起到防雨雪、防日晒、防火、防盗等作用。

爆炸品、硝酸铵、氯酸钠、氯酸钾、黄磷和钢桶包装的一级易燃液体对摩擦、火花、热敏感，因此应选用车况良好的P64、P64A、P64AK、P64AT、P64GK、P64GT型竹底棚车或木底棚车装运，并须对门口处金属磨耗板，端、侧墙的金属部分采用非破坏性措施进行衬垫隔离处理。如使用铁底棚车时，须经铁路局集团公司批准。

爆炸品中的某些物品对热和火花特别敏感，为防止车辆制动时闸瓦与车轮踏面因摩擦起火而发生事故，需要关闭制动机截断塞门，停止车辆制动作用(俗称"关门车")。有些货物虽不要求车辆停止制动作用，但应设置防火板。

2. 敞车装运的危险货物

有的危险货物在正常运输情况下危险性较小，或者需要进行适当通风，这些货物可以在采用适当安全措施后使用敞车装运。如氢氧化钠、氢氧化钾、氨水、生石灰、硫化钠、硫化钾等。需敞车代用的危险货物品名及代用条件详见《品名表》"特殊规定"。

使用敞车运输的危险货物数量较少，具体品名及特殊要求如下：

(1)塑料沥青。

(2)动、植物纤维及制品[含动、植物油的]，含油废棉、油棉纱、含油碎布、油麻丝、动物或植物或合成的纤维或纤维织品[未另列明的，含油]；油布、绸及其制品、漆布及其制品；不饱和油类处理的纸[未完全干的(包括复写纸)]；氧化钙等经铁路局集团公司批准可使用敞车苫盖篷布运输；进口散装硫黄须经铁路局集团公司批准后可用敞车运输，但车内四周及

车地板衬垫并苫盖自备篷布。

(3)用钢桶包装的氢氧化钠[固态]、氢氧化钾[固态]、硫化钾、硫化钠、氨溶液、焦油、易燃煤焦油、松焦油等。

(4)黑色金属的镗、刨、旋、切屑(易自燃)等使用全钢敞车散装运输,但车内必须干燥。

(5)硝酸铵按氧化性物质使用敞车装运时,需采取安全措施,并经铁路局集团公司主管部门批准,实行全程随货押运。

(6)对部分地区硅系铁合金产量大,棚车数量不足,需敞车代用并用吨袋包装装运时,其品名仅限硅铁。硅钙合金、硅钡合金、硅铝合金一律不得敞车代用。

3. 毒品专用车装运的危险货物

毒性物质、剧毒品限使用毒品专用车,如毒品专用车不足时,经铁路局集团公司批准可使用铁底棚车装运(剧毒品除外)。铁路局集团公司应指定毒品专用车保管(备用)站。毒品专用车回送时,使用"特殊货车及运送用具回送清单"。

4. 铁路产权罐车装运的危险货物

铁路产权罐车限装品名:原油、汽油、煤油、航空煤油、柴油、石脑油、溶剂油及非危险货物的重油、润滑油;其他品类的液体危险货物主要靠企业自备罐车(少数由罐式集装箱)装运。对擅自涂改铁路产权罐车标记装运限定之外品名的,要立即扣车处理,同时追查有关责任单位、责任人的责任。

5. 企业自备罐车装运的危险货物

企业自备罐车装运危险货物,品名范围及车种要求应符合《品名表》第12栏中特殊规定,未做规定的报国铁集团制定运输条件。《品名表》第12栏中特殊规定,即"特殊规定2(a)、2(b)、2(c)、2(d)"的规定。

2(a):液氨、液氯、二氧化硫、丙烷、丁烷、正丁烷、异丁烷、丙烯、丁烯、异丁烯、丁二烯、石油液化气限使用耐压的液化气企业自备罐车装运;

2(b):硝酸、乙酸、冰醋酸等限使用铝制企业的自备罐车装运;

2(c):盐酸、甲醛等限使用有橡胶衬里钢制罐车或特制塑料衬里企业自备罐车装运;

2(d):硫酸、甲苯、汽油等限使用钢制的企业自备罐车装运,原油、汽油、煤油、柴油、溶剂油、石脑油可使用铁路产权罐车装运。

以上四类罐车装运须经铁路局集团公司批准。《危规》品名表12栏内未注明而要采用自备罐车装运时,须经国铁集团批准(有关规定及更改以国铁集团发文电为准)。

可使用带压的自备罐车装运液氨、液氯、二氧化硫、丙烷、丁烷、正丁烷、异丁烷、丙烯、丁烯、异丁烯、丁二烯、液化石油气等,使用铝制的自备罐车装运硝酸、冰醋酸等,使用钢制的自备罐车装运苯类、醇类、原油、焦油、煤焦油、轻油类及部分腐蚀性物质如液碱、硫酸、盐酸等。

6. 自备专用车装运的危险货物

自备专用车装运表面辐射水平或运输指数超过Ⅲ级的放射性物品。

7. 冷藏车装运的危险货物

限用冷藏车运输乙醚(铁桶包装,4—9月)。

(二)危货箱(罐)装运的危险货物

通用集装箱仅办理20英尺以上危货箱运输,自备集装箱仅办理10 t及其以上危货箱运输,与铁路危货箱限装同一品名、同一铁危编号的危险货物,包装须《危规》规定一致。

1. 铁路通用箱装运的危险货物

铁路通用箱可装运的危险货物包括二级易燃固体(41501～41559)、二级氧化性物质(51501A～51530),腐蚀性物质中的二级酸性腐蚀性物质(81501～81535,81601A～81674)、二级碱性腐蚀性物质(82501～82524)、二级其他腐蚀性物质(83501～83514)。

2. 自备危货箱装运的危险货物

铁路通用箱可办理的危险货物和毒性物质(61501～61940)均可用自备危货箱装运。

(1)危险货物专用集装箱

适用于装运某几类危险货物的集装箱,如爆炸品专用集装箱、压缩气体和液化气体专用集装箱、毒害品专用集装箱(包括放射性矿石、矿砂用)。为了适应这些危险货物特殊需要,在箱体的设计和构造上,需要有更加严格的要求。例如,爆炸品专用集装箱,对隔热、防静电等应有特殊要求;毒害品专用集装箱应对有利于洗刷除污作出特殊设计。此外,危险货物专用集装箱还应在箱体或箱门处,涂刷有明显的专用标志,如:毒害品专用集装箱应在箱体和箱门处涂刷"毒害品专用箱"等标记。危险货物专用集装箱由货主自备。

(2)危险货物特种集装箱

为适应少数危险货物安全运输需要而特别设计的集装箱,如针对需要控温运输货物而设计的控温特种集装箱(如绝热集装箱、制冷剂冷藏集装箱和机械制冷集装箱等),又如适用于需要通风散热货物的通风特种集装箱等。危险货物特种集装箱原则上应由货主自备,并需经铁路批准后方可使用。对于"危险货物特种集装箱"的有关技术要求,应由货主根据货物的危险性等特性提出,经铁路部门组织有关专家论证、审定后,方可批准上路使用。

危险货物自备集装箱投入运用前,铁路局集团公司应按"铁路危险货物集装箱编号登记簿"(《危规》格式 10)进行登记并编号,编号方式如哈 TWX0001、京 TWX0001、上 TWX0001。

3. 罐式集装箱装运的危险货物

罐式集装箱是专为装运油类(如动植物油)、液体食品以及化学品等液体货物而设计的,还可以装运酒类及其他液体危险货物。罐式集装箱(罐箱)由箱体框架和承受内压的压力容器罐体组成。可用于装运有毒有害、易燃易爆、腐蚀性的危险品以及无危险性的液态、"气态"和固态粉粒状散货。框架一般用高强度钢制成,其强度及尺寸应符合国际标准的要求,角柱上也装有国际标准角件,装卸时与国际标准集装箱相同;罐体的材料有钢和不锈钢两种,视所装货物的需要而定。如罐体全部采用不锈钢,则罐体价格昂贵。目前,有的在钢板上包一层不锈钢,或在罐内壁涂一层环氧树脂。为了防止罐内货物残留于壁面上,罐体的内壁一般进行研磨抛光。罐体外壁采用保温材料,形成双层结构,使罐内液体与外界充分隔热。对装载随外界温度变化而增加黏度的货物,装卸时需要加温,故在罐体下部设有加热器。在运输途中为了能从外面随时观察罐内的货温,罐上还装有温度计。罐体顶部设有人孔(即装货口),用于货物装卸,装货口的盖子必须水密,罐底设有排出阀。罐的结构应便于拆卸和容易清扫。此外,罐上还应设有安全阀和梯子,罐顶最好有踏脚板,便于人员在顶上操作。

罐式集装箱由于能进行公铁、水铁联运,受到货主的青睐。罐式集装箱按其结构大小分为四种:40 英尺、30 英尺、20 英尺和 10 英尺罐式集装箱,按承载的压力分为压力罐式集装箱和常压罐式集装箱。40 英尺、30 英尺、20 英尺和 10 英尺罐式集装箱箱长分别为 12 192 mm、9 125 mm、6 058 mm、2 991 mm,宽均为2 438 mm。箱高不等,有 2 896 mm、2 591 mm、2 438 mm 和小于 2 438 mm 的几种数值。40 英尺、30 英尺、20 英尺和 10 英尺罐式集装箱其标准额定重量分别为 304 800 kg、25 400 kg、24 000 kg、10 160 kg。

压力罐式集装箱主要装载液化气体或低沸点液体，或与空气接触会发生危险反应而需要充惰性气体来保护的介质（如黄磷）。压力罐箱安全附件主要有安全阀、液位计、温度表、压力表、灭火器、导除静电装置、阻火器、紧急切断装置、加热装置等。根据罐箱装载的介质，选取其安全附件。

常压罐式集装箱安全附件主要有呼吸阀、液位计、温度表、灭火器、导除静电装置、阻火器、紧急切断装置、加热装置等。根据罐箱装载的介质，选取其安全附件。

罐式集装箱一般为上装上卸式，但对于黏稠液体，可采用上装下卸式。

集装箱（罐）作为一种先进的运输工具，具有安全可靠、便捷灵活、有效节约联运成本等优势，大力发展集装箱运输是当前调整交通运输结构、促进多式联运的重要手段。在发达国家，随着集装箱（罐）运输的发展，危险货物作为一类特殊的货物被广泛地纳入到集装箱（罐）进行运输。集装箱（罐）运输不受国界的限制、运输方式灵活，对不同运输方式联运及与国际危货箱运输接轨等方面也具有明显优势，世界各国均以此作为货物运输的发展方向。目前，我国铁路通用箱和自备箱允许办理危险货物品名有限。从我国危险货物运输发展的趋势来看，随着市场供求关系的变化，危险化学品生产企业也在向集约化、规模化经营的方向发展。与此同时，危险货物装载容器也在向专用化、大型化发展，集装箱（罐）的运输需求逐年增加。因此，应针对不同危险货物特性，研制危险品特种专用集装箱，同时在危货箱（罐）办理站布局、规模、装卸机具、作业场地、安全设施、危货箱运输车辆及多式联运等方面统筹规划，以适应危货箱运输发展的需要。

第二节　铁路危险货物罐车安全技术

一、铁路危险货物罐车运输现状

罐车作为铁路行业的主要车种之一，随着铁路货车整体技术水平的提高，也得到了长足发展。截至目前，中国铁路货车总数近 70 万辆，其中铁路罐车总数约 12 万辆，占货车总数的 17%。我国罐车品种约有一百多种，运输介质涉及轻油、黏油、酸、碱、液化气体、精细化工品、食用品、粉状货物、国防军工特种介质等重要物资，其中大多数都属于危险货物。

目前，我国铁路危险货物自备罐车有 4 万多辆，其中气体类罐车数量为 4 000 多辆，非气体类罐车占总数的近 90%。主要有液化石油气自备罐车、液氨自备罐车、硫酸自备罐车、盐酸自备罐车、液碱自备罐车、轻油自备罐车、甲醇自备罐车、乙醇自备罐车、苯自备罐车、煤焦油自备罐车等。

随着先进技术、结构的不断使用，罐车逐渐由 60 t 级发展到 80 t 级。经过几十年的发展，我国铁路罐车已形成非压力罐车、压力罐车、粉状货物类罐车与特种罐车四大类。其中装运危险货物的主要有非压力罐车和压力罐车两类。

二、铁路罐车的常见分类

铁路罐车一般用于液体或液化气体货物，特别适于这些货物的大宗运输，比其他运输方式更经济，更容易实现规范管理。

从容器角度，其罐体要与介质相容，断绝或减少介质与外部环境的接触，还要具备足够的强度和刚度，能够承受各种载荷；从车辆角度，它又要保证能满足载重量和提速要求，并具有良好的制动能力和经受正常碰撞的效能。

铁路罐车的分类方法有以下几种：按载重可分为 60 t 级、70 t 级、80 t 级及以上级等几类；按最高运行速度有 100 km/h、120 km/h、160 km/h 等几类；按结构类型可分为有中梁结构罐车和无中梁结构罐车，上装上卸罐车和上装下卸罐车，有加热保温层罐车和无加热保温层罐车，普通车底罐车和斜底罐车等；按制造材质可以分为碳钢罐车、不锈钢罐车、铝或铝合金罐车、非金属材质罐车等；按装运介质分为装运固体类罐车、装运非气体类液体罐车、装运气体类罐车；按其用途可分为轻油罐车、黏油罐车、酸碱类罐车、液化气体罐车和粉状货物罐车等；按压力可分为常压罐车和压力罐车。

三、铁路罐车的装运介质及主要车型

在各类罐车中，以轻油、黏油类通用罐车数量最为庞大，其次为酸碱类罐车。液化气体类罐车全路共生产约 6 000 辆，目前在用的接近 5 000 辆。液化气体类罐车装运的介质性质特殊，一旦发生危害，对社会稳定及企业和人员的生命财产安全影响巨大，因此其车辆结构也相对复杂。

就铁路危险货物运输而言，按装运介质对铁路罐车进行分类更加实用。按照铁路罐车装运介质的不同，铁路罐车有轻油类罐车、黏油类罐车、酸碱类罐车、液化气体类罐车、精细化工类罐车、军用类罐车、食品类罐车、粉状类罐车、固化类罐车等。

1. 轻油类罐车

属于装运非气体类液体货物的罐车，适于装运汽油、煤油、柴油、溶剂油、石脑油等轻质油品，还可以用于装运苯类、醇类等轻质化工产品。主要车型有 G60、G19、G70A、G70D、G70、G70K、G75、G75K、GQ70、G17S(石脑油类罐车)等。

2. 黏油类罐车

属于装运非气体类液体货物的罐车，适于装运原油、煤焦油、燃料油(重油)等重质油品，还可以装运非危险货物的润滑油等。主要车型有 G17、G17K、G17BK、G17SK、G17C(润滑油)、G17BK、GN70、G70R 等。

3. 酸碱类罐车

属于装运非气体类液体货物的罐车，主要用于装运酸、碱及其他液体腐蚀性物质。该类车型除具备普通液体类罐车的特征外，还要根据适合装运货物的特性，满足防腐、保温、加热等特殊要求。主要车型有 G11、G11B(精碱)、G11K、G11S(浓硫酸)、G11SK、G11J、G11JK、GF(玻璃钢罐车)、GFA、GFAK、GH、GS70、GJ70 等。

4. 液化气体类罐车

属于装运气体类货物的罐车，为满足装运液化气体的需要，罐体均属于压力容器，为带压罐车，其材质、罐壁厚度、罐体强度等要求比较高。主要车型有 GY60、GY60S、GY95SK、GY95AK、GY80、GY80S、GY80K、GY80SK 等。另外新型液化气体类罐车中还有 23 t 轴重液化石油气罐车和 23 t 轴重液氨罐车。

5. 精细化工类罐车

专门用于装运苯类、醇类等精细化工产品的罐车，属于专门类的罐车。其主要车型有 GH70(醇类罐车)、GHA70(醇类罐车)、G60LB(铝制通用罐车)、G60LBK(铝制通用罐车)、G60XK(不锈钢通用罐车)、G60XB、GH(黄磷罐车)、GHK 等。另外还有 23 t 轴重不锈钢精细化工品罐车。

6. 军用类罐车

为满足军方特殊需要的罐车。该类罐车大多是特殊设计的，不属于铁路通用罐车车型。

该类罐车分别用于装运液体类货物、液化气体类货物、特殊的需要深冷运输的货物。主要车型有 T85(液氢加注深冷运输车)、T38(硝酸)、T64(偏二甲肼铁路罐车)、T64A、T64K、215、324、140(液氢)等。

7. 固化类、食品类、粉状类罐车

装运沥青等在常温下接近固体状态危险货物的罐车,该类货物卸车时需要加热,故罐车均设置有加温设备。食品类罐车、粉状类罐车主要用于装运食用油、散装水泥等非危险货物,属于特殊用途的罐车。固化类罐车的主要车型有 GLB、GLBK、GL60K、23 t 轴重沥青罐车等。食品类罐车有 GS(食用油)、GSK 等。粉状类罐车有 U62W(卧式水泥罐车)、U60 等。

危险货物罐车装卸作业必须在专用线(专用铁路)办理;自备罐车装运危险货物,应符合《危规》"特殊规定"的要求,未做规定的报国铁集团制定运输条件。

四、铁路危险货物罐车的外部标记及含义

1. 基本颜色

银灰底色,红色带(300 mm)	易燃性
银灰底色,绿色带	氧化性
银灰底色,黄色带	毒性
银灰底色,黑色带	腐蚀性

2. 特殊情况

银灰底色,色带上蓝下红(上 200 mm,下 100 mm)	易燃气体
银灰底色,色带上蓝下黄	毒性气体
银灰底色,色带全蓝	非易燃无毒气体
黄底色,黑色带	酸、碱类
黑底色,红色带	煤焦油、蒽油、液体萘、二蒽油
银灰底色,车体侧面右端 9、13 号标志	黄磷

3. 其他内容

罐体两侧色带中部(有扶梯在梯右侧)喷涂货物名称及主要危险性。

在罐体两端头色带下方喷涂相应危险货物包装标准(《危规》附录 3,GB 190—2009)。

4. 车辆标记

产权标记(产权单位、到站,涂打于中部色带上方)

车辆车型、自重、容积、换长等(罐体侧面右端)

车辆检修标记(厂、段、辅修,罐体侧梁左端)

五、铁路危险货物罐车及罐式集装箱规定的检修周期及使用年限

为保证液化气体类铁路罐车、非气体类液体货物铁路罐车及罐式集装箱在铁路运输过程中铁路危险货物运输的安全,必须定期进行检修。液化气体类铁路罐车罐体属于压力容器,还必须定期进行罐体压力容器的检修及定期检验。铁路车辆均有一定的使用年限,铁路车辆超过使用年限后如继续使用,有可能保证不了铁路运输的安全。铁路车辆超出其使用年限后如准备继续使用,必须由有关部门检验合格后,车辆产权单位提出申请延长使用,经铁路部门批准后才可继续使用。液化气体类铁路罐车、非气体类液体货物铁路罐车及罐式集装箱规定的检修周期及使用年限见表 4-1。

表 4-1　铁路罐车、罐式集装箱检修周期及使用年限表

修程	气体类罐车	液体类罐车	罐式集装箱
厂修	4 年	5 年	/
段修	1 年	1 年	/
辅修	6 个月	6 个月	/
大修	4 年	/	5 年
中修	1 年	/	1 年
小修	装卸车前押运员	/	临时检修，随时
使用年限	液氯、液态二氧化硫 15 年，其他 20 年	20 年	15 年

六、液化气体铁路罐车安全技术

1. 液化气体铁路罐车的发展

液化气体铁路罐车适用于运输液化石油气、液氨等介质，也可用于装运与上述介质性质相似的丙烯、丙烷、液氯、液态二氧化硫等。这些介质大多是易燃、易爆的危险品。

自 20 世纪 80 年代中期以来，液化气体铁路罐车不断改进，技术性能逐步提高，结构日趋完善。先后有锦西化工机械厂、吉林化工机械厂、北京燕山化工机械厂、岳阳化工机械厂和西安车辆厂等近二十家车辆工厂研制生产出装运液化石油气、丙烯、丙烷、液氨的 GY_{60}、GY_{70}、GY_{80}、GY_{95}、GY_{100} 等五大系列，约 6 000 辆液化气体铁路罐车，目前仍在用的接近 5 000 辆。

2. 液化气体铁路罐车的结构及罐体结构

(1)液化气体铁路罐车的结构

液化气体铁路罐车由车底架、罐体、安全附件、遮阳罩、操作台、支座等组成($GY_{80}SK$ 结构图 4-1所示，其主要性能与参数见表 4-2)。罐体为圆筒形卧式储罐，安装在车底架上，罐车采用上装上卸的方式。罐车的外部一般不设保温层；罐体内部不设防波板；罐体上部设有一个直径不少于 450 mm 的人孔(一般为 500 mm)。全部装卸阀件及检测仪表均设置在人孔盖上，同时设置坚固的防护罩进行保护。在人孔罩盖内表面附设有阀件配置及操作方法、标志，以便操作者在操作前阅读。阀件周围设有操作走台和罐内外扶梯，以便于操作和检修作业。为减少阳光辐射热或防止暴晒，罐体上部装设包角为 120°的遮阳罩，罩板为不少于 3 mm 的钢板制成。有的罐车设有隔热层，可防日晒和火灾的影响。有的罐车罐底设有蒸气夹层，以防冬季罐内水分冻结。罐车罐体中部涂有一条宽 300 mm 的环形色带，色带分别由蓝色与其他颜色分层涂刷，上层 200 mm 宽，涂蓝色，下层 100 mm 宽，涂红色表示易燃液化气体，涂黄色表示剧毒液化气体。

(2)液化气体铁路罐车的罐体结构

罐车的罐体为钢制焊接结构。封头为标准椭圆形，筒体与封头都是用钢板卷制式冲压成型，材料一般为 16 MnR。其结构设计、制造和验收均应符合《压力容器安全技术监察规程》和化学工业部《液化气体铁路罐车安全管理规程》。罐体是一个承受内压的钢制焊接压力容器，在规定的使用温度和对应的工作压力下，它应保证储运的绝对安全、可靠。罐体结构由受压元件、安全附件和罐体附件三大部分组成。

①罐体主要受压元件有筒体、封头、人孔盖、人孔颈、人孔法兰、人孔凸缘、开孔补强圈以及公称直径大于等于 250 mm 的凸缘接管和法兰等。

②安全附件有安全阀、紧急切断装置、压力表、液位计、测温仪表、角式截止阀等。

③液化气体铁路罐车的罐体附件主要有拉紧带(卡带)、内外扶梯、操作台(包括操作台架、板、围栏)、上鞍及上下鞍螺栓、纵立木座、遮阳罩、外置安全阀保护罩、人孔盖板保护罩、液下管等。

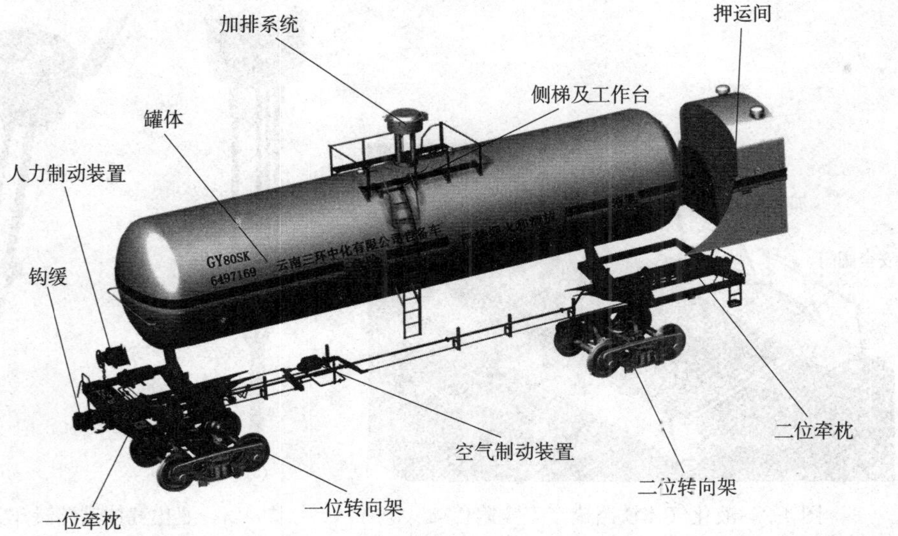

图 4-1　GY80SK 整车结构图

表 4-2　GY80SK 主要技术性能与参数

压力容器类别	第三类压力容器	
装运介质	液化石油气、液氨	
设计压力	2.16 MPa	
设计温度	+50 ℃	
使用温度	−40～+50 ℃	
容积	80.4 m^3	
单位容积充装量	0.42 t/m^3(装液化石油气)	0.52 t/m^3(装液氨)
载重	33.8t(液化石油气)	36.2 t(液氨)
罐体尺寸(长×外径)	13 544 mm×ϕ2 844 mm(液化石油气)	13 548 mm×ϕ2 844 mm(液氨)
换长	1.5(GY80SK 系列)	1.4(GY80K 系列)
车辆尺寸(长×宽×高)	16 138 mm×3 050 mm×4 513 mm(GY80SK 系列)	
	15 044 mm×3 050 mm×4 513 mm(GY80K 系列)	

3. 液化气体铁路罐车的安全附件

液化气体铁路罐车所装运的介质是一种易燃易爆介质，在常温下具有一定的压力。为了确保液化气体铁路罐车安全运输、使用和进行充装作业，铁路罐车除了底架、走行部、罐体和装卸系统外，还设置了一整套的安全装置。罐车装卸人员和押运人员通过对这些安全附件和仪表的监视和操作来实现和控制罐车的安全运行。假如这些安全附件或仪表不齐全、不灵敏、不可靠，就会严重影响罐车的安全运行。

液化气体铁路罐车的安全附件主要包括集中在人孔盖保护罩内的加排系统和罐体上的安全阀(如图 4-2、图 4-3 所示)。液化气体铁路罐车安装在罐车人孔罩盖内的安全附件如图 4-4 所示。罐体上阀门按下列要求涂色：液相阀体——黄色；气相阀体——红色；其他阀体——银灰色。

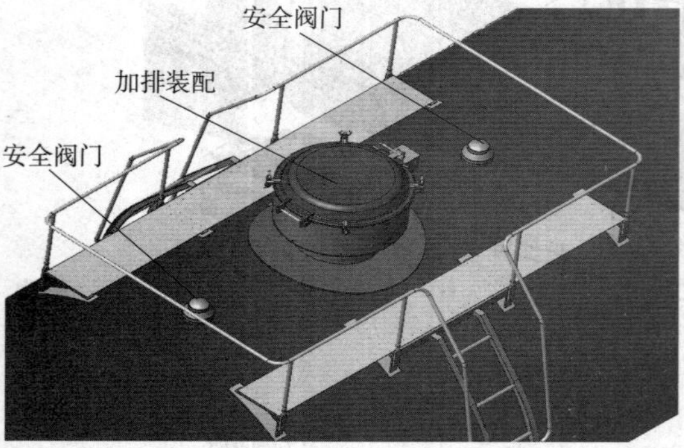

图 4-2　液化气体铁路罐车安全附件-加排装配和安全阀门

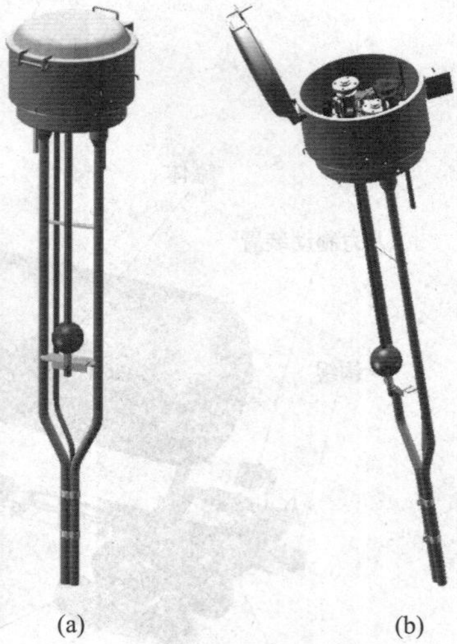

图 4-3　液化气体铁路罐车人孔罩盖内加排系统结构示意图

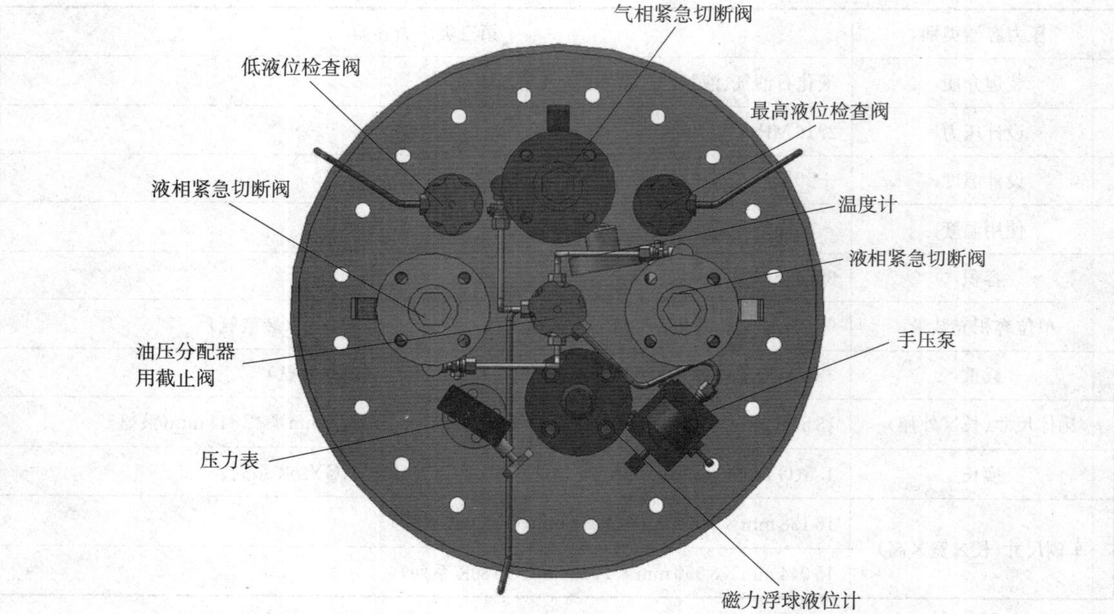

图 4-4　截止阀型气体类铁路罐车人孔阀盖装配示意图

(1)安全阀

①安全阀定义

安全阀是一种自动阀门，不借助任何外力而是利用介质本身的作用力来排出一定数量的气体或流体，以防止系统内压力超过预定的安全值，当恢复正常压力后，阀门自行关闭并阻止介质继续流出。

②安全阀的分类

按结构形式分有杠杆式、弹簧式两种，按口径分有 DN50、DN65 两种，按开启高度分为微启式 1/40 d_0(含)～1/20 d_0、中启式 1/20 d_0(含)～1/4 d_0、全启式≥1/4 d_0 三种(d_0 为喉径)，按设计压力分有 0.8 MPa、1.6 MPa、1.8 MPa、2.0 MPa、2.2 MPa 五种。

③安全阀常用技术术语

a. 公称压力(P_N):安全阀进口所能承受的最高压力。

b. 公称通径(D_N):安全阀进口法兰的公称直径。

c. 整定压力 $P_{开}$(开启压力或起跳压力):安全阀阀瓣在运行条件下开始升起时的进口压力。在该压力下,开始有可测量的开启高度,介质可由视觉或听觉感知的连续排出状态。

$$P_{开}=(1.05\sim1.1)P_{设}$$

式中　$P_{设}$——安全阀设计压力。

d. 排放压力:阀瓣达到规定开启高度时的进口压力。

e. 回座压力 $P_{回}$:排放后阀瓣重新与阀座接触,即开启高度变为零时的进口压力。

$$P_{回}=0.8P_{开}$$

f. 密封压力:进行密封试验时的进口压力,在该压力下测量通过关闭件密封面泄漏率。

g. 开启高度:阀瓣离开关闭位置(阀座)的实际升程。

h. 排量系数:实际排量与理论排量之比。排量系数小于 1。

④安全阀基本性能要求

a. 可靠的密封性。

b. 开启迅速,灵敏的动作性能。

c. 及时、稳定的排放性能。

d. 良好的回座性能。

⑤安全阀的功能

安全阀是液化气体铁路罐车最为重要的安全附件之一,是一种超压防护装置。安全阀的功能在于:当罐内的压力超过某一规定值时,安全阀就自动开启迅速排放罐体内部的超压气体,当压力恢复到允许值后,安全阀自行关闭,使罐体内部压力始终低于允许范围的上限,从而保证罐体不会因超压造成爆炸事故。

安全阀如果失灵(如弹簧断裂),可立即拧紧其上的顶丝,压住阀瓣,以防泄漏。此时应提前排放或转移现场,待罐内介质卸完后,全面维修或更换安全阀。

(2)紧急切断阀

①紧急切断阀的定义

紧急切断阀是一种通常装设在液化气体汽车槽车、铁路罐车的气、液相出口上的安全装置。当管道及其附件发生破裂及误操作或槽罐车附近发生火灾事故时,为了防止事故蔓延扩大,需立即紧急关闭阀门停止装卸,以迅速切断气源,杜绝事故的继续发展。因此,在槽罐车上安装紧急切断阀是非常必要的。

紧急切断阀按操作可分为油压式、机械式、气压式和电动式等。本部分仅介绍液化气体铁路罐车上采用的油压式紧急切断装置。

紧急切断装置包括可以快速关闭的气、液相紧急切断阀,不用登车即可操作的手动远控切断装置和在环境温度升高时可自动切断液流的易熔元件三个部分。紧急切断装置应动作灵敏、性能稳定、便于检修。

②紧急切断装置的分类

按操作传动形式分为油压式、机械式、气压式、电动式;按结构形式分为单纯紧急切断阀 QD、紧急切断阀与过流限制阀组合 QG、紧急切断阀与过流限制阀和截止阀组合 QGJ、紧急切断阀与过流限制阀和球阀组合 QGQ;按安装方式分为外置式(储藏、管路)、内置式(角式、直通)。

③紧急切断阀常用技术术语

a. 过流阀:当管道中介质的流量超过额定值所引起的压差而自动关闭的阀门。

b. 额定流量:过流阀自动关闭前允许通过的最大流量。

c. 关闭时间:紧急切断阀靠液压或气压关闭时,由操作者开始动作至液流闭止所经历的时间,以 s(秒)表示。

d. 内置式:主要部分放在罐内的紧急切断阀。

e. 外置式:安装在罐外凸缘上或管道上的紧急切断阀。

④紧急切断阀基本性能要求

a. 应有足够的强度。

b. 应有良好的致密性能,即应保证紧急切断阀在工作期间不发生气体外漏。

c. 应有良好的密封性能。紧急切断阀关闭时,阀瓣与阀座应严密接触,密封良好,其允许泄漏量(称内漏)不得超过设计要求。

d. 启闭动作应灵敏、迅速。

e. 应有良好的过流关闭性能。

f. 在火灾情况下应能自动关闭、截流、止漏。

g. 应有良好的抗震性能。

h. 应经久耐用,性能稳定。

⑤紧急切断阀的工作原理

紧急切断阀是通过液压系统进行操作的,液压系统工作原理如图 4-5 所示:通过手压油泵加压,打开切断阀进行正常装卸。装卸完毕,松开手压泵上的卸压手柄,油压卸除,紧急切断阀可在 5s 内关闭。当发生火灾等意外情况时,油压的卸除,可由手控,也可自控。手控是通过装设远离介质出入口处的放油阀的开启,卸掉油压,使切断阀关闭,自控是通过阀上所设有的易熔合金,在无人操作时,由于火焰的温度超过易熔合金的温度,易熔合金被烤化。卸掉油压,切断阀关闭,实现紧急切断的作用。

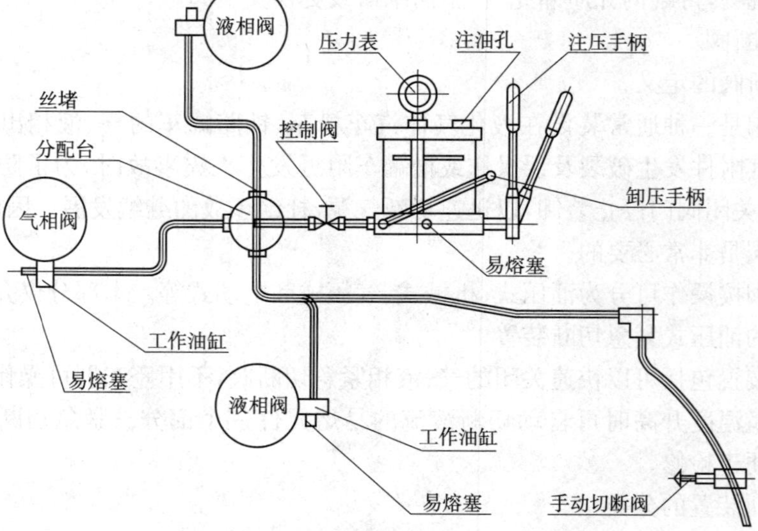

图 4-5　紧急切断阀的工作原理

⑥其他相关技术要求

a. 切断阀设计压力：阀门的最高工作压力为罐体设计压力。

b. 阀门的工作温度：－40～＋50℃。

c. 材料：紧急切断用的材料应耐液化石油气腐蚀及－40℃的低温；液氨用的紧急切断阀的材料不允许用铜材。

d. O形密封圈应选耐液化石油气或液氨的材料。

e. 密封性能：用0.1MPa和最高工作压力，试验介质为空气（或氮气），渗漏量不得大于2mL/min。

f. 液压传动的切断阀应经受48h不自行闭止试验。即将阀瓣全开，停止向液压系统补充油液，观察由于系统泄漏，导致阀瓣自行关闭的现象，以保持48h不闭止为合格。

(3)液位计

①液位计定义

液位计是用来测量液化气体的罐内液位的一种计量仪表。液化气体铁路罐车的人孔盖板上装设一套液位计，通过液位计指示罐内介质的液位高度，起安全计量作用，从而保证铁路罐车罐内的介质液位始终在规定范围内。罐车的装卸人员、押运人员根据其指示的液位高低来调节或控制充装量，从而保证槽罐内介质的液位始终在正常范围内，不发生因超装过量而导致的事故。罐车的实际载重量以轨道衡称重为准。

②液位计的分类

目前国内、外用于液化气体汽车槽车和铁路罐车的液位计主要有滑管式液位计（短滑管式、长滑管式）、旋转管式液位计（汽槽用）、磁力浮球液位计三种。

铁路罐车上常用的是滑管式液位计和磁力浮球式液位计。由于滑管式液位计的固有缺点，原铁路罐车的滑管式液位计已经全部改造为磁力浮球式液位计。

③磁力浮球式液位计的特点

磁力浮球液位计是由两体结构组成，其上体组装在人孔盖上，下体导管组焊在人孔盖板下。导管外径滑动的浮球与导管内的测量杆在结构上均装有强磁性元件。罐车充装介质时，浮球随罐内液位高度浮动，并通过磁耦合带动测量杆上下移动，测量杆上标有刻度，可直接读取罐内介质高度数值，因此，测量数据准确、直观。测量杆与介质不直接接触，在结构上保证了使用与运输过程中不发生任何形式上的泄漏，从而保证了操作人员的人身安全。磁力浮球液位计结构形式如图4-6所示。

图4-6　磁力浮球液位计整体剖面图

④磁力浮球式液位计使用注意事项

a. 导管内严禁有水，导管底部有大约100g防冻液，要定期更换。

b. 罐体检修时，如做罐体强度试验，应取出浮球，待打压完毕后，再进行组装。

c. 浮球组装时，注意耦合位置，别装反。

⑤磁力浮球式液位计操作方法

a. 充装作业前，应检查液位计各零部件是否完好无损，确认后方可进行操作。

b. 充装作业前，拧下保护罩，用手轻轻拉动液位计测量杆，直到感觉其与浮球磁性耦合时，即可进行液位测量。

c. 充装作业时，目视液位计测量杆与液位计连接体白色尼龙定位套上平面位置处的刻度值，通过此刻度值，查 H－V 表，即可得到充装液体的容积。

d. 充装作业完成后，用手轻轻地向下推动液位计的测量杆，使其脱离浮球的磁性耦合，恢复到初始位置，即可拧上保护罩，完成液位测量作业。

(4)压力表

液化气体槽罐车上安装压力表是为了测量槽罐内介质的压力，操作人员可以根据表所指示的压力进行操作，并将压力控制在允许的范围内，如果压力表不准或者失灵，安全阀也同时失灵的话，则液化气体槽罐车将发生事故。因此，压力表的准确与否直接关系到槽罐车的安全，未安装压力表或压力表损坏的槽罐车是不准运行的。

①液化气体铁路罐车上常用的压力表

a. 液化气体铁路罐车上常用的有普通压力表、氨压力表、膜片压力表。

普通压力表适用于液化石油气、丙烯、丁二烯等介质；氨压力表适用于液氨；膜片压力表适用于液氯、液态二氧化硫等介质。

b. 压力表的量程。装在罐车(液化气体)上的压力表，其量程应与罐车的工作压力相适应。压力表的最大量程最好选用为罐车最高工作压力的 2 倍，最小不能小于 1.5 倍，最大不能大于 3 倍。因为压力表的量程越大，同样精度的压力表，其允许误差的绝对值也越大，肉眼观察的偏差也越大。一般情况下，压力表的使用范围不应超过刻度极限的 70%，在波动压力下不应超过 60%。表盘直径一般为 100 mm，储罐上直径为 150 mm。

c. 压力表的精度。精确度是以压力表的允许误差占表盘刻度极限值的百分数来表示的。例如，精确度为 1.5 级的压力表，其允许误差为表盘刻度极限值的 1.5%，精确度级别一般都标在表盘上。所以选用压力表应根据罐车的压力等级和实际工作需要确定精度。对于液化石油气与液氨罐车上压力表的精确度等级应不低于 1.5 级，液氯与二氧化硫罐车上应用 2.5 级膜片压力表。

②压力表的维护

液化气体罐车在充装与运输中，应加强对压力表的及时维护和检查，押运人员对压力表的维护应做好以下几点工作：

a. 压力表应保持清洁，表盘上的玻璃要明亮清晰，使表盘内指针指示的压力值能清楚易见，表盘玻璃破碎或表盘刻度模糊不清的压力表应停止使用。

b. 压力表必须定期校验，每半年一次。如果罐车在正常运行中发现压力表指示不正常或有其他可疑迹象时应立即送计量部门重新校验。发现校验过期、失灵或损坏的压力表应立即更换，不得使用。

(5)温度计

在液化气体铁路罐车上装设温度计是为了测量和控制罐内介质的温度和压力。方便罐车充装人员和押运人员在充装与运输过程中根据测量仪表所反映的数据来对罐车情况进行调整，确保罐车充装和运行安全。

对温度的控制一般都比压力控制更严格。这是因为温度对罐内的压力升降具有决定作用。

①温度计的结构类型

液化气体铁路罐车上选用的温度计为双金属温度计，分为径向、轴向两种类型。

径向，刻度盘平面与保护管平行时的结构；轴向，刻度盘平面与保护管垂直时的结构。

②温度计的选用和安装

a.《液化气体铁路罐车安全管理规程》要求液化气体铁路罐车必须设有一套温度测量装置，以测量介质的液相温度，其测量范围为－40～＋80 ℃。

b. 温度计的感温部分应与罐内液体相通，以测量液相温度。

c. 温度计应安装在便于工作，不受碰撞，减少振动的地方。

③使用注意事项

a. 温度计应保持清洁，表盘上的玻璃要明亮清晰，使表盘内指针指示的温度值能清楚易见。

b. 新安装的温度计应经国家计量部门鉴定合格。使用中的温度计应每年至少校验一次，测量误差应在允许的范围内。

c. 押运人员应经常对使用中的温度计进行检查，发现校验过期、失灵或损坏的温度计应立即进行更换，不得继续使用。

d. 温度计安装应注意防水。

(6)最高液位检查阀和最低液位检查阀

最高液位检查阀和最低液位检查阀是用于检查罐内最高和最低液位的。最高液位检查阀和最低液位检查阀采用型号为 J44F-25P(或 J44F-2.5P-5)，公称压力 2.5 MPa，阀门的公称通径为 DN6，结构为角式，一端采用法兰连接，一端为卡套式。

最高液位检查阀的附管高度，是介质温度为 50 ℃时液位的极限位置。当液位到达此高度时，打开最高液位检查阀，会有液体从附管中喷出。液面一般不允许达到此位置。当液位计失灵时，可以起到估量最高液位的作用。一般情况下，禁止使用最高液位检查阀控制液面高度。

最低液位检查阀是为检查液态介质是否卸完而设置的，其附管距罐底部 30 mm，高于抽液管 10 mm。打开最低液位检查阀，若排出液体，说明介质未卸排完；若排出气体，说明介质已卸完。

罐车充装作业前后，以及使用最高、最低液位检查阀前，必须先仔细检查最高、最低液位检查阀是否处于完好状态，最高、最低液位检查阀与人孔盖连接是否连接可靠，确认无异常时方可使用。

操作时，按开启方向旋转最低(最高)液位检查阀手轮，检查完毕后，应按关闭方向旋转阀门手轮，确认阀门关闭可靠后，方可停止旋转阀门手轮。

罐车充装作业前后，以及使用最高、最低液位检查阀前，必须先仔细检查最高、最低液位检查阀是否处于完好状态，最高、最低液位检查阀与人孔盖连接是否连接可靠，确认无异常时方可使用。

(7)压力表用截止阀

压力表截止阀型号为 J42W-25P，公称压力 2.5 MPa，为针形截止阀，公称通径为 DN6，结构为 Z 形直通式，一端采用法兰连接，一端连接 M20 mm×1.5 mm 接头的压力表。

装、卸车作业开始时，应按阀门开启方向缓慢旋转阀门手轮，当压力表显示压力值时，停止旋转阀门手轮，待压力表显示的压力值稳定时，压力表指示的值即为罐内压力值。装、卸车作业完成后，应按阀门关闭方向缓慢旋转阀门手轮，确认阀门关闭可靠并拧紧后，停止旋转阀门手轮。

压力表截止阀使用注意事项：

a. 测量罐内压力前，应先仔细检查压力表截止阀、压力表是否处于完好状态。

b. 检查压力表截止阀的阀盖是否与阀体拧紧(应在手轮松动时确认阀盖与阀体是否拧紧、连接可靠)。

c. 压力表截止阀及压力表的连接螺母是否连接可靠,确认无异常时方可测量罐内压力。

d. 注意在测量罐内压力的过程中,压力表显示的最高测量值应小于压力表刻度盘上划出的最高压力的红线。当超过红线位置时,说明出现异常情况,应立即停止装、卸作业及测量工作,并立即关闭压力表截止阀。

(8)手压泵

手压泵是为紧急切断阀的液压系统提供油压,其型号为 SB-3.5-1,公称通径 DN4,公称压力 3.5 MPa,排量 32.5 mL/冲程,行程 17 mm。手压泵压力表为 YTN-60 型耐震压力表,符合 JB/T 6804 的规定,其测量范围 0～6 MPa,精确度等级为 2.5 级。

(9)油压分配器用截止阀

油压分配器用截止阀是用于控制由手压泵进入紧急切断阀、远程控制截止阀油路的截止阀。油压分配器用截止阀型号为 J24F-40P,公称压力 4.0 MPa,阀门的公称通径为 DN6,结构为角式,一端采用螺纹连接,一端为卡套式。

4. 液化气体铁路罐车装卸操作要求

(1)在装载液化气体前应检查

①人孔法兰及阀件连接面有无泄漏,连接螺栓是否松动。

②压力表装置有无损坏,压力表指示是否正常,压力表是否已超过检验周期。

③各种安全附件的状态是否完好。

④手压泵油缸的油是否充足,油压管路有无损坏和泄漏。如果由于环境温度变化造成油的黏度过稀或过稠,可更换合适的新油。

⑤手动切断系统是否完好,阀门是否好用。

(2)装卸操作要求

①打开人孔护罩盖,旋下紧急切断阀阀盖,连接气、液相接管,关闭与紧急切断阀相连的球阀(或截止阀),给手压泵加压,关闭卸压手柄(顺时针旋转),再打开油路截止阀,推动手压泵注压手柄,使管路逐渐升压。当压力增至 3 MPa 左右时,紧急切断阀的工作油缸开始工作(油缸活塞的移动和凸轮转动可以观察到)。工作油缸内活塞杆的动作将打开紧急切断阀。紧急切断阀中的先导阀瓣打开,约半分钟后阀内传出轻微响声,说明主阀瓣也自动开启,此时可打开球阀(或截止阀)进行装卸。

②装料时要注意气相阀(尤其是浮动阀瓣),保证确实开启;否则罐内压力会逐渐升高,以致流量减小,甚至导致装料工作中断。

③在冬季要特别注意避免反复开关,以免气体膨胀吸热、降温造成冻结。

④装卸工作完成后,扳动手压泵上的卸压手柄(逆时针转动)卸压,紧急切断阀自动关闭,随即将球阀(或截止阀)关闭,保持密封,再拆除接管,加装紧急切断阀阀盖,并扣紧人孔护罩盖。

(3)最大充装重量的控制

以 $W_{计算}=\Phi \cdot V_{标}$(介质充装系数×罐车标准容积)计算出最大充装量,配合使用温度计和液位计。其方法如下:根据温度计所显示的温度数据,通过密度求得最大充装量时介质的容积;再通过液位高度与罐体容积对照表,得到该容积在液位计上显示的高度。控制此高度,就等于控制了最大充装量。在装载完毕后,车辆的实际充装重量应由轨道衡来测定。

(4)注意事项

①罐车卸料后应将罐车及时返回,不得将罐车作贮罐或气化罐使用。卸料时不得用可能引起罐体内温度迅速升高的其他方法卸料。

②返回的罐车,其罐内应留有不低于 0.05 MPa 余压。余压最高不超过当时环境温度下介质的饱和蒸汽压。

③罐车所用的装卸接管应符合有关标准的规定。装卸过程中注意观察压力表读数,控制罐内压力不超过最高设计压力。

④罐车的操作人员和管理人员,必须熟悉罐车的结构,技术特性和操作方法,特别要熟悉紧急切断装置的工作原理,正确使用和维护,严格按规定作业。

5. 液化气体铁路罐车的检修工作

作为运输工具,液化气体铁路罐车使用环境复杂、流动性很大,作为受压元件的罐体,由于介质的腐蚀性会使罐体壁厚减薄,或因碰撞、多次反复充装等原因使罐体产生肉眼难以发现的裂纹,此外,安全附件多次使用也可能存在阀门内的密封性能不良等隐患,对液化气铁路罐车进行定期检验,能在车辆停用状态下发现缺陷,消除事故隐患,保证液化气体铁路罐车具有良好的运用状态。

罐体充装前要进行小修(由使用单位承担),并按规定定期进行中修、大修、综合修理(由修理单位承担)。

(1)小修的主要内容

①检查罐体外表面有无腐蚀、机械损伤,标记是否清晰。

②检查安全阀、液位计、紧急切断阀、压力表、温度计等阀门、连接件是否良好。

③各密封面有无泄漏,罐内余压是否符合要求。

④盛装液氯、液态二氧化硫的罐体,每次充装前应对罐体进行密封试验。

⑤检查罐与底架连接部件有无异常。

(2)中修的主要内容

①罐内的余气、残液回收及清洗置换。

②清除罐内滞留物。

③配合检验单位对罐体外表面做宏观检查,对缺陷部位处理。

④安全阀、液位计、紧急切断阀清洗检修,做试验或校验。

⑤压力表送计量单位校验。

⑥更换各密封垫片。

⑦配合检验单位对罐体进行密封性试验。

⑧罐体抽真空充氮置换。

⑨补喷脱落的油漆、标记。

(3)大修的主要内容

①中修的前八项内容。

②配合检验单位对有底架罐车检查罐体不直度、罐体与鞍座接触面的腐蚀情况,承担吊罐下架。

③配合检验单位检测罐板壁厚及对焊缝进行无损检测,承担测厚点及焊缝除锈和缺陷处理。

④检查人孔盖液下管及各连接螺栓腐蚀、损伤情况,不良者更换。

⑤检修遮阳罩、操作台和内外梯。

⑥配合检验单位对罐体进行水压试验。

⑦喷涂油漆和标记。

⑧检测罐车自重。

(4)综合修的主要内容

液化气体铁路罐车投入使用20年后,进行综合修,如各项指标达到要求,则可继续使用,否则停止使用(有的还可作为储罐使用)或报废。

①大修的全部内容。

②配合检验单位对罐体内、外焊缝进行无损检测,承担焊缝除锈和缺陷处理。

③配合检验单位对每个筒节进行超声波检测,承担表面除锈和缺陷处理。

④配合检验单位对罐体材质作硬度测定、金相和化学成分分析,承担罐体表面除锈、抛光、取样。

罐体中、大修和综合修理时,修理单位首先应对罐体内的余气、残液进行处理。处理后,应以不低于0.2 MPa蒸汽进行蒸洗后,打开人孔盖进行空气置换。然后取样进行气体分析,检测含氧量、危害气体浓度,合格后才能进罐作业。

大修和综合修理的罐体在气密试验前应进行水压试验。以罐体无泄漏、无可见变形、无异响为合格。

气密试验前,对盛装易燃易爆介质的罐体,必须复测可燃气体含量,安全附件安装齐全后方可进行试验。以各阀件及连接面无泄漏为合格。

罐体气密性试验合格后应充氮气置换。对盛装易燃易爆介质的罐体,还应测定罐内充氮后含氧量小于3%。

第三节 危险货物自备货车运输条件

一、危险货物自备货车装运条件

危险货物罐车装卸作业必须在专用线(专用铁路)办理。

气体危险货物装车单位必须具有轨道衡计量设备,装运气体危险货物罐车标记容积在80 m^3以上的须安装三台面轨道衡。

自备罐车装运危险货物,托运人、收货人、发到站、专用线(专用铁路)、货物品名等须与《办理限制》相符。车种要求应符合《品名表》第12栏中特殊规定,未做规定的报国铁集团制定运输条件。

装运危险货物的罐车重车重心限制高度为2 200 mm。

二、危险货物自备货车承运审核内容

承运危险货物自备货车时应审核的内容:

1. 气体类危险货物

(1)罐车产权单位为托运人的,单位名称必须与“危货车安全合格证”“押运员证”“培训合格证”的单位名称相统一。

(2)罐车产权单位为收货人的,罐车产权单位名称必须与“危货车安全合格证”“押运员证”“培训合格证”的单位名称相统一。

(3)货物品名、托运人、收货人、发到站、专用线(专用铁路)等须与《办理限制》中公布的相统一。

(4)货物品名须与罐体标记品名相统一。

(5)提供"铁路液化气体罐车充装记录"(以下简称"充装记录",《危规》格式 6)一式两份,一份由发站留存,一份随运单至到站交收货人。

(6)虽符合上述(1)~(4)项条件,但证件过期、定检过期、车况不良、罐体密封不严、罐体标记文字不清等有碍安全运输的不予办理运输。

2. 非气体类液体危险货物

非气体类液体危险货物运输时比照气体类危险货物规定办理,但不审核"押运员证",有押运规定的,须审核"培训合格证"。

其他类危险货物运输比照上述相应规定办理。

三、铁路危险货物自备罐车允许充装量的规定

1. 气体类危险货物罐车充装量的计量及确定方法

气体类危险货物在充装前须对空车进行检衡。充装后,需用轨道衡再对重车进行计量,严禁超装。充装量应按计算公式计算,但不得大于标记载重量;计算的充装量大于标记载重量时,充装量以标记载重量为准。

(1)允许充装量的确定方法

$$W_{计算}=\Phi\cdot V_{标}$$

当 $W_{计算}\geqslant P_{标}$ 时　　$W_{许装}=P_{标}$

当 $W_{计算}<P_{标}$ 时　　$W_{许装}=W_{计算}$

式中 $W_{计算}$——根据重量充装系数确定的计算充装量,t;

$W_{许装}$——允许充装量,t;

Φ——重量充装系数,t/m^3,如液氨为 0.52、液化石油气为 0.42;

$V_{标}$——罐车标记容积,m^3。

(2)检衡复核充装量公式

当 $W_{空检}\geqslant W_{自重}$ 时　　$W_{实装}=W_{总重}-W_{自重}$

当 $W_{空检}<W_{自重}$ 时　　$W_{实装}=W_{总重}-W_{空检}$

要求 $W_{实装}$ 不得大于 $W_{许装}$,即

$$W_{实装}\leqslant W_{许装}$$

式中 $W_{实装}$——实际充装量,t;

$W_{自重}$——罐车标记自重,t;

$W_{总重}$——重罐车检衡重量,t;

$W_{空检}$——罐车空车检衡重量,t。

充装量可参照《铁路危险货物罐车允许充装重量及高度表》(以下简称《充装表》)确定。

2. 非气体类危险货物罐车充装量的确定方法

充装非气体类液体危险货物时,应根据液体货物的密度、罐车标记载重量、标记容积确定充装量。充装量不得大于罐车标记载重量;同时要留有膨胀余量,充装量上限不得大于罐体标记容积的 95%,下限不得小于罐体标记容积的 83%,即允许充装量应同时符合以下重量和体积要求:

(1)允许充装体积

$$0.83V_{标} \leqslant V_{许装} \leqslant 0.95V_{标}$$

(2)允许充装重量

$$W=\rho \cdot V_{许装} \leqslant P_{标}$$

式中 W——允许充装量,t;

ρ——充装介质密度,t/m^3;

$V_{标}$——罐车标记容积,m^3;

$P_{标}$——罐车标记载重,t;

$V_{许装}$——罐车允许充装体积,m^3。

充装量低于83%时,罐体内未加防波板不得办理运输。充装量可参照《充装表》确定。装车单位要严格执行铁路罐车允许充装量的规定,防止超装超载。铁路部门需作出规划,加大安全检测计量设备投入,防止罐车装运的液体危险货物超装超载,确保运输安全。

四、罐车装车检查及应急处理

1. 装车前

装车前,托运人应确认罐车是否良好,罐体外表应保持清洁,标记、文字应能清晰易辨。罐体有漏裂,阀、盖、垫及仪表等附件、配件不齐全或作用不良的罐车禁止使用。

气体类危险货物充装前必须有专人检查罐车,按规定对罐体外表面、罐体密封性能、罐体余压等进行检查,不具备充装条件的罐车严禁充装。罐车充装完毕后,充装单位应会同押运员复检充装量,检查各密封件和封车压力状况,认真详细填记"充装记录",符合规定时,方可申请办理托运手续。

2. 装、卸车作业后

危险货物罐车装、卸车作业后,须及时关严罐车阀件,盖好人孔盖,拧紧螺栓,严禁混入杂质。

气体类危险货物罐车卸后罐体内须留有不低于0.05 MPa的余压。

3. 运输变更或重新托运规定

气体类危险货物罐车运输不允许办理运输变更或重新托运,如遇特殊情况需要变更或重新托运时,需经铁路局集团公司批准。

危险货物运输变更或重新托运必须符合《危规》有关要求。

4. 罐车运输应急处理

危险货物罐车运输途中发生泄漏、火灾及其他行车事故时,车站应立即启动应急预案,迅速向铁路有关部门、地方政府、公安消防及环保、卫生防疫部门报告,并速请熟悉货物性质及罐体构造的部门协助处置。要设立警戒区,组织人员向逆风方向疏散,防止危险货物流入水域。易燃、有毒液体发生泄漏时,应及时阻断火源。对标有"禁水"标记的罐车,严禁用水施救。对有毒气体施救时应站在上风方向,防止中毒事故发生。

第四节 铁路罐车质量计量

铁路罐车经过检定,得到容积表。我国通常采用质量进行贸易交接,因此,当对铁路罐车装载的液体产品进行计量时,通常需要将液体介质体积换算成质量。

一、计量方法

铁路罐车装载介质的计量方法有三种:容积表检尺法、轨道衡称重法、流量计法。

容积表检尺法是测量罐体所装液体介质的液位、试验温度、试密度、计量温度等,然后将以上测量数据和铁路罐车容积表号输入铁路罐车专用计量软件,得出所装液体介质的质量。

轨道衡称重法是称出重罐和空罐的质量,两个质量相减,得出所装液体介质的质量。

流量计法是测量铁路罐车装车开始时和完成后的数值,如这个数值是质量,则两个数值相减得出所装液体介质的质量;如这个数值是体积,则还需测量出液体介质的温度、密度,然后根据公式计算得出所装液体介质的质量。

由于容积表检尺法的计量设备投资少、操作方便,其计量准确度也能达到国家计量技术法规的要求,同时能够确定装载高度,防止超装超载,保障铁路运输安全,因此,该方法被广泛应用。

二、容积表检尺法(以石油及石油产品为例)的操作程序

1. 名词解释

(1)试验温度:在读取密度计读数时的液体试样温度,℃。

(2)试密度:在试验温度下密度计在液体试样中的读数,kg/m^3。

(3)标准密度:在标准温度 20 ℃下的密度,kg/m^3。

(4)计量温度:液体产品在计量时的温度,℃。

(5)标准体积:在标准温度 20 ℃下的体积,m^3。

(6)体积修正系数(VCF):液体产品在标准温度下的体积与非标准温度下的体积之比。

2. 操作程序

(1)计量人员在罐体人孔铰链对面的检尺点测量罐内液体产品的液面高度,记录罐体上喷涂的容积表号。

(2)测量罐内液体产品的计量温度。

(3)从罐内取样,测量样品的试验温度和试密度。

(4)根据试验温度和试密度,从《石油计量表》(GB/T 1885)查出产品的标准密度。

(5)根据标准密度和计量温度从《石油计量表》(GB/T 1885)查出产品的体积修正系数(VCF)。

(6)根据液位和容积表号对应的容积表,得到液体体积。

(7)根据有关公式计算产品在空气中的质量。

三、铁路罐车计量软件

1. 软件简介

通过手工查表、计算得到铁路罐车装载液体介质的质量,是非常烦琐的工作,而且容易出现错误。因此,国家铁路罐车容积计量站研制了铁路罐车计量软件。用户只需将容积表号和介质的液面高度、计量温度、试验温度、试密度等基本数据输入计算机,便可得到铁路罐车装载液体产品的体积和质量并打印出计量单。计算方法和结果符合相关技术法规规定。

2. 软件功能

(1)计量功能:计算铁路罐车充装液体的体积;计算铁路罐车充装液体的质量、标准密度。

(2)数据存储、查询、编辑功能:保存输入数据、计量结果,可以查询计量记录并进行编辑。

(3)打印报表功能:软件提供多种打印报表格式,作为铁路罐车收发货计量单。

(4)数据交换功能:计量结果的数据库可导出到 Access 或 Excel 文档,为用户提供应用接口。

3. 软件分类

(1)石油计量软件

计算产品类别:石油产品、润滑油、原油。

计算项目:体积、质量、标准密度、体积修正系数。

(2)化工计量软件

计算产品类别:化工类产品。

计算项目:体积、质量。

(3)油脂计量软件

计算产品类别:油脂类产品。

计算项目:体积、质量、密度。

4. 软件包组成

铁路罐车计量软件包由一张安装光盘、一个加密锁和使用说明书组成。

第五节　危险货物集装箱运输条件

一、危货箱装运条件

危货箱办理站(专用线、专用铁路)应设置专用场地,并按货物性质和类项划分区域;场地须具备消防、报警和避雷等必要的安全设施;配备装卸设备设施及防爆机具和检测仪器。危货箱的堆码存放应符合"配放表"中的有关规定。

铁路危货箱限装同一品名、同一铁危编号的危险货物,包装须与《危规》规定一致。运输时只允许办理一站直达并符合《办理限制》要求。

办理罐式箱运输时,托运人、收货人、发到站、专用线(专用铁路)、货物品名等须与《办理限制》相符。限使用集装箱专用平车(含两用平车)运输。

集装箱装运《危规》规定限装品名以外的危险货物以及改变包装的需经国铁集团批准。

二、危货箱的承运审核内容与包装标志

托运人应根据危险货物类别在危货箱体上拴挂相应危险货物包装标志。拴挂位置:箱门把手处各 1 枚,箱角吊装孔各 1 枚,共计 6 枚,需拴挂牢固,不得脱落。标志采用塑料双面彩色印刷,规格为 100 mm×100 mm。

办理站办理危货箱时,应对品名、包装、标志、标记等进行核查,防止匿报、谎报危险货物或在危货箱中夹带违禁物品。严禁在站内办理危货箱的装箱、掏箱作业。

危货箱装卸车作业前,货运员须向装卸工组说明货物性质及作业安全事项,作业时应做到轻起轻放,不得冲撞、拖拉、刮碰。

收货人应负责危货箱的洗刷除污,并负责撤除危险货物标志。无洗刷能力时,可委托铁路部门洗刷,费用由收货人负担。洗刷除污不符合规定要求的不得再次使用。

罐式箱的设计、制造、标记、承运、介质充装、安全防护、应急处置等安全管理要求比照《危规》有关条款办理。

办理罐式箱运输时，托运人、收货人、发到站、专用线（专用铁路）、货物品名等须与《办理限制》相符。

三、罐式箱的检修

罐式箱检修分临时检修、中修和大修。

临时检修指对罐式箱使用状况的日常检修，包括对丢失、损坏及人孔盖、垫等配件补齐和更换；对缺少、污损的标志补齐和更换。

中修指对罐体进行清洗置换和气密检查，包括更换安全阀附属配件并进行气密试验，对罐式箱框架强度进行安全可靠性检测。中修修程为 1 年。

大修指除进行中修内容外，进行罐体腐蚀裕度测定、矫正变形、修补破损、除锈喷漆、焊缝探伤及水压试验。大修修程为 5 年。

罐式箱临时检修、中修和大修由箱主委托国铁集团认定的具有检验资格的单位完成。检修后，应在箱体上标明检修单位、日期和下次检修时间，并填写“危货箱检修证”。凡检修过期的不得办理运输。罐式箱使用期限不得超过 15 年。

采用罐式集装箱运输危险化学品有着安全、经济、灵活等特点，可以结合铁路运输、水上运输、公路运输等多种运输方式，极大地方便危险货物的运输。目前，我国铁路危险货物罐式集装箱运输处在发展阶段，面对这种新型的运输方式，如何深入研究危险货物罐式集装箱铁路运输安全技术条件，进一步推广铁路危险货物罐式箱使用，已成亟待研究的重点问题。

复习思考题

1. 什么是危险货物自备货车？
2. 铁路罐车分为哪几大类？各类又是怎样细分的？
3. 铁路罐车允许充装量如何计算和确定？
4. 简述液化气体类铁路罐车的主要构成。液化气体罐车的安全附件有哪些？
5. 液化气体铁路罐车应遵循的主要标准、规范有哪些？
6. 事故状态下，不能靠近车辆时，根据罐车色带标记，如何初步判断该罐车装运危险货物类（项）别？
7. 紧急切断阀的动作原理是什么？突发意外时采取什么措施才能迅速关闭紧急切断阀？
8. 液化气体铁路罐车中、大修时，首先应对罐体采取哪些措施方能进行作业？
9. 磁力浮球液位计的设计原理是什么？
10. 安全阀整定压力（开启压力）、回座压力是怎样计算的？

第五章　铁路危险货物运输事故应急预案及施救信息网络

第一节　概　述

一、事故应急预案和施救信息网络的定义

铁路危险货物运输各相关单位(部门)应建立健全铁路危险货物运输事故应急预案和信息网络,完善预警预防应急措施,定期组织应急演练,有效处置铁路危险货物运输突发事故,最大限度地减少人员伤亡、财产损失、环境污染和社会负面影响。

事故应急预案是指危险货物由于各种原因造成或者可能造成人员伤亡及其他重大社会危害时,针对该事件的特点,在事故发生的紧急时刻,为及时控制危险源或事故成灾范围、防止事态扩大、把损失减低到最低程度而采取的预先确定的施救行动方案。

施救信息网络是指为制订"事故应急预案"而汇集的相关涉及范围的共享信息资源,包括设定报告程序的联络部门和通信方式。

二、编制事故应急预案和施救信息网络的意义

编制事故应急预案和施救信息网络是开展事故救援工作的核心内容,对最大限度地减少危险货物运输事故造成的人员伤亡、财产损失和对事故现场周边环境及社会的负面影响,及时有效有序地处置铁路危险货物运输事故,迅速控制危险源,维护铁路运输秩序,有着重要的保障作用。事故应急预案和施救信息网络在事故应急救援中的意义主要有:

1. 及时确定参与应急救援的范围和体系

通过对单位和企业职工进行应急预案的专项培训,提高其安全认识和防范技能水平,可以使职工熟悉自己在预案中的责任,充分利用掌握的技能尽量缩小事故对人身和财产的影响。

2. 提高应急响应速度

事故应急预案和施救信息网络明确了各部门的职责和响应程序,在应急处理方式、力量和资源等方面做了充分准备,从而做到了"有备""无患",避免了事故发生后工作人员心慌意乱、措手不及、造成时间拖延等情形的发生。制订应急预案不仅可以迅速、高效地对事故作出反应,将损失降到最低,还可以对一些事故发生后需要尽快解决的应急恢复问题予以有针对性的解决。

3. 为应对各种突发事故打好基础

编制应急预案和施救信息网络时,已充分考虑了对特殊危害,制订有专项应急预案,所以能有针对性地开展应急救援工作。

4. 有利于提高风险防范意识和协调作用

通过事故应急预案和施救信息网络的编制、学习、宣传和演练,有利于各方充分了解可能面临的重大风险和相应的应急措施,有利于促进全社会各方面提高风险共同防范意识。同时,

事故应急预案和施救信息网络，强调各方共同参与和在发生超过本单位应急能力的重大事故时的协调和分级响应。

5. 有利于企业安全生产和社会和谐

编制应急预案和施救信息网络能够使事故造成的危害降到最低，保证职工安全生产、企业安全发展、社会和谐进步。

三、事故应急预案系列构成

铁路各级部门应根据“铁路危险货物运输应急预案框架指南”制定和完善铁路危险货物运输事故应急预案及施救信息网络，并根据危险货物运输的发展变化，及时修改、补充和完善有关内容。

国务院、国铁集团各级事故应急预案系列构成如图 5-1 所示。

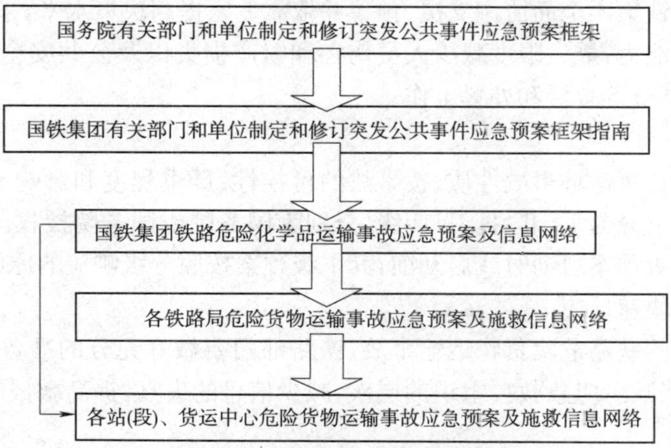

图 5-1　国务院、国铁集团各级事故应急预案系列构成

第二节　铁路危险货物运输应急预案的主要内容

一、指导思想

应急救援预案的指导思想：坚持“安全第一，预防为主，综合治理”的方针，认真贯彻“以人为本”的思想，以逐级负责制为主线，切实把各项安全措施落到实处。一旦发生危险化学品事故，能以最快的速度、最大的效能，有序地实施救援，最大限度减少人员伤亡和财产损失，把事故危害降到最低点，维护企业的安全和稳定。

二、主要内容

(一)总　　则

1. 目的

为了最大限度地减少危险货物运输事故造成的人员伤亡、财产损失和对事故现场周边环境及社会的负面影响，通过信息网络技术，协调各部门之间的救援，及时有效处置铁路危险货物运输事故，迅速控制危险源，维护铁路运输秩序，清除事故造成的后果。

2. 依据

根据《中华人民共和国铁路法》《中华人民共和国安全生产法》《中华人民共和国消防法》

《中华人民共和国环境保护法》《中华人民共和国水污染防治法》《中华人民共和国大气污染防治法》《中华人民共和国放射性污染防治法》《铁路安全管理条例》《铁路交通事故应急救援及调查处理条例》《使用有毒物品作业场所劳动保护条例》《关于特大安全事故行政责任追究的规定》《特种设备安全监察条例》《危险化学品安全管理条例》《突发事件应对法》等法律法规编制应急预案。

3. 工作原则

应急救援预案的基本原则:统一指挥、逐级负责、分级管理、充分准备、快速反应、联网管理、安全抢险、生命至上、单位自救和社会救援相结合。

(1)统一指挥、逐级负责

铁路危险货物运输事故应急工作实行应急领导小组集中统一指挥、分级管理、逐级负责的原则。国铁集团各部门和各铁路运输企业按照各自管理权限,负责铁路危险货物运输事故的应急处置工作。国铁集团全面协调支援、预警并依靠专家提高决策水平,采用先进的应急处置手段增强应急救援能力,最大限度减少人员伤亡和财产损失以及公共安全的影响。各铁路运输企业为主体,具体负责救援和处置工作。

(2)分级管理

根据铁路危险货物运输事故性质,按事故的可控性、严重程度和影响范围,危险货物运输事故应急响应原则上分为Ⅰ、Ⅱ、Ⅲ、Ⅳ四级,分别为国务院或国务院授权国铁集团、铁路局集团公司响应。上一级预案启动时或启动前,其下级预案按照分级响应的原则分别启动。

(3)充分准备、快速反应

针对可能发生的铁路危险货物运输事故,铁路部门要做好充分的准备,事故一旦发生,快速做出反应,尽可能减少应急救援组织的层次,减少信息的失真,提高救援的效率。

(4)联网管理

铁路各级管理部门应建立危险货物运输事故应急施救网络,将管辖区域内危险货物生产单位、有关专家、有关设备设施、网络分布图、联络办法,纳入《铁路危险货物运输事故应急预案》。

(5)安全抢险、生命至上

对于铁路危险货物运输事故,要不惜一切代价维护人员安全。事故发生后,首先保护人员撤离现场,转移至安全地点,并全力抢救受伤人员,同时保护应急救援人员的安全,严防在抢险过程中发生二次事故。

(6)单位自救和社会救援相结合

铁路运输的危险货物在运输过程中发生事故,有的是在瞬间即可能酿成危害,但不少的事故都有一个发生、扩大的过程,即有一个事故的初始阶段。在事故发生的初始阶段启动预案,自救是最佳的时间,也是最容易扑灭事故、防止事故损失扩大的最有利的时间段。自救为先是应急处置的重要内容,发现事故的单位应当在准确判断发生事故的危险货物品名、危险性的基础上,按照应急预案预先制订的应急处理措施开展自救。

根据事故情况,铁路应请求所在地人民政府、公安、消防、环保、卫生、武警部队等部门,在伤员救治、救灾物资保障、治安秩序维护、抢险恢复等方面给予支持,最大限度地减少人员伤亡、财产损失。

4. 适用范围

应急预案适用于预案编制单位管辖范围内有明确规定的区域、场所发生的危险货物运输事故的应急处置。

当发生危险货物运输事故中涉及重大铁路交通事故时，应同时启动《国家处置铁路行车事故应急预案》。当发生危险货物运输事故中涉及重大火灾事故时，应司时启动《铁路火灾事故应急预案》。当发生危险货物运输事故，涉及恐怖袭击、重大破坏案件以及其他自然灾害、事故灾害时，应同时启动相关预案。

（二）组织机构与职责

1. 组织机构

国铁集团设铁路危险货物运输事故应急领导小组（以下简称应急领导小组）和铁路危险货物运输事故应急领导小组办公室（以下简称应急领导小组办公室），地点设在国铁集团调度指挥中心。发生危险货物运输事故时，由应急领导小组统一指挥、组织、协调，按预案的各项应急规定采取措施，其组织机构如图 5-2 所示。

2. 应急组织机构职责

(1)应急领导小组职责

①统一领导铁路危险货物运输事故应急救援工作。

②引发其他事故灾难时，决定启动相关专项应急预案。

③协调有关铁路运输企业与地方政府的应急救援工作。

④需其他部门支援时，负责与相关部门的沟通。

⑤决定向国务院请求支援和报告。

⑥有关紧急事项的决策。

(2)应急领导小组办公室职能

①负责与国铁集团应急办、应急救援指挥中心及有关部门的协调联系，落实应急领导小组的指示。

②负责提出完善本预案的意见、建议，并提出预案修订的建议方案；指导铁路局集团公司（专业运输公司）编制、修订同类预案。

③负责制订本预案演练计划，并协调预案演练工作；指导铁路局集团公司（专业运输公司）开展相关预案演练工作。

④负责与本预案有关的各项基础工作。

(3)有关部门职责

①办公厅负责掌握综合情况，拟写、审核、报送信息。按应急领导小组指示，负责向国家应急指挥机构请示汇报，与有关部门等沟通协调并请求支援。

②运输部和货运部负责现场救援指挥、抢险，组织施救队伍、机具、材料的运输调动和救援物资的运输保障，依据《铁路货物损失处理规则》进行调查处理。

③安全监督管理局（以下简称安监局）负责事故调查工作，依据铁路交通事故调查处理规则的有关规定，及时查清事故原因、责任并提出处理意见。

④公安局负责维护事故现场秩序，进行调查取证等现场勘查工作，打击处理各种违法犯罪活动。依据《火灾事故调查规定》负责事故的调查处理。

⑤劳动和卫生部（以下简称劳卫部）负责协调指挥对现场人员抢救、医护工作，做好有关药品医疗器具的应急调配。

⑥发展和改革部负责协调指挥事故有害物质对水、大气、土壤、动植物等所造成危害的监测工作，为事故处理提供环境监测数据。

⑦财务部负责应急救援有关资金保障工作。

⑧宣传部负责组织信息发布工作。

⑨总工会负责组织、协调事故伤亡人员处置和身份确认，做好有关接待和安抚工作。

3. 组织指挥协调

为有效开展应急救援工作，国铁集团应急领导小组下设10个工作组，如图5-2所示。

(1)现场指挥组(办公厅、运输部、货运部)

在应急领导小组领导下，指挥各应急工作组有效实施事故处置、警戒保卫、人员救护、后勤保障等工作。

(2)事故处置组(劳卫部、公安局)

根据火灾、爆炸、人员中毒、环境污染和危险货物泄漏(撒落)等事故的危害性质，采取相应防护措施，做到及时有效地施救、疏散、隔断危险源，防止事故扩大。

(3)警戒保卫组(公安局)

负责事故现场安全保卫和治安管理工作。根据事故现场情况，设置警戒区，协助有关部门疏散、撤离或采取其他措施保护危险区域的人员安全，维护现场治安秩序。

(4)医疗救护组(劳卫部)

负责现场伤员紧急处置，组织对严重伤员进行现场急救，迅速组织护送伤员去医院救治。

(5)后勤保障组(运输部、财务部)

根据事故情况，协调有关部门或企业提供各类应急装备器材和救援物资，安排好有关人员的膳食，确保事故施救工作顺利进行。

(6)环境监测组(发展和改革部)

根据事故情况，协调铁路局集团公司环保监测部门及时检测有害物质对空气、水源、人体、动植物、土壤等造成的危害状况，为有关部门及时采取封闭、隔离、洗消、人员疏散等提供决策依据。

(7)事故调查组(安监局、运输部、货运部、公安局)

负责组织或配合有关部门对事故进行调查、分析、取证等工作，及时查明事故原因和责任，完成事故调查报告。

(8)善后处理组(总工会、安监局)

协调相关部门，组织对伤亡人员处置和身份确认，及时通知伤亡人员家属，做好接待安置和安抚工作。按照国家及铁路部门规定，对造成货物损失和受到事故直接及间接影响的周边环境(如农田、水利设施等)，进行理赔等善后工作。

(9)新闻发布组(宣传部)

依据国家和国铁集团有关新闻发布规定，统一负责新闻发布工作。

(10)专家咨询组(铁科院、北京交大、北京世纪坛医院等)

对事故处置、救援方案及安全防护等提出建议，对现场救援、事故调查分析等提供技术咨询。

(三)预防预警

1. 预防预警定义

预防预警是国务院“公共事件应急预案框架指南”的重要内容，核心是信息监测、分析、交流、综合集成、通报、发布。预警是突发事件(事故)严重程度和急迫性的警示(等级)，和事故应急预案中的响应等级基本一致，但有时也有区别。世界各国一般采用声、色、图、文字指示。

预警级别按严重性、紧急程度分为四级：

Ⅰ级——特别严重，红色预警；Ⅱ级——严重，橙色预警；Ⅲ级——较重，黄色预警；Ⅳ级——一般，蓝色预警。

2. 预防预警行动

及时收集、分析国内外发生的危险货物运输事故信息，总结事故教训。对存在的重大危险源，采取安全防范措施，及时发布安全预警信息并进行预警演习。对性质复杂、运输距离长、运量大、发生危险概率大的危险货物运输项目，在确定铁路运输前必须进行安全可行性论证。

按照国家及铁路部门安全管理规定，加强危险货物运输管理，经常进行危险货物运输安全检查，对发现的安全隐患，及时采取措施，尽快予以消除。

3. 预防预警支持系统

建立完善危险货物运输安全信息综合管理系统以及事故救援抢险系统，逐步形成集监督、控制、管理和救援于一体的危险货物运输安全监控管理体系，充分发挥科技先导作用，利用先进安全检测监控设备，实现铁路危险货物运输安全可控。

4. 事故发生时的信息报送

办理站应在发生危险货物运输事故以及液化气体泄漏、剧毒品、爆炸品、放射性物品被盗丢失时，及时逐级向运输调度和货运、公安管理部门报告，并在 1 h 内向有关站、铁路局集团公司拍发“货运事故速报”电报，同时抄报国铁集团、主管铁路局集团公司。依法应当报告有关部门的，同时报告有关部门。

信息报送的主要报告内容有：

(1)事故类型：火灾，爆炸，中毒，腐蚀，辐射，爆炸品、剧毒品丢失，液化气体泄漏等。

(2)事故发生时间。

(3)事故发生地点：站名(货场、专用线、专用铁路)、区间(线名、公里、米、桥梁、隧道)。

(4)事故相关单位和人员。

(5)发生事故货物品名、编号、车种、车号、列车车次、机后位置、有无押运人、运输种类(整车、集装箱)。

(6)事故概况及初步分析：人员伤亡、货物毁损程度、爆炸品或剧毒品丢失数量、液化气体泄漏部位、环境污染情况及对周边环境的威胁。

(7)事故地点的周边环境：桥隧、水源、地形、道路、厂矿、居民、天气、风向等。

(8)事故发生后采取的措施及事故控制情况、具体救援请求情况等。

事故报告后出现新情况的，应当及时补报。

(四)应急响应

1. 应急预案的分级标准

按危险货物铁路运输灾难的可控性、严重程度和影响范围，应急响应级别原则上分为Ⅰ、Ⅱ、Ⅲ、Ⅳ四级，是国铁集团根据国家法规，结合铁路危险货物运输实际，对事故类型和现象、货物性质、运输种类、运量大小、周边人文地理环境、人员伤亡及财产损失等由应急领导小组和专家研究决定的，各级的生成条件见表 5-1。

表 5-1 应急响应分级标准

灾难条件	级别			
	Ⅰ	Ⅱ	Ⅲ	Ⅳ
事故后果已经导致死亡人数/危及生命安全人数	30 人/50 人	10～29 人/30～50 人	3～9 人/10～29 人	<3 人/10 人
事故后果已经或可能导致中毒(重伤)人数	≥100 人	50～99 人	30～49 人	<30 人
直接经济损失达到或超过	≥1 亿元	5 000 万～10 000 万元	500 万～5 000 万元	100 万～500 万元

续上表

灾难条件	级别			
	Ⅰ	Ⅱ	Ⅲ	Ⅳ
需要紧急转移安置人数	＞10 万人			
运输设备遭受破坏,中断行车,经抢修无法恢复通车的时间	48 h	24 h	12 h	8 h
国务院或国务院安全生产委员会决定需要启动应急响应的危险化学品铁路运输事故灾难的级别	Ⅰ级			
国铁集团认为有必要启动应急响应的危险化学品铁路运输事故灾难的级别		Ⅱ级		
铁路局集团公司认为有必要启动应急响应的危险化学品铁路运输事故灾难的级别			Ⅲ级	
				Ⅳ级

2. 应急预案分级响应程序

启动应急响应,由应急领导小组办公室以“铁路突发公共事件应急响应启动命令”形式发布,并将启动命令抄送应急管理办公室、应急救援指挥中心及应急领导小组成员单位。Ⅰ级应急响应由国铁集团报请国务院,由国务院或国务院授权国铁集团启动。Ⅱ级应急响应行动由国铁集团负责启动。Ⅲ级和Ⅳ级应急响应由铁路局集团公司负责启动,响应程序和内容在铁路局集团公司危险货物运输事故应急预案中具体规定。

分级响应的程序是:达到本预案响应条件,启动本预案及以下各级预案;超出本级应急救援处置能力时,请求上一级指挥机构启动上一级应急预案。国铁集团应急分级响应流程如图 5-2 所示,铁路局集团公司应急响应流程如图 5-3 所示。

(五)应急施救信息网络

应急施救信息网络是应急预案中确定的铁路局集团公司和相应地方政府部门在施救全过程中的联络关系(报告程序)规定,即铁路局集团公司内应急领导小组下设的专家、信息、后勤、环监、医疗、调查、处理、报道等和地方相应省、市、区的公安、卫生、消防、环保等部门在施救中的对应联络关系,并以“网络框图”把事故发生地、站段、铁路局集团公司及各施救小组、现场指挥、国铁集团应急办、地方有关部门有序联通起来。图 5-4 所示是某铁路局集团公司应急施救信息网络举例。

(六)应急响应流程

1. 现场指挥

在应急领导小组领导下按危险货物的列车火灾、货场火灾、隧道火灾、桥梁火灾,液化气体泄漏、危险货物中毒及泄漏、污染事故等具体情况和实际需要,集结人员、专用设备、器械、防护用品、物资、药品,落实处置措施。

2. 事故处置

(1)对事故现场伤员立即采取紧急抢救措施并迅速送往医院救治。

(2)在实施应急预案时,应急救援人员必须是经过自身安全防护训练的人员。必须按设备、设施操作规程和要求执行。

(3)参加应急救援和现场指挥、事故调查处理人员,必须佩戴具有明显标识并符合防护要求的安全帽、防护服、防护靴等防护用具。

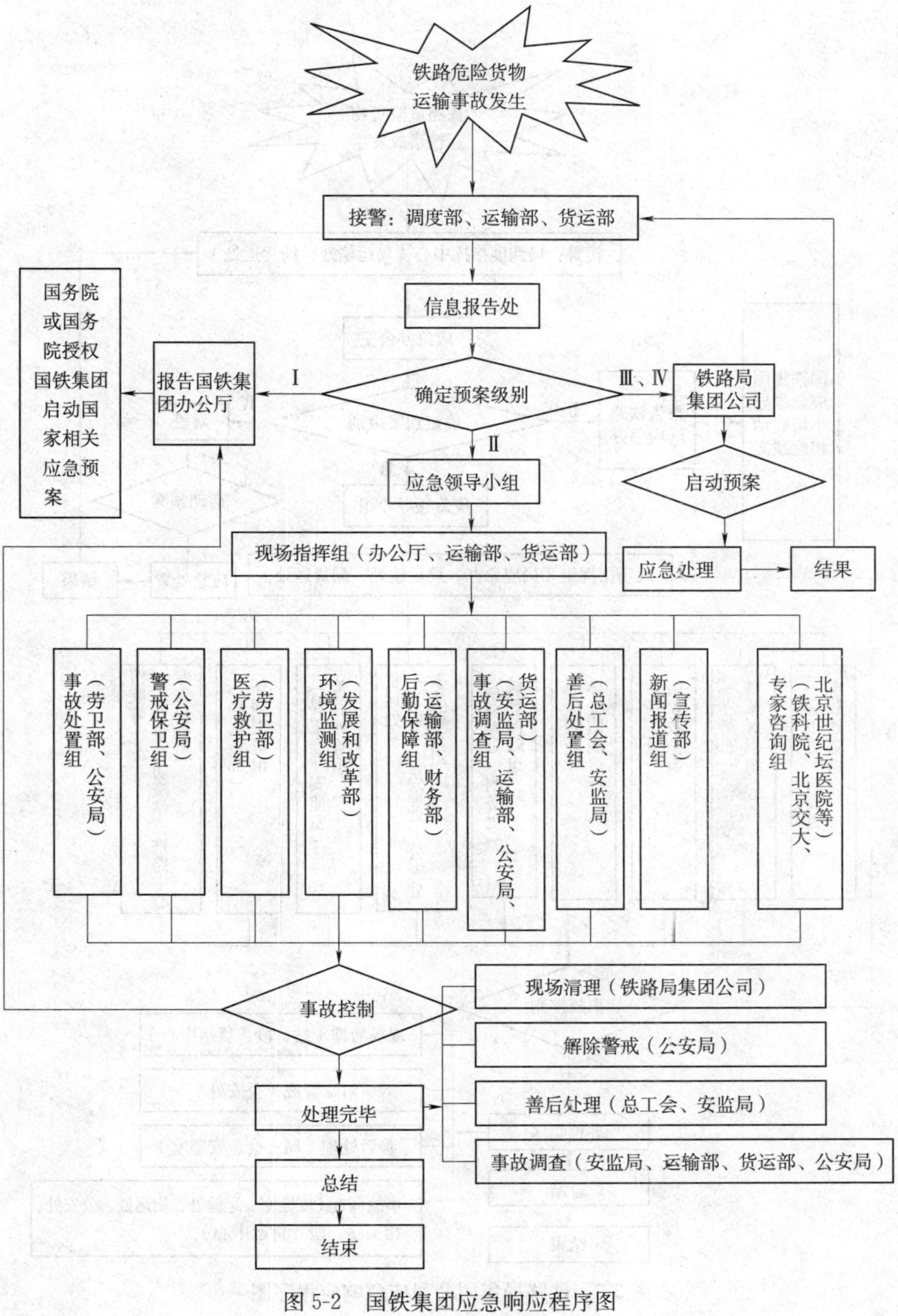

图 5-2　国铁集团应急响应程序图

(4)在事发地县级以上人民政府的统一领导下，制订事故灾害现场的群众疏散撤离方式、组织程序。必要时，确定群众疏散撤离的范围、路线、紧急避难场所等。

(5)对沿线群众进行安全防护、疏散时，在现场指挥组未到达现场之前，在事发地县级以上人民政府的统一领导下，由应急领导小组指定的负责人负责指挥。

3. 警戒保卫

(1)事故现场由警戒保卫组负责安全保卫、治安管理、交通疏导、组织疏散撤离或采取其他

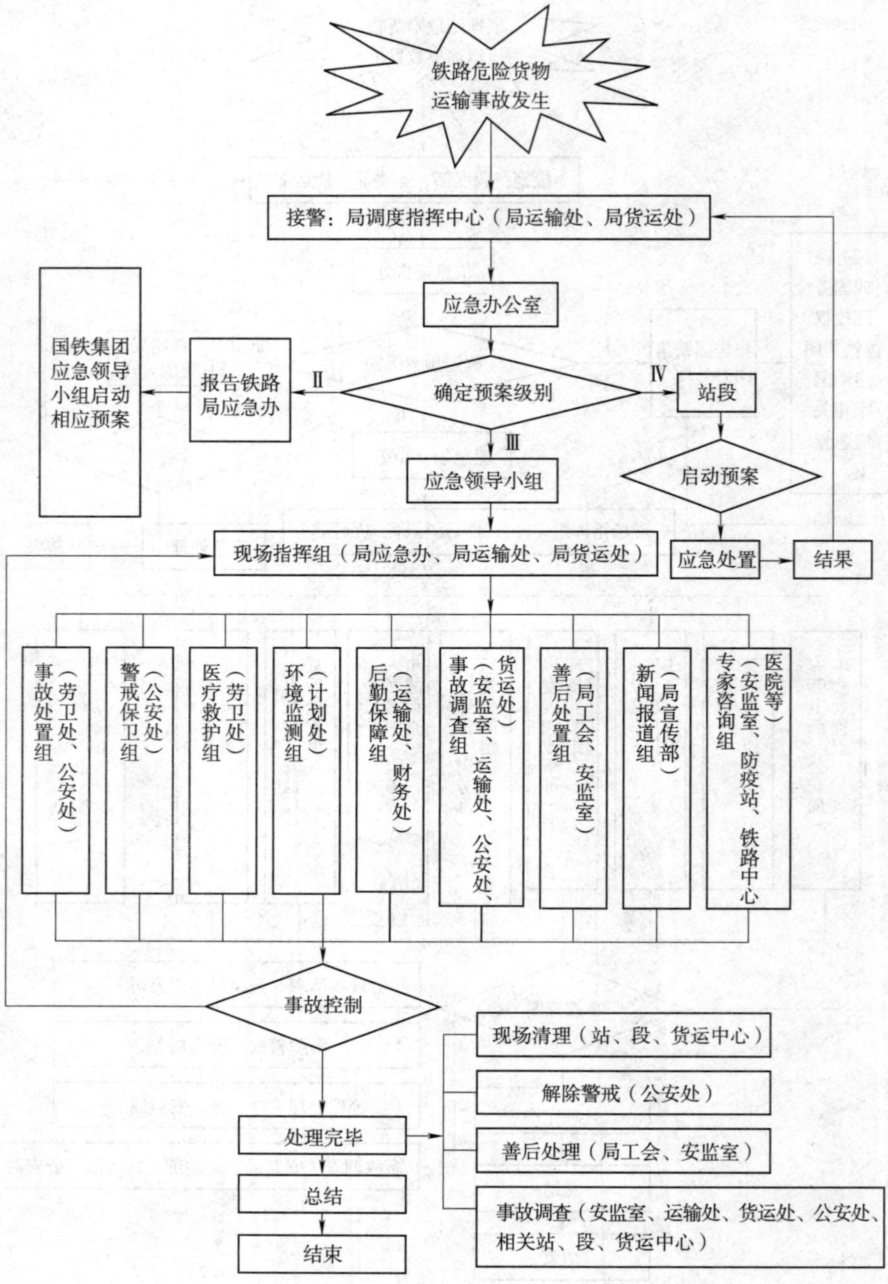

图 5-3 铁路局集团公司应急响应程序图

措施，保护危险区域内的人员安全。

(2)根据事故现场情况，设置警戒区，严格控制进出人员及车辆，维护社会治安秩序，对肇事者及有关事故嫌疑人员及时采取监控措施，防止逃逸。

4. 医疗救护

发生事故时，除现场人员于第一时间展开自救外，应立即向当地政府、附近医疗机构和120救助中心求助，最大限度减少人员伤亡。

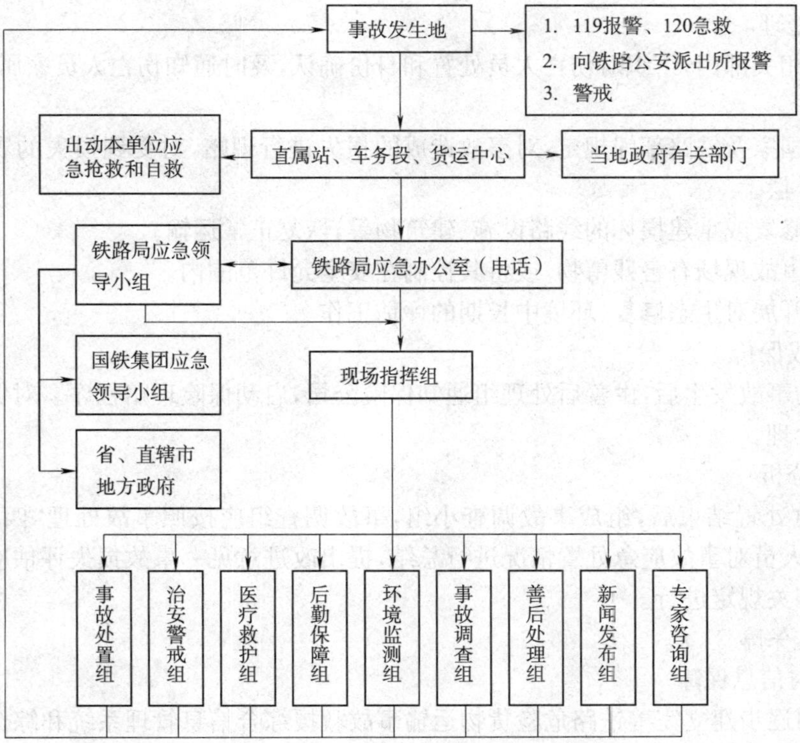

图 5-4　铁路局集团公司应急施救信息网络(举例)

5. 环境监测

环境监测组负责组织协调事故现场环境监测。组织协调监测部门进行监测，为事故处理采取措施提供监测数据，以利于有效控制污染，防止事故危害进一步扩大。事故发生后，立即向当地环保部门报告，环保部门视情况，派出应急监测队伍或提供技术支持。

6. 事故调查

依据《危险化学品安全管理条例》(国务院令第 591 号)、《铁路交通事故应急救援及调查处理条例》(国务院令第 501 号)、国务院及国铁集团有关规定执行。特别重大事故调查按国家有关规定执行。

7. 新闻发布

事故发生后，按照国家有关突发事件新闻发布原则、内容和规范性格式，国铁集团审查并确定发布时机及方式，向媒体和社会通报。必要时，请新闻办协调。

8. 应急结束

铁路危险货物运输事故处理完毕，在消除现场安全隐患、采取防范措施后，应视为应急结束，由应急领导小组办公室以《铁路突发公共事件应急响应结束通知》形式宣布，同时将结束通知抄送应急管理办公室、应急救援指挥中心及应急领导小组成员单位。应急响应结束 15d 内，由应急领导小组办公室提出评估报告，经应急领导小组组长审定后，报应急管理办公室。

评估报告的主要内容应包括：突发公共事件的预防预警、信息报告、应急处置、社会资源调动、部门协调配合、舆论控制、事件损失、处置效果及存在问题等。

（七）后期处置

1. 善后处理

(1)协调相关部门，组织对伤亡人员处置和身份确认，及时通知伤亡人员家属，做好接待安置和安抚工作。

(2)按照国家及铁路部门规定，对事故造成的损失进行理赔，对受到损失的农田及水利设施进行合理补偿。

(3)尽快修复或重建损坏的线路设施、建筑物等，恢复正常运输。

(4)消除事故现场有害残留物，或将其控制在安全允许范围内。

(5)积极开展对生态修复、环境中长期的评估工作。

2. 保险或保价

危险货物事故发生后，由善后处理组通知保险公司，启动保险理赔程序。对保价货物损失按有关规定处理。

3. 总结分析

事故应急处置结束后，组成事故调查小组，事故调查组应按照事故处理“四不放过”的要求，组织有关人员对事故应急处置情况进行总结，提出改进意见。事故损失评估应按专家评估报告及铁路相关规定进行。

（八）应急保障

1. 通信与信息保障

国铁集团逐步建立完善铁路危险货物运输事故救援综合信息管理系统和综合信息库。设置事故现场指挥电话和图像传输设备，确保应急救援过程中的语音、数据、图像等信息的传送，为抢险救援提供决策支持。

2. 救援装备和应急队伍保障

根据铁路救援体系建设规划，协调、检查、促进铁路应急救援基地建设，强化完善救援队伍建设，保证应急状态的调用。各铁路运输企业要进一步优化、强化救援抢险队伍网络，合理配置救援器材和安全防护器材，制订各类救援技术方案，并积极开展技能培训和演练，提高快速反应和救援能力。

3. 交通运输保障

启动应急预案期间，事故发生地人民政府和铁路运输企业要按管理权限调动管辖范围内的交通工具，任何单位和个人不得拒绝。根据现场需要，由地方人民政府协调地方公安交通管理部门实行必要的交通管制，保障应急处置期间的交通运输。

4. 医疗卫生保障

铁路系统和地方卫生行政部门应制订相应的应急预案，明确医疗救治资源分布，卫生防疫能力与专长，制订应急处置行动方案，确保应急处置及时有效。

5. 治安保障

危险货物运输事故应急处置时，要明确规定事故现场的治安保障负责人，安排足够的警力做好应急期间各阶段、各场所的治安保障工作。

6. 物资保障

各铁路运输企业要按规定备足危险货物运输事故应急抢险器材、设施、事故调查的交通工具、移动通信、移动数据传输及录音、摄影、摄像和便携式文字编辑、打印等设备。

7. 资金保障

各铁路运输企业财会部门要采取措施，确保应急处置资金需求并具体按《财政应急保障预案》规定实施。

8. 技术储备与保障

充分利用国际、国内先进成熟的科学技术，积极研究开发建立科学的应急指挥决策支持系统；积极运用北斗卫星导航系统（BDS）、地理信息系统（GIS）、全球定位系统（GPS）、卫星遥感系统（RS）等先进技术，不断开发和更新事故应急处理指挥辅助决策系统。

（九）培训演练制度

所有参与应急救援的人员，应定期进行有关知识及专业能力培训。定期举行各种类型的救援演习，检验、改善和强化应急准备和反应能力，使应急救援人员不断熟悉应急预案的运行机制。认真归纳总结演练中暴露出来的问题，及时对预案修改完善，不断提高应急救援水平。

第三节　事故应急预案的编制与演练

一、应急预案编制的基本原则和要求

《危险化学品安全管理条例》第七十条规定："危险化学品单位应当制定本单位危险化学品事故应急预案，配备应急救援人员和必要的应急救援器材、设备，并定期组织应急救援演练。"

铁路危险货物运输企业和单位在制订应急预案时必须遵循以下原则和要求：

(1)有关法律、法规、规章和标准的规定；

(2)本地区、本部门、本单位的安全生产实际情况；

(3)本地区、本部门、本单位的危险性分析情况；

(4)应急组织和人员的职责分工明确，并有具体的落实措施；

(5)有明确、具体的应急程序和处置措施，并与其应急能力相适应；

(6)有明确的应急保障措施，满足本地区、本部门、本单位的应急工作需要；

(7)应急预案基本要素齐全、完整，应急预案附件提供的信息准确；

(8)应急预案内容与相关应急预案相互衔接。

二、应急预案编制的步骤和方法

1. 编制步骤

应急预案编制工作是一项涉及面广、专业性强的工作，是一项非常复杂的系统工作，需要安全、工程技术、组织管理、医疗急救等各方面的知识，应按一定的步骤进行，下面以站段应急预案编制的步骤予以说明如图 5-5 所示。

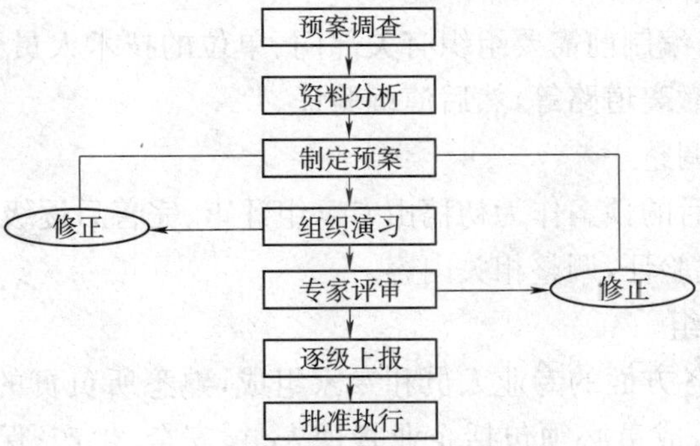

图 5-5　制订应急预案的基本步骤

(1)组织班子,调查研究

组织精干班子,通过学习上级预案,明确"框架指南",按所需内容开展调查,如图 5-6 所示。

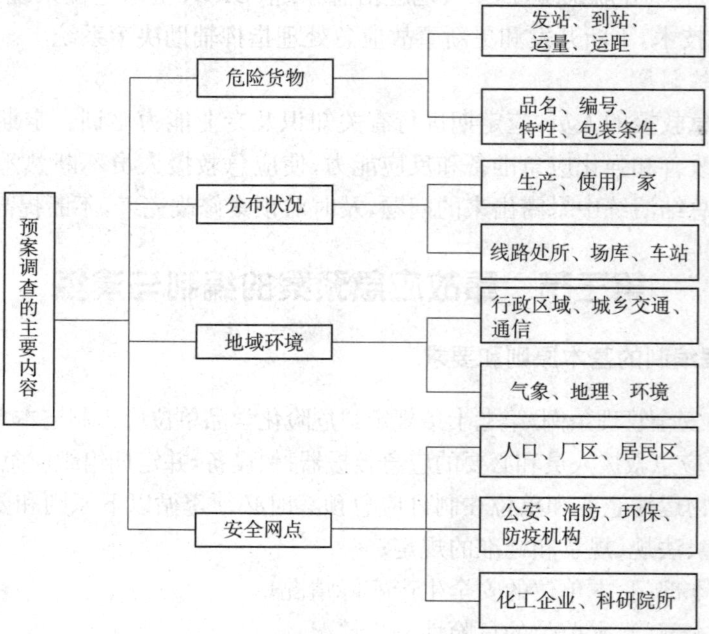

图 5-6 预案调查内容

(2)全面分析,重点掌握

国家制订的《重大危险源辨识标准》(GB 18218)主要针对生产、储存单位主要品名的储存限量。根据《危规》精神,铁路危险货物运输中的重大"危险源"除仓库保管数量(件数、重量)外,还应考虑易引发、危险性大、运距长、施救难、条件差的货物名称、存放地点、种类及以往事故发生情况和发生事故的诱因等。这里"危险源"不一定仅是货物,也有可能是某一种作业流程,如装卸、储存、编解环节等。

(3)调查摸底,收集资料

收集与救援有关的资料,如站段线路图、消防器材分布图、救援电话、危险货物品名及特性、建筑物图、气象资料(风速、雷电、气温)、救援能力调查、应急物品及器械的分类和数量等。

(4)现场勘察,演练修改

为使预案切实可行,编制前需要组织有关部门、单位的技术人员到现场进行实地勘察,如站段的周围地形、环境、撤离道路等,然后演练验证。

(5)专家评审、演练调整

经调查、勘察、修改后的预案作为初稿由专家组评审、完善后逐级申报。报批前、后应精心组织施救演练,通过实战验证,调整相关内容。

2. 成立预案编制小组

要求编制人员要由各方面的专业人员和专家组成,熟悉所负责的各项内容。编制小组要有主管领导担任负责人,成员必须包括企业管理人员、安全、生产、保卫、设备、环境、卫生、人事、财务等多个部门的工作人员,并认真听取地方消防、公安、医疗等单位的意见和建议。

3. 预案编制的准备工作

对现有的应急计划和应急救援工作有关资料做汇总分析，充分利用已有的危险性评估分析。在编制预案之前，需要进行全面、详细的资料收集、整理，主要包括以下几项：

(1)法律法规，包括收集国家、国铁集团和地方关于危险品运输的法律法规。

(2)周围环境，包括地质、地形、周围环境、气象条件、交通等方面。

(3)厂区平面布局，主要包括功能区划分、易燃易爆有毒危险品分布、工艺流程分布、建筑消防分布、安全距离等。

(4)运输危险品的品名和特性，主要包括危险品的种类以及化学性质分析等。

(5)生产设施、设备、器材，主要包括设施的耐高温、低温、腐蚀、震动等，设备的防静电、火灾等，以及消防器材的布置和分布。

(6)库区，主要指石油库、危险品库等。

4. 预案资料的分析

在收集整理大量预案编制的资料后，必须对其进行分析，主要进行危险源辨识和风险评价。危险源辨识和风险评价是应急预案编制过程的基础和关键，其结果不仅有助于确定需要重点考虑的危险，提供划分预案编制优先级别的依据，而且也为应急预案的编制、应急响应提供必需的信息和资料。

(1)危险源辨识

危险源辨识主要是依据危险品的物料、性质和可导致的危险性进行分析，识别主要危险危害因素，将危险危害分级，确定可能存在的重大危险因素，作为分析的重点，为编制预案和预防提供依据。

(2)风险评价

风险评价主要包括脆弱性分析和风险分析两个方面。脆弱性分析要确定的是一旦发生危险事故，哪些地方容易受到破坏或损害。风险分析是根据脆弱性分析的结果，评价事故或灾害发生时，造成破坏的可能性以及可能导致的实际破坏程度，通常选择最坏的情况进行分析。

(3)应急资源和能力分析

依据危险源辨识与评价的结果，对现有的应急资源和应急能力进行分析，评估现有消防设施数量分布、人员管理和配置，明确应急救援的需求和不足，并及时改进。

5. 应急预案的编写

在大量的准备工作完成后，就要对预案进行编写。在编写过程中，应注重全体人员的参与，使所有与事故有关人员都能够掌握危险品的危险性、应急处置方案和技能。同时，编写预案时要充分参阅收集和已有的应急预案，并确保与其他相关部门应急救援预案协调一致。应急救援预案的形成主要包括以下方面：

(1)总则

总则部分应明确指出编制目的、作用、编制依据，适用范围、应急预案体系、应急工作原则等。

(2)单位基本情况介绍

基本情况主要包括单位的地址、经济性质、从业人数、主要产品、产量、周边环境等情况，运输单位运输车辆情况及主要的运输产品、运量等内容。

(3)危险品分析

针对企业运输的危险品名称、性质、储运以及可能造成的危害进行分析。

(4)事故应急救援组织机构、组织人员及职责划分

危险化学品运输生产企业必须成立相应的应急救援领导机构和应急救援专业队伍，对应急救援人员层次明确划分，明确各自的职责，强调分工，在事故发生后，各部门能够协调配合、迅速处理，以降低损失。

(5)预防预警

明确本单位对危险源的监测监控的方式、方法，明确事故预警的条件、方式和信息的发布，明确事故信息报告与处置方法，并对信息报告与通知，信息传递作出具体规定。

(6)应急响应

划分应急响应的级别，制定响应程序，明确应急结束条件。

(7)警戒和人员疏散

依据可能发生事故的类型、场所、设施及周围环境的分析结果，确定现场人员抢救人员、周边人员紧急疏散的方式、方法，加强危险区的划分和隔离。

(8)应急培训和演练

明确对本单位人员开展的应急培训计划，明确演练的规模、方式、频次、内容、评价、总结等。

(9)维护和更新

明确应急预案维护和更新的基本要求，定期进行评估，实现可持续改进。

(10)附件

包括组织机构名称，值班联系电话、组织应急救援人员联系电话、政府有关部门联系电话、本单位平面布置图、消防设施布置图、周边交通示意图等。

6. 编制应急预案的注意事项(以站段为例)

(1)编制内容要精细、具体

站段不仅是第一现场的发现者，而且是第一现场的第一施救者，发现情况汇报的及时准确与否，施救方案是否得当，将直接影响事故抢救的效果。实践证明，如能采取及时有效正确的抢救措施，可以减少事故损失的70%。国铁集团、各铁路局集团公司都有预案编制的固定格式，各站段应根据格式进行编制，但是，站段的应急预案更要结合自己的实际情况，做到操作性强、精细化程度高。因此要对每一个抢险环节认真地进行实作模拟，对时间、地点、部位的描述要尽可能详细。

(2)编制内容要有可操作性

"可操作性"即指要结合实际，能得以实现，危急关头能发挥作用。

(3)编制内容要有针对性

办理危险货物的站段都有不同的作业性质、地理环境、抢险能力、办理内容。因此要针对本站办理的危险货物类别及主要品名编制应急预案。预案内容要突出以下几点：

①营救受害人员。快速、有序、有效地实施现场急救与安全转送伤员是降低伤亡率、减少事故损失的关键。由于重大事故发生突然，扩散迅速、涉及范围广、危害大，应及时指导和组织人们采取各种措施进行自身防护，并迅速从上风方向撤离出危险区或可能受到危险的地方。

②迅速控制危险源。对事故造成的危害进行检验、监测，测定事故的危害区域、危害性质及危害程度，及时控制危险源、防止事故的继续扩展。

③清洁现场，消除危害。针对事故对人体、动植物、土壤、水源、空气造成的实际危害和可

能的危害，迅速采取封闭、隔离、清洗等措施。对事故外溢的有害物质和可能对人或环境继续造成危害的物质，应及时组织人员清洗，消除危害。

④查清事故原因。事故发生后应及时调查事故发生原因和事故性质，判定事故危害范围和危害程度，按事故处理程序进行工作。

(4)编制要有整体性

预案涉及灭火、抢救、撤离、联络、物资供应、协调指挥等诸多环节，涉及车、机、工、电、辆、公安、消防、环保、应急医院等各部门，所以在编制预案时要考虑将这些分散在各系统、各部门的各种力量有效地组织起来，形成整体合力，最大限度地发挥整体效益。

三、应急救援预案演练

1. 演练的目的

进行应急救援演练的目的主要是检验预案、锻炼队伍、磨合机制。

(1)通过演习检验应急预案相关组织和人员对应急预案的熟悉程度，发现应急预案中存在的问题，以修改完善应急预案。

(2)通过演习锻炼队伍，提高应急相关人员的应急处置能力。

(3)通过演习分清相关各方的职责，改善不同机构、人员之间的沟通、协调。

2. 演练的任务

(1)发现、控制事故源。及时发现危险源头是演练应急预案的首要任务，及时、准确"发现"是"控制"的前提。

(2)戒严、禁火、断电。

(3)抢救受害人员。"人命关天"，抢救受害人员是演练事故应急预案的首要任务。在演练行动中，及时、有序、有效地进行现场急救与安全转送伤员是降低伤亡率、减少事故损失的关键。

(4)组织防护、撤离。指导组织现场人员采取各种措施进行自我防护，并向上风方向迅速撤离和转移。

(5)在事故发生 1 h 内发出"速报"，并根据事态发展和施救能力，向铁路局集团公司请示是否升级应急。

(6)控制事故源。按预案规定，施以正确的方法控制，消除事故。

(7)现场清洗，消除危害。对事故外逸的有害物质和可能对人和环境继续造成危害的物质，应由专业部门给予清除，防止对人和环境的污染。

(8)清查现场分析事故原因。按照"四不放过"的原则，对事故进行调查处理，真正找出原因，真正吸取教训，防止类似事故再次发生。

3. 演练的项目、规模、范围

(1)危险类型。要考虑两个因素：一是危险类型必须具体，如单项"火灾"或燃、爆、毒混合，同时确定发生事故的品名(如液化石油气泄漏)。

(2)确定风险程度。要选择那些易发事故和后果严重的事故类型。

(3)演练区域。选择危险易发生和采取应急响应合理的地点。

(4)真实程度。即指现场模拟的真实性，应尽量模拟发生事故的现场情景，如伤员的模拟、事故类型的模拟等。在透明、模拟演练的基础上慎重周密组织不事先通知的突然性演练。只有真正暴露出存在问题，才能够真正解决问题，最后才能真正实现演练的目的。

(5)演练规模。本着“从小到大，从单项到多项，从站段组织到铁路局集团公司组织，从路内组织到铁路、企业、地方有关部门的联合演练”的原则确定演练规模。

(6)任何演练都应做好“演练”中突发事件的“应急预案”，演练计划、组织、实施都应向铁路和地方政府有关部门请示、汇报，取得上级领导和专业机构的批评和指导。

4. 演练组织计划及实施要求

(1)成立专门的演练领导小组，并由主管领导负责，确定参加演练的人员组成。

(2)确定参加演练的部门及演练的时间、地点，并及时通知参加演练的工作人员。

(3)演练领导小组在演练前，充分做好准备，将演练所需的工具、器材、备品等准备完善。

(4)召开动员大会，明确演练过程中的安全要点，强调服从指挥，保证演练顺利安全完成。

5. 演练行动

在演练之初，必须根据事件的状况，按照预案中的规定，响应流程，列出希望参演人员做出的行动，演练行动的具体内容，在演练前应不让参演人员知道。

6. 演练的效果检查与预案修正

验证应急预案整体或关键性局部是否有效付诸实施。预案验证在应对可能出现的各种意外方面所具备的适应性、敏捷性、准确性，找出预案需要进一步完善和修改的地方。通过演练提高人员施救能力是演练的最终目的。

演练效果检查的主要项目是：

(1)领导小组的组织指挥能力。

(2)通信联络渠道的畅通程度。

(3)有关组织执行自己职责的熟练、可靠程度。

(4)参加单位和个人的协同作战能力。

(5)施救物资保障情况。

对应急预案演练的效果进行充分、有针对性的检查，发现应急救援预案中存在的问题，及时修订、完善。

7. 构建综合高效的应急救援体系

铁路危险货物运输事故应急救援是一项复杂的系统工程，应结合风险管理、运输方式特性、政府公共管理等多要素，在政策、规划、资源利用与管理等方面有效整合，明确铁路危险货物运输企业在救援中的地位和作用，制定各类危险化学品突发事故科学处置办法，提出一套切实可行的危险化学品运输事故分级响应、权责分明、各司其职、多方协调的救援程序，确保指挥统一、行动有序、配合密切，以实现提高应急救援能力、降低资源消耗和事故损失的目标。

8. 注重建设专业救援队伍

由于危险货物运输的特殊性，由非专业人员进行作业或处理事故会造成不必要的损失。危险货物运输专业化要求包括人员素质专业化和装备技术专业化。人员素质专业化方面，首先应重视从业人员尤其是一线装卸、押运等操作人员的培训，选择专业能力强的培训机构，统一培训的考核要求，统一考题库，同时运输企业与培训机构应加强合作、密切配合，保障人员培训质量；其次应制订详细的演练计划，强化事后的总结分析。技术装备专业化方面，除了各办理站、专用线配备必要的救援器材外，探索建立若干大型危险货物运输救援资源储备基地，做好前期救援规划，以满足事故救援动态性需求。

9. 探索事故救援社会化模式

事故救援作为一项公共事务，在我国一直由政府主导。铁路实施“政企分开”改革后，借鉴国外相关经验，考虑企业运营成本，铁路运输企业除了依靠自身力量规划应急资源外，还需要探索依靠化工生产企业，分类建立应急救援专业队伍，分别负责相应职权范围内的危险化学品运输事故救援，从而达到专业救援广泛覆盖常用大宗危险化学品货物类别的目的。组织危险货物运输企业与化工生产企业签订救援服务协议，救援后由危险货物运输企业给予化工生产企业等专业救援队伍经济和物资补偿。

高效的应急救援体系是保障运输安全、减少事故损失的重要手段。目前，国铁集团要求铁路各级部门制定事故应急预案，完善施救信息网络，做好与地方政府、消防、环保和疾控中心等部门的协调工作，相关运输企业则以签订协议的方式将管内危险化学品生产单位、专家、设备设施等纳入各自应急体系。危险货物理化特性复杂多样，其运输事故救援具有专业性，但由于缺乏相应协作机制，尤其在国铁集团和各铁路局集团公司不再具有行政手段的市场模式下，各单位应急处置时的共同行动，只是临时联合，缺乏可持续的组织化协同模式，救援效率没能有效发挥，救援资源尤其是专业的应急救援资源没能科学利用。

铁路实施“政企分开”改革使铁路危险货物运输的内外部环境发生深刻变革，政府、企业、第三方机构等部门及单位应理清职责定位、合力共为，在市场模式的新形势下，从事前安全监管和事后救援两个方面与时俱进、持续创新，不断加强专业队伍建设，提升专业技术水平，努力构建综合高效的应急救援体系，从而切实保障铁路危险货物运输安全。

四、常用应急救援设备设施及铁路应配备的救援设备

1. 常用应急救援设备设施

(1)监测、预警、报警、预防装备和监控设施：重大危险源监控系统、感温探测器、感光探测器、红外探测仪器、监测与监控技术及系统，防盗报警主机及配件，报警器，防盗报警系统及软件，其他火灾报警器，防雷产品，报警控制设备，公共广播系统，报警按钮及其他触发器件，其他报警设备等。

(2)救援工具及器械：液压扩张钳，液压剪，手动开门器，检水设备、检毒设备，粉尘毒物检测仪器，放射线和微波检测仪器，静电检测仪器，检验仪器及各种药品，系列测爆检测仪，破拆工具，起重机械，缓降器，呼吸器，脉冲水枪，消防撬棍，消防锤子，消防腰斧，消防钩，防爆铜锤，打捞工具等相关设备。

(3)救援辅助工具及设备：救生气垫，洗消用品，抽烟机，正压排烟机，救生安全绳，夜光导向绳，15 m 拉梯，30 m 救生软梯，液压开门器及无火花工具，网架式帐篷，强光灯，野外照明设备，触电保护设施，高空防坠落设备等。

(4)个体防护救援装备：防电磁波辐射产品，防毒面具，过滤式防护服及过滤式防毒面具，紧急冲淋/洗眼装置，靴套，口罩，耳塞，耳罩，安全带，避火服，轻型防化服，重型防化服等。

(5)救援医疗器械：手提出诊专用急救箱，综合急救箱，急救背囊，便携式呼吸器等。

(6)救援运输工具：消防车辆，急救车等。

2. 铁路应配备的应急救援设备

铁路局集团公司应配备的应急救援设备：铁路由于其特殊性，其应急救援设备涉及面更加广泛和复杂，各铁路局集团公司、站段要根据自己的实际(如是否局管内或段管内隧道较多、靠近水源等实际情况)配备相应的应急救援设备。常见的配备见表 5-2。

表 5-2　铁路应配备的应急救援设备

设备名称	技术说明	适用范围
正压式空气呼吸器	具有耐高温、阻燃、绝缘、防腐、防水、重量轻、气密性好等性能气瓶工作压力 30 MPa，背架应为高强度的非金属材料制成，面罩防结雾，一级减压阀输出端应具有他救接口，使用时间不得低于 45 min	用于现场作业时，对人体呼吸器官的防护装具，供作业人员在浓烟、毒气性气体或严重缺氧的环境中使用
强磁抢险堵漏工具	具有抢险速度快、耐受压力高、集粘贴、捆绑、磁压等多种功能于一身，易于携带、操作简单等技术特征。	用于亲磁性大型油气管路、危险化工产品的储罐、罐车发生泄漏事故时抢险所需
全防型滤毒罐	对有毒气体和蒸气、有毒颗粒及放射性粒子、细菌具有良好的过滤性能 NBC 防护标准储存期限不低于 5 年	用于危险场所呼吸保护与防毒面罩配套使用
消防报警机		用于机库、器材库及厂房内预报初期火灾，提示人员疏散
核放射探测仪	可自动声光报警、显示所检测射线的强度持续工作时间不少于 70 h	用于快速寻找并确定 α、β、γ 射线污染源的位置
可燃气体检测仪	可检测 10 种以上易燃易爆气体的体积浓度	用于检测事故现场易燃易爆气体
压缩氧自救器	具有防爆合格证和 MA 标志定量供氧量 1.2～1.6 L/min、通气阻力 196 Pa、吸气温度 45 ℃、手动补给 60 L/min、二氧化碳吸收剂用量 350 g、氧气瓶额定充气压力 20 MPa、排气阀开启压力 200～400 Pa	用于煤矿井下发生缺氧或在有毒有害气体环境中矿工佩用它可以自身逃生，也可供救护队员和其他工矿、企事业单位工作人员在缺氧和有毒有害气体环境下工作时使用
救护装备车	一般载重量在 5 t 以上，车身长在 4 m 以上；汽车性能应达到：爬坡度在 30% 以上；最小离地间隙在 220 mm 以上；行车速度在 120 km/h 以上	用于运送救护装备到达事故现场
正压氧气呼吸器	佩用时间不低于 4 h，有自动报警装置，佩全面罩或半面罩，面罩的清晰度好	用于救护人员进入事故现场佩戴，具有体积小、重量轻，佩用时间不低于 4 h，有自动报警装置，佩全面罩或半面罩，面罩的清晰度好，在矿井使用，证件齐全
泡沫消防车	一般发动机功率不低于 176 kW 消防泵流量不小于 50 L/s，射程不小于 60 m	用于扑救火灾
举高消防车	举升高度不低于 30 m，设供水管路及消防水炮，具有高空救援疏散、救人、化工装置油罐高空灭火功能	用于高空灭火救援作业
抢险救援消防车	具备防护、破拆、发电、照明、排烟、救援等功能	用于抢险救援作业
干粉泡沫联用消防车	一般发动机功率不低于 132 kW，充装干粉总重量 1 000 kg 以上，惰性气体驱动，驱动压力不小于 12 kPa，可以间断发射，干粉射程大于 25 m	用于扑救火灾
救灾移动通信电话	1. 采用低频无线传输 2. 通信距离：(1)地面无管路传输 50 m；(2)在小断面的巷道中，通信范围 500～800 m 3. 温度范围：0～40 ℃	用于相互通信
拖车式移动炮	流量不低于 200 L/s，射程≥90 m	用于扑救油类等火灾
防化救援消防车	一般发动机功率不低于 191 kW，配备高压或中(低)压消防泵、自动加温不锈钢车载无压锅炉、道路洗消装置、喷刷洗消装置、残液收集装置、吸粉、吸液装置、消毒剂搅拌装置、大容积器材箱等，可进行低压、中压和高压洗消或分别进行低压、中压、高压灭火和高低压联用灭火，水泵出口压力/流量 1.0 MPa/40 L/s、2.0 MPa/30 L/s、4.0 MPa/40 L/s，水炮射程不小于 50 m	用于化学灾害事故现场救援作业具备常见化学灾害事故处置和救援功能

续上表

设备名称	技术说明	适用范围
高喷消防车	举升高度 20 m 以上，消防水炮额定流量不低于 30 L/s，射程不低于 45 m	用于举高灭火作业
排烟消防车	发动机功率不低于 118 kW，排烟量不低于 50 000 m^3/h	月于现场送风、排烟作业
水罐消防车	配全工况或高低压、中低压车载泵，水罐容量不低于 5 500 L，具有较大的器材空间，最远供水距离不小于 800 m	用于火灾扑救和现场洗消等
路轨两用消防车	发动机功率为 300 kW，车辆底盘加装有轨道及路轨转换系统，驾驶室装有室外温度显示，红外摄像仪记录装置，车顶及前保险杠装有遥控水炮，配备高低压水泵，出口压力/流量分别为低压 1 MPa/3 000 L/min、高压 4 MPa/30 L/min	用于地铁、城市轻轨列车灾害事故的灭火救援
消防员呼救器	具备防水、防爆、耐挤压、耐高温等性能，静止报警时间 20～30 s，报警响声大于 95 dB，电源可连续使用不低于 5 h	用于消防员遇险报警
气体检测仪	气体检测仪是用来检测环境中可燃气体或有毒气体的仪表，分为泵吸式、扩散式和混合式三种；按检测气种可分为单一气体检测仪和多功能气体检测仪	用于事故现场探测气体作业具备自动识别、防水、防爆性能能探测有毒、有害气体及氧含量
氧气呼吸器	具有耐高温、阻燃、防腐、防水、气密性好、内部冷却、使用时间长等性能闭路式呼吸供气系统，由全封闭式面罩、供/排气软管、高压氧气气瓶、减压装置、气体反应室、专用药剂及保护箱组成，使用时间 2～4 h	用于现场作业呼吸保护
应急救援抢险列车	适应铁路任何地方（如隧道内）救援和抢险	铁路自然灾害、事故抢险救援
隔离式自救器	防护时间 45 min；氧气瓶容积＞0.3 L；氧气瓶充填压力≥20 MPa；储氧量≥80 L	适用于环境空气中发生有毒有害气体污染及缺氧时为佩戴者提供 45 min 清洁氧气，供使用者迅速撤离事故现场的救生防护设施
消防救护车	汽车性能应达到：爬坡度在 30% 以上；最小离地间隙在 220 mm 以上；行车速度在 120 km/h 以上；配通信系统、警灯警报装置和野营帐篷	用于抢救受伤人员

第四节　典型事故应急处置

一、爆炸品事故应急处置

(1)迅速判断和查明再次发生爆炸的可能性和应急性，紧紧抓住爆炸后和再次爆炸之前的有利时机，采取一切可能的措施，全力制止再次爆炸的发生。

(2)切忌用砂土盖压，以免增强爆炸物品爆炸时的威力。

(3)如果有疏散可能，人身安全应有可靠保障，应迅速组织力量及时疏散着火区域周围的爆炸物品，使着火区域周围形成一个隔离带。

(4)扑救爆炸物品堆垛时，水流应采用吊射，避免强力水流直接冲击堆垛，以免堆垛倒塌引起再次爆炸。

(5)灭火人员应尽量利用现场现成的掩蔽堤或尽量采用卧姿等低姿射水，尽可能地采用自我保护措施。消防车辆不要采用靠近爆炸品太近的水源。

(6)灭火人员发现存在发生再次爆炸的危险时,应立即向现场指挥报告,现场指挥应迅速做出准确判断,确有发生爆炸征兆或危险时,应立即下达撤退命令。灭火人员看到或听到撤退信号后,应迅速撤离至安全地带,来不及时,应就地卧倒。

二、压缩或液化气体事故应急处置

(1)扑救气体事故切忌盲目扑灭火势,即使在扑救以及冷却进程中不小心把漏处的火焰扑灭了,在没有采取堵漏的措施下,也必须立即用长点火棒将火点燃,使其恢复稳定燃烧;否则,大量可燃气体泄漏出去与空气混合遇着火就会发生爆炸,后果将不堪设想。

(2)首先应扑灭外部被火源引燃的可燃物火势。切断火势蔓延途径,控制燃烧范围,并积极抢救受伤和被困人员。

(3)如果火势中有受到火焰辐射威胁的压力容器,能疏散可尽量在水枪的掩护下疏散到安全地带,不能疏散到安全地带的应部署足够的水枪进行保护。为防止容器爆裂伤人,进行冷却的人员应尽量选择低姿射水或利用现场坚实的掩蔽体保护。对卧式储罐,冷却人员应选择储罐四侧角作为射水阵地。

(4)如果是输气管道泄漏着火,应设法找到气源阀门,阀门关闭好以后,只要关闭气体的进出阀门,火势就会自动熄灭。

(5)储罐或管道泄漏关闭无效时,应根据火势判断气体压力和泄漏口的大小及形状,准备好相应的堵漏材料(如软木塞、橡皮塞、气囊塞、胶黏剂、弯道工具)等。

(6)堵漏工作准备就绪后,即可用水扑灭火势,也可用干粉、二氧化碳、卤代烷烃灭火,但仍需用水冷却烧烫的罐或罐壁。火扑灭时,应立即用堵塞材料堵漏,同时用雾状水稀释和驱散出来的气体。

(7)一般情况下完成了堵漏也就完成了灭火工作,但有时一次堵漏不一定成功,如果一次堵漏失败,再次堵漏需一定时间,应立即用长点火棒将泄漏处点燃,使其恢复稳定燃烧,以防止较长时间泄漏出来的大量可燃性气体与空气混合后,形成爆炸性混合物,从而潜伏发生爆炸的危险,并准备再次灭火堵漏。

(8)如果确认漏口非常大,根本无法堵漏,只需要冷却着火容器及其周围容器和可燃物品,控制着火范围,直到燃气燃尽,火势自动熄灭。

(9)现场指挥应密切注意各种危险征兆,遇有火势熄灭后较长时间未能恢复稳定燃烧或受辐射的容器安全阀变亮、耀眼、尖叫、晃动等爆裂征兆时,指挥员必须适时作出准确判断,及时下达撤退命令。现场人员看到或听到事先规定的撤退信号后,应迅速撤退至安全地带。

(10)气体储罐或管道阀门处泄漏着火时,在特殊情况下,只要判断阀门有效,也可违反常规,先扑灭火势,再关闭阀门。一旦发现关闭无效,一时又无法堵漏时,应迅速点燃,恢复稳定燃烧。

三、易燃液体事故应急处置

(1)首先应切断火势蔓延的途径,冷却和疏散受火势威胁的压力及密闭容器和可燃物,控制燃烧范围,并积极抢救受伤和被控人员。如有液体流淌时,应筑堤(或用围油栏)拦截流淌的易燃液体或挖沟导流。

(2)及时了解和掌握着火液体的品名、密度、水溶性以及有无毒害、腐蚀、沸溢、喷溅等危险性,以便采取相应的防护措施。

(3)对较大的储罐或流淌事故,应准确判断着火面积。小面积(一般 10 m^2 以内)液体事故,一般可用雾状水扑灭,用泡沫、干粉、二氧化碳、卤代烃烷(1222,1301)灭火一般更有意义。大面积事故则必须根据其相对密度、水溶性和燃烧面积大小,选择正确的灭火剂扑救。

(4)扑救原油和重油等具有沸溢和喷溅危险的火灾事故,如有条件,可采用氟蛋白泡沫液下喷射灭火方法进行扑救。在灭火同时必须注意计算可能发生沸溢、喷溅的时间,观察是否有沸溢、喷溅的征兆。指挥员发现危险征兆时应迅速做出准确判断,及时下达撤退命令,避免造成人员伤亡和装备损失。扑救人员看到或听到统一撤退信号后,应立即撤退至安全地带。

(5)遇易燃液体管道或储罐泄漏着火,在切断蔓延把火势限制在一定范围内的同时,对输送管道应设法找到并关闭进、出阀门。先用泡沫、干粉、二氧化碳或雾状水等扑灭地上的流淌火焰,为堵漏扫清障碍,其次再扑灭泄漏口火焰,并迅速采取堵漏措施。与气体堵漏不同的是,液体一次堵漏失败,可连续堵几次。只要用泡沫覆盖地面,并堵住液体流淌和控制好周围的火源,不必点燃泄漏口的液体。

四、易燃固体、自燃物品事故应急处置

(1)2,4—二硝基苯甲醚、二硝基萘、萘等能升华的易燃固体,受热发出易燃蒸气,火灾时可用雾状水、泡沫扑救并切断火势蔓延途径。但应注意,不能以为明火扑灭即已完成灭火工作,因为受热以后升华的易燃蒸气能在不知不觉中飘逸,在上层与空气形成爆炸性混合物,尤其是在室内,易发生爆燃。因此,扑救这类物品火灾千万不能被假象所迷惑。在扑救过程中应不时向燃烧区域上空及周围喷射雾状水,并用水浇灭燃烧区域及其周围的一切火源。

(2)黄磷是自燃点很低,在空气中能很快氧化升温并自燃的自燃物品。遇黄磷火灾时,首先应切断火势蔓延途径,控制燃烧范围。对着火的黄磷应用低压水或雾状水扑救。高压直流水冲击能引起黄磷飞溅,导致灾害扩大。黄磷熔融液体流淌时,应用泥土、沙袋等筑堤拦截并用雾状水冷却,对磷块和冷却后已固化的黄磷,应用钳子钳入储水容器中,来不及钳时可先用沙土掩盖,但应做好标记,等火势扑灭后,再逐步集中到储水容器中。

(3)少数易燃固体和自燃物品不能用水和泡沫扑救,如三硫化二磷、铝粉、烷基铝、保险粉等,应根据具体情况区别处理,宜选用干砂和不用压力喷射的干粉扑救。

五、遇湿易燃物品事故应急处置

(1)首先应了解清楚遇湿易燃物品的品名、数量,是否与其他物品混存,燃烧范围,火势蔓延途径。

(2)如果只有极少量(一般 50 g 以内)遇湿易燃物品,则不管是否与其他物品混存,仍可用大量的水或泡沫扑救。水或泡沫刚接触着火点时,短时间内可能会使火势增大,但少量遇湿易燃物品燃尽后,火势很快就会熄灭或减少。

(3)如果遇湿易燃物品数量较多,且未与其他物品混存,则绝对禁止用水或泡沫等湿性灭火剂扑救。遇湿易燃物品应用干粉、二氧化碳扑救,只有金属钾、钠、铝、镁等个别物品用二氧

化碳无效。固体遇湿易燃物品应用水泥、干砂、干粉、硅藻土和蛭石等覆盖。水泥是扑救固体遇湿易燃物品火灾比较容易得到的灭火剂。对遇湿易燃物品中的粉尘如镁粉、铝粉等,切忌喷射有压力的灭火剂,以防止将粉尘吹扬起来,与空气形成爆炸性混合物而导致爆炸发生。

(4)如果有较多的遇湿易燃物品与其他物品混存,则应先查明是哪类物品着火,遇湿易燃物品的包装是否损坏,可先用开关水枪向着火点吊射少量的水进行试探,如未见火势明显增大,证明遇湿易燃物品尚未着火,包装也未损坏,应立即用大量水或泡沫扑救,扑灭火势后立即组织力量将淋过水或仍在潮湿区域的遇湿易燃物品疏散到安全地带分散开来。如射水试探后火势明显增大,则证明遇湿易燃物品已经着火且包装已经损坏,应禁止用水、泡沫、酸碱灭火器扑救,若是液体应使用干粉等灭火剂扑救,若是固体应使用水泥、干沙等覆盖,如遇钾、钠、铝轻金属发生事故,最好用石磨粉、氧化钠以及专用的轻金属灭火剂扑救。

(5)如果其他物品事故威胁到相邻的较多遇湿易燃物品,应先用油布或塑料膜等其他防水布将遇湿易燃物品遮盖好,然后再在上面盖上棉被并淋水。如果遇湿易燃物品堆放地势不太高,可在其周围用土筑一道防水堤。在用水或泡沫扑救事故时,对相邻的遇湿易燃物品应留有一定的力量监护。

六、氧化剂和有机过氧化物事故应急处置

(1)迅速查明着火或反应的氧化剂和有机过氧化物以及其他燃烧物的品名、数量、主要危险特性、燃烧范围、火势蔓延途径,能否用水或泡沫扑救。

(2)能用水或泡沫扑救时,应尽一切可能切断火势蔓延,使着火区孤立,限制燃烧范围,同时应积极抢救受伤和被困人员。

(3)不能用水、泡沫、二氧化碳扑救时,应用干粉或用水泥、干沙覆盖。用水泥、干沙覆盖应先从着火区域四周,尤其是从火势主要蔓延方向覆盖起,形成孤立火势的隔离带,然后逐步向着火点进逼。

七、毒害品、腐蚀品事故应急处置

(1)灭火人员必须穿着防护服,佩戴防护面具。一般情况下采取全身防护即可,对有特殊要求的物品火灾,应使用专用防护服,考虑到过滤式的防毒面具防毒范围的局限性,在扑救毒害品火灾时应尽量使用隔绝式氧气或空气面具。为了在火场上能正确使用和适应,平时应进行严格的适应性训练。

(2)积极抢救受伤和被困人员,限制燃烧范围。毒害品,腐蚀品火灾极易造成人员伤亡,灭火人员在采取防护措施后,应立即投入寻找和抢救受伤,被困人员的工作,并努力限制燃烧范围。

(3)扑救时应尽量使用低压水流或雾状水,避免腐蚀品,毒害品溅出。

(4)遇毒害品、腐蚀品容器泄漏,在扑灭火势后应采取堵漏措施。腐蚀品需用防腐材料堵漏。

(5)浓硫酸遇水能放出大量的热,会导致沸腾飞溅,需特别注意防护。扑救时浓硫酸与其他可燃物品接触发生的火灾,浓硫酸数量不多时,可用大量低压水快速扑救。如果浓硫酸量很大,应先用二氧化碳、干粉等灭火,然后再把着火物与浓硫酸分开。

八、放射性物质事故应急处置

(1)先派出若干人员携带放射性测试仪器,测试辐射(剂)量和范围。测试人员尽可能地采用防护措施,对辐射(剂)量超过0.0387 C/kg的区域,应设置写有“危及生命,禁止进入”的文字说明警告标志牌。对辐射(剂)量小于0.03 87C/kg的区域,应设置写有“辐射危险,请勿接近”的警告标志牌,测试人员还应进行不间断巡回监测。

(2)对辐射剂量超过0.0387 C/kg的区域,灭火人员不能深入辐射源纵深灭火进攻。对辐射(剂)量小于0.0387 C/kg的区域,可快速用水灭火或用泡沫、二氧化碳、干粉扑救,并积极抢救受伤人员。

(3)对燃烧现场包装没有破坏的放射性物品,可在水枪的掩护下佩戴防护装备,设法疏散。无法疏散时应就地冷却保护,停止造成新的破坏,增加辐射(剂)量。

(4)对已破坏的容器切忌搬动或用水流冲击,以防止放射性污染范围扩大。

第五节　铁路危险货物常发事故的原因分析及防止措施

危险货物发生事故的原因,除了货物本身客观存在的“内因”外,在铁路运输的全过程中,由于“外因”条件(环境)的影响,造成爆炸、火灾、中毒、腐蚀事故以及爆炸品、剧毒品、放射性物品丢失和罐车泄露等事故已不为鲜。外因条件的影响,情况十分复杂,通过事故案例的叙述,进行较为客观的原因分析并提出防止措施是避免危险货物事故发生的有效手段。

一、超载、超装

1. 事故表现形式及原因分析

(1)敞、棚车及非气体罐车装载重量超过货车标记载重量(超载)。气体类罐车充装量超过车辆最大允许装载量。敞车装载危险货物时,虽未超过货车标记载重,但超过了敞车装载限界的要求(超装)。

(2)危险货物超载、超装现象,多发生在罐车装车中,对非气体液体货物规定容积高限95%和低限83%的规定执行不严;气体类罐车的允许装载量计算和罐车标记载重未确认,空、重车过衡失真;罐车计量合格取证过期等。

2. 事故案例

1996年5月22日,某公司由营口鲅鱼圈港进口的丁烯-1(32辆罐车装运),装车时未按规定允许装载量装车(充装系数0.5),每辆车超装4 t,造成当日16:08在某站两辆车安全阀起跳,丁烯大量泄漏,严重影响站内作业,经全力抢救,避免了严重后果。

3. 防止措施

(1)危险货物不得增载。

(2)充装液态危险货物的容器,至少留有5%的余量,以备货物受热膨胀。

(3)充装非气体液体危险货物时,要符合非气体类危险货物罐车充装量的确定方法,即体积符合允许充装体积:$0.83V_{标} \leqslant V_{许装} \leqslant 0.95V_{标}$,允许充装重量符合$W=\rho \cdot V_{许装} \leqslant P_{标}$。

(4)充装气体液体危险货物时,要符合气体类危险货物罐车充装量的计量及确定方法。

二、包装质量差

1. 事故表现形式及原因分析

(1)危险货物实行包装定点生产和定点检测以来,情况大有好转。但托运人在一味降低包装成本的心态下,以次充好,加之检测抽样等环节把关不严,甚至漏检。有的送检包装与实际包装不一致。

(2)承运包装检查不细、不严,破、漏、低劣包装夹带装车。

(3)因包装材料品种日渐增多,用优质、低价、环保、易加工材料进行包装改进是发展趋势,但"试用包装"量大、频繁,有的试用到期无果,有的遥遥无期。

(4)包装质量的重点问题是气密、液密、牢固封口达不到要求,沙眼、卷边、缝针密度、经纬密度、防水、衬垫问题较多。

2. 事故案例

(1)某站货场危库接卸他站发粗苯(32051)一车18t,货物包装为50kg铁桶,车辆两端1~2层码垛,卸车前发现粗苯渗漏严重,车内气味很大,决定采用叉车作业。当叉车进入车厢后,起叉过程中一声巨响,车体炸毁,一团大火烧起,危及全库区安全,后经消防灭火,历时3h方得平息。车辆大破、钢轨歪曲、仓库一座燃火,叉车烧毁掉入道心,司机及车内码盘工人一名失踪,后经查证,亡于火海之中。

事故原因:发站包装检查不严,封口、卷边未达到液密,部分旧桶有沙眼;卸车作业前未保证通风时间;易燃蒸气达到爆炸极限,叉车起动打火(电瓶叉车)引起爆炸。

(2)2000年7月7日,某站发电石5车,其中1辆装载20英尺集装箱(另4辆为棚车),在途中某站发生爆炸。事故原因为托运人使用旧铁桶包装,且未安装呼吸阀。在此之前(1991~1992年)另外两个车站发电石桶均因呼吸阀倒置,卸车时炸伤1人,炸死1人。

3. 防止措施

(1)定点生产、检测试验。危险货物包装应由取得工业产品生产许可证(列入国家实行生产许可证制度工业产品目录的包装)的企业生产,除符合国家有关标准外,还应符合"铁路危险货物运输包装性能试验规定"和"铁路危险货物运输包装性能试验要求和合格标准",并经国家质量监督检验检疫部门认定的检验机构检验合格,出具包装检验报告。包装检验机构对检验结果负责。

(2)严格包装承运检查。危险货物受理、承运、装卸车、保管作业中均要进行包装检查,严格审验包装检测证明,严格执行《包装表》的规定。

(3)认真执行改变包装有关规定,遵守有关改变包装的申请、审查、批准、试用规定。

(4)认真查看"特殊规定"。《品名表》"特殊规定"中对该品名包装的特殊要求,在"特殊规定"的77项中,直接关系包装要求的有30项之多。

三、车辆技术状态不良

1. 事故表现形式及原因分析

(1)车种与货种不符,代用控制不严。因棚车紧缺、木(铁)底板车选型严格,罐车更换介质,购车周期长,旧车过户多等原因造成配车困难,发生车辆使用违反规定的现象。

(2)检修过期,扣修未修,有车就装。

(3)棚车透光,门窗失灵,该衬未衬,该洗未洗。

(4)罐车人孔盖胶(铅)垫及螺栓丧失功能,罐体跑冒滴漏,特别是液化气罐车安全附件阀(表)座密封不严,安全阀失灵。

(5)检修车质量差。检修报告有记载,检验合格无问题,但短期内问题又发。

(6)罐体外观标记涂打不规范,"补丁"遍体,或有带无色,或模糊不清。

2. 事故案例

2005 年 4 月 4 日～28 日,全路连续发生四起液化气罐车泄漏事故。

(1)某厂大修的四辆罐车,在玉门油田分公司首次充装待运期间,8 个内置式安全阀,其中 7 个弹簧折断,导致整定压力失效,造成泄漏。

(2)一辆途经某站的液化气罐车发生泄漏,经车站启动应急预案,牵送该车至无电网区段,戒严防护,登车封堵,卸车倒装等措施,泄漏得到妥善处理。经查事故为压力表与罐体螺纹连接折断所致。

(3)某站在调车作业中发现一列机后 25 位 $G_{0916227}$ 车轮对上部罐体有渗漏痕迹,经启动应急预案,公安、保安、车站货装人员到场警戒防护,避免了严重后果发生。经核实,该车装苯胺(61746),罐体封头虚焊、沙眼导致事故。

(4)某途中货检站作业时发现一辆途经危货车装载二甲苯(33533)泄漏,原因为罐体虚焊和沙眼所致。

3. 防止措施

(1)危险货物限使用棚车装运,严格控制车种代用。有关品名装运时,改变车种的条件按"特殊规定"的要求办理,涉及的主要"特殊规定"有 11 项(2、4、22、26、27、29、31、53、66、73、74)。

(2)特别关注爆炸品、硝酸铵、氯酸钠、氯酸钾、黄磷和钢桶包装的一级易燃液体及毒性物质的车辆使用要求。

(3)装车作业前必须认真检查车种、车型与所装货物的适应性,检查车辆状态及检修周期是否过期。

(4)提高新造车辆及旧车检修质量,严格自备车(箱)技术审查程序和审查质量。

(5)重视罐车特别是液化气体罐车装车前的车况检查和液化气罐车"小修检查",走行部、罐体及各安全附件等均处要于良好状态。

四、作业违章

1. 事故表现形式及原因分析

(1)受理、承运把关不严,违反办理限制、证件不全,运单对"托运人记事"栏填写内容不全、不规范。

(2)装卸作业事故多发,主要表现在车前会监装卸未做传达或简化,卸车前通风时间不足,工具打火,消防器具不带或不全、错带。

(3)调车、编组作业对"禁止溜放""限速连挂""编组隔离""停止制动""连挂车组"的规定执行不严格,有的是货运部门错填、错插。

(4)途中作业,一、二、六类规定的押运员,有的不穿马甲、不带用具、应急处理能力差,货检员双人双检、车前会签制度未落实。

2. 事故案例

(1)某站装运硫酸二甲酯一车,卸车站装卸派班由家属工组担当卸车,工组打开车门即卸,10 min 内二人中毒,造成伤亡事故。经核实发生该事故原因有四:一是未固定班组作业,而是采取与普通货物打通派班方式,家属工对危险货物了解甚少;二是监装卸货运员未认真传达注意事项,盲目作业;三是未在作业前打开车门窗通风,工组抢卸后急于再去卸煤赚钱;四是货物包装有渗漏,使剧毒气体浓度超标,又未使用防毒用品。

(2)某站因调车失误,违反禁溜、限速规定,将陶瓷坛包装的一车硝酸冲撞,使硝酸坛破裂,硝酸与半透笼木箱和车辆木底板接触发热起火,引起一车硝酸坛相继爆裂。火灾发生后,近百人前往救火,因不明硝酸性质,现场混乱,当时无事故应急预案,众多人进入流淌硝酸的道心,当即灼伤,后所幸将着火车辆拉出上空高压线区,未造成更大损失。事故使数十人住院治疗,严重者失去双脚,终生以轮椅为伴。

3. 防止措施

(1)受理、承运务必查验托运人(经办人)全部证件,严格控制禁止运输及其他运输条件,审核运单注意"四个统一"的要求,把好"铁大门"。

(2)装卸作业要遵守作业标准,执行货物装、卸前后的货物、车辆、安全"三查"。

(3)调车作业中要遵守"禁止溜放""限速连挂""停止制动""编组隔离""成组连挂不得拆解"的规定。

(4)危险货物各项作业要严格实行签认制度。

五、托运人匿报谎报品名

1. 事故表现形式及原因分析

(1)匿报。托运人为达到铁路承运目的,将货物的特性,真实的危险性,危险成分含量或浓度、含水量等隐匿未报,车站受理承运未认真查出,或提供不符合规定的检验报告,车站受理承运未查出,造成误承运。

(2)谎报。托运人为摆脱铁路运输有关规定的限制或谋图降低运费,或为了尽早承运发运,或为了配车方便等达到铁路承运的目的,有意撒谎、捏造,以非危险货物的品名冒充代替危险货物。

2. 事故案例

(1)2005 年 12 月 30 日,某站承运一批可挥发性聚苯乙烯珠粒料(41057),因托运人匿报货物危险性含量,车站受理把关不严,违反该货物含石油醚不超过 9%的规定,车辆运输中不断挥发的易燃石油醚气体在货物内外包装塑料袋摩擦产生静电的作用下,在中途站发生火灾事故。

(2)2005 年 2 月 9 日,某站发运一辆"铬铁"(敞车装载),在途中发生火灾事故,经 2 h 施救,控制火势。火灾烧毁苫盖篷布,车辆严重受损。经查,该事故是因托运人谎报品名所致,该货实为硅铁(43505),遇水产生易燃气体,积热而燃烧。

托运人匿报、谎报品名曾发生的事故见表 5-3。

表 5-3　托运人匿报、谎报品名事故案例

时间	匿报、谎报品名	实际危险货物品名
1993 年	醋酸钠	丙酮
1995 年	聚氨酯	四乙基铅
1995 年	工业棕油	甲基吡咯酮
1996 年	桐油	亚氯酸钠
2000 年	水玻璃	苯乙烯(混)

3. 防止措施

(1)认真审核托运人出示的基本"三证"和气体押运的附加"三证",注意托运人登记表中批准办理的货物类别(品名),务必对照品名表检查运单填写的实际品名;注意品名所包含的浓度、危险成分限量、含水量等限定条件。

(2)《品名表》中未列载的新品名必须经过具有国家规定资质条件且业务范围涵盖铁路运输、危险化学品等相关领域的机构鉴定。

(3)根据《品名表》的"特殊规定",确认危险货物可按普通货物条件运输的限制条件."特殊规定"中涉及在一定条件下危险货物可按普通货物条件运输的有 10 项(12、14、23、36、38、44、50、57、60、61)。《品名表》中未列出运输条件的,按《危规》相应的特殊规定办理。

(4)根据《品名表》"特殊规定"第 15、51、71 项,确认禁止运输的货物。

(5)知法、懂法、依法,对弄虚作假、违反规定进行托运、承运的按《危规》规定严肃处理。

六、押运人失职

1. 事故表现形式及原因分析

(1)押运员装车不在现场,对押运的车辆和装载状态不详。液化气押运员"小修检查"未检或走过场,盲目出乘。

(2)未能严格遵守"全程押运"的规定,有的押运人数不足,有的漏乘,有的缺乘。

(3)防护、维修、消防、通信、检测、备件、照明等工具和用品携带不全,有的企业对押运员的装备十分简陋。

(4)有的押运员对所押运货物的特性和安全防护、应急常识知之甚少,更缺乏施救能力。

(5)有的液化气押运员"培训合格证"和"押运员证"复审过期,有的甚至是无证押运、代证押运。

(6)全程押运登记"运行记录"简化,有补签、漏签、代签现象,有的车前会签找不到货检员。

2. 事故案例

1996 年 3 月 13 日,某站装运液化石油气两车,在途中严重泄漏。经查两车无一人押运,罐车无色带标志,每车超装 5 t 之多。在此之前,该站于同年 1 月 11 日发运三车液化石油气,在途中站三车相继安全阀泄漏,经全力抢救,幸免重大火灾、爆炸事故,经查三车只派一人押运,且未经过培训。

3. 防止措施

(1)爆炸品、剧毒品、液化气危险性大,押运员责任重大,思想、文化、专业、身体素质要求高,相关企业要选配能胜任此项工作的人员。

(2)严格押运员培训,从理论和实作两方面入手,提高培训质量,严把"取证关"。

(3)落实押运区段签认负责制,保证押运人数。

(4)危险货物押运员要做到以下十项要求:

①认真学习规章,做到持证上岗。

②了解铁路常识,熟悉货物车辆。

③确保押运人数,依据危规规范。

④着穿黄色马甲,携带用具护防。

⑤严禁吸烟生火,不得违纪脱岗。

⑥途中运行记录,车前签认不忘。

⑦注意禁溜限速,注意隔离不当。

⑧遇有突发事件,启动预案不慌。

⑨到站到卸签认,手续齐全返厂。

⑩珍惜押运岗位,维护良好形象。

七、被盗、丢失

1. 事故表现形式及原因分析

(1)码垛不整齐,点件不清楚,交接不签认。

(2)保管制度不严,规定的剧毒品双人加锁保管、作业公安在场、施行信息跟踪等还缺乏落实。

(3)个别地区社会治安有问题,加之铁路管理有漏洞,使不法分子有可乘之机。

2. 事故案例

(1)1995 年 12 月 15 日,某站 5 桶(250 kg)氰化钠被盗。

(2)1996 年 3 月 6 日,某站在交付无机剧毒品三氧化二砷时,发现短少一桶(50 kg),经查,该批货物共 800 件 40 t,卸时封印完好,点件正确,但因未存入仓库并加锁,而置于露天并未苫盖篷布而被盗丢失。

(3)2001 年 1 月 8 日,某站发 60 件 3 t 氰化钠,到站卸时发现其中 3 件 150 kg 被盗。经过对发到站、发收货人及沿途各站调查,发站违规按零担办理,中途不制止,到站发现破封未及时报告。

3. 防止措施

(1)装车前务必检查车辆门、窗、锁闭装置完好,卸前检查封印及车内装载状态。

(2)货物定型码垛,认真点件交接、签认。

(3)坚持有关剧毒品的特殊运输条件和安全要求,真正做到"票据有标记、保管有制度、装卸有公安、沿途有检查、设施有保障、作业有签认,信息有跟踪"。

(4)配合地方政府,加大《铁路法》和有关"爱路""护路"的宣传力度,维护社会治安秩序。

八、托运人条件欠充分

1. 事故表现形式及原因分析

(1)危险货物办理站及专用线(专用铁路)的地理位置随城市化推进而面临严重考验。有的老专用线几易其主,由普通货物装卸线改造(加栈桥)而成;有的临时加线、延线,非具长期性;有的多家布线,储罐林立,各自一方,城市规划的长期性与企业急功近利的短视性有矛盾。

(2)设施、设备简陋,有的单位领导重收入轻投入,如仓库距"八防"的要求差距不小,现代化报警、自动灭火、检(监)测、个人防护等设备和用品种类单一,数量不足。

(3)企业招聘制条件下,危险货物从业人员队伍很不稳定,整体水平有下降,培训难度大。人员更替频繁,组织培训取证难度大。

(4)地方安全评价专业机构对铁路危险货物运输安全作出了贡献,但相当一部分专用线对评价单位提出的建议未整改,评价中铁路运输涉及少、标准不一致,项目欠齐全。

(5)制度建设滞后。不少企业和一部分车站仍是“老办法”,制度建设未跟上;有的制度、规定针对性不强,“细则”不细;安全协议、共用协议、运输协议千家一面,填空盖章。在制度的科学性、针对性、可操作性等方面亟须加强。

2. 防止措施

(1)严格执行《危规》关于办理站、危险货物专用线(专用铁路)办理危险货物的规定。

(2)对现有站、线进行有计划地安检、安评,按《危规》规定,对不符合要求的进行调整。

(3)铁路危险货物运输各相关单位(部门)应建立健全危险货物运输安全例会制度,针对存在问题,制定整改措施,不断提高危险货物运输管理水平。应建立和完善安全责任追究制度,对危险货物运输中发生的各种问题,按照“事故原因未查清不放过,事故责任者未处理不放过,整改措施未落实不放过,事故教训未吸取不放过”的原则,查明原因,追究责任,吸取教训,防微杜渐。

运输单位应当建立健全危险货物运输安全管理、岗位安全责任、教育培训、安全检查和隐患排查治理、安全投入保障、劳动保护、应急管理等制度,完善危险货物包装、装卸、押运、运输等操作规程和标准化作业管理办法。

复习思考题

1. 什么是预防预警?共分哪几个级别?各用什么颜色表示?
2. 什么是应急响应?各级应急响应的处理权限是怎样规定的?
3. 图示铁路局集团公司应急施救网络系统图。
4. 比照铁路局集团公司应急响应流程,绘制车站应急响应流程图。
5. 事故速报的内容有哪些?速报程序是什么?
6. 站段编制事故应急预案的原则和要求是什么?
7. 事故应急预案演练的任务和方法是什么?
8. 什么是事故应急预案和施救信息网络?
9. 简述编制事故应急预案和施救信息网络的意义。
10. 铁路危险货物运输应急预案的指导思想是什么?
11. 简述铁路危险货物运输应急预案总体框架。
12. 简述应急救援相关组成部门及职责。
13. 图示铁路局集团公司应急响应流程图。
14. 铁路应急预案响应等级及标准是什么?
15. 以铁路局集团公司为例简述应急施救信息网络。
16. 应急预案编制的基本原则和要求是什么?
17. 爆炸品应急处置的基本对策是什么?
18. 液化气应急处置的基本对策有哪些?

19. 易燃液体发生事故应怎样应急处置?

20. 简述腐蚀、毒害品应急处置的基本对策。

21. 应急预案编制的步骤与方法是什么?

22. 以站段为例简述应急预案编制的注意事项。

23. 应急救援预案演练的基本任务是什么?

24. 铁路常见应急救援设备有哪些?

25. 通过应急预案演练实例,你认为搞好演练应注意什么?

26. 铁路危险货物常发事故的原因有哪些?

27. 简述违章作业的表现和防止措施。

第六章　铁路危险货物运输安全管理及监控系统

铁路已开发建设了货运安全保障体系五大子系统，包括铁路危险货物运输安全管理及监控系统、货运计量安全检测监控系统、货检站安全集中监控系统、货运站(专用线、专用铁路)安全集中监控系统、铁路货运安全规章文电信息管理系统，它们已成为站段货运作业的核心技术手段、铁路局货运安全管理的重要依靠、国铁集团货运安全监管与决策的主要工具，在货运安全管理中发挥着重要作用。

目前，铁路危险货物运输管理信息系统有铁路危险货物运输安全监控系统、铁路剧毒品运输追踪系统、铁路危险货物办理限制查询系统等。

铁路危险货物运输各相关单位(部门)应积极推进铁路危险货物运输现代科技手段的开发和应用，充分运用铁路危险货物运输安全管理及监控系统实现危险货物运输源头控制、过程控制、在途控制、综合管理和风险控制。

第一节　系统概况

一、系统建设目标

(1)以先进的科技理论和管理概念、严密完善的规章体系、强有力的技术支撑体系、安全可靠的信息网络和现代化技术，规范强化铁路货物运输安全管理工作，全面提高危险货物运输安全水平。

(2)以全路危险货物办理站为基础，采用先进的计算机网络技术及信息处理与集成技术，对危险货物运输办理的源头信息采集和对不同岗位作业特点的危险货物办理过程进行信息化审核；对危险货物运输过程进行全面跟踪和监控管理；对各类相关规章、文电、基础数据和台账等内容，实现信息化、网络化管理。最终达到危险货物受理、承运、装车、在途、卸车、交付等全过程安全监控，确保危险货物运输安全。

二、系统建设任务

在国铁集团、铁路局集团公司、站段(货运中心)建立三级“铁路危险货物运输安全管理及监控系统”，有效提升铁路危险货物运输安全管理水平，主要需完成以下任务：

1. 源头控制

源头控制主要体现“受理审核”功能，依据全路统一的运输资质及办理限制、自备罐车、危险品《品名表》等基础数据及《危规》等相关规定，对受理信息进行审核，实现业务办理源头的计算机自动审核，实现危险货物受理承运过程的运单基本信息采集功能，实现对“限时办理与禁止”的支持。

2. 过程控制

过程控制主要体现“签认单”流转功能，依据各类全路统一的流程设定和审验原则，对相应岗位提供的信息进行审核，实现业务办理过程中各岗位的计算机自动审核，实现在各相关岗位的受控流转和对运单数据的补充、报告功能。

3. 在途控制

在途控制主要体现追踪管理、事故救援等功能，系统根据“过程控制”建立的危险货物跟踪源，对其在途过程中的位置、轨迹、停留时间、货检质量等情况进行追踪和监控；对可能出现的问题进行预警、报警并协助救援；在到达交付之后，采集相应信息，对跟踪源“销号”。

4. 综合管理

综合管理主要体现为基础工具、统计分析、电子台账、法规文电、例行管理、信息服务等相关功能，实现全路办理资质、办理限制、自备车、法规文电等各类统一基础数据的同步、查询、对外展示等功能；对台账等数据提供统一管理。

三、系统建设范围

铁路危险货物运输安全监控系统主要部署在国铁集团、铁路局集团公司、办理站（营业部室），达到三级监控、三级应用。应用对象主要是：危险货物运输受理承运部门、装车、货检、货调、站调以及各级专业管理部门。

四、系统总体架构

1. 系统构架

利用现有网络资源，构建国铁集团、铁路局集团公司、办理站（营业部室）三级“铁路危险货物运输安全管理及监控系统”，实现危险货物办理站段与铁路局集团公司、国铁集团监控管理系统之间的互联。危险货物运输安全管理及监控系统总体架构如图 6-1 所示。

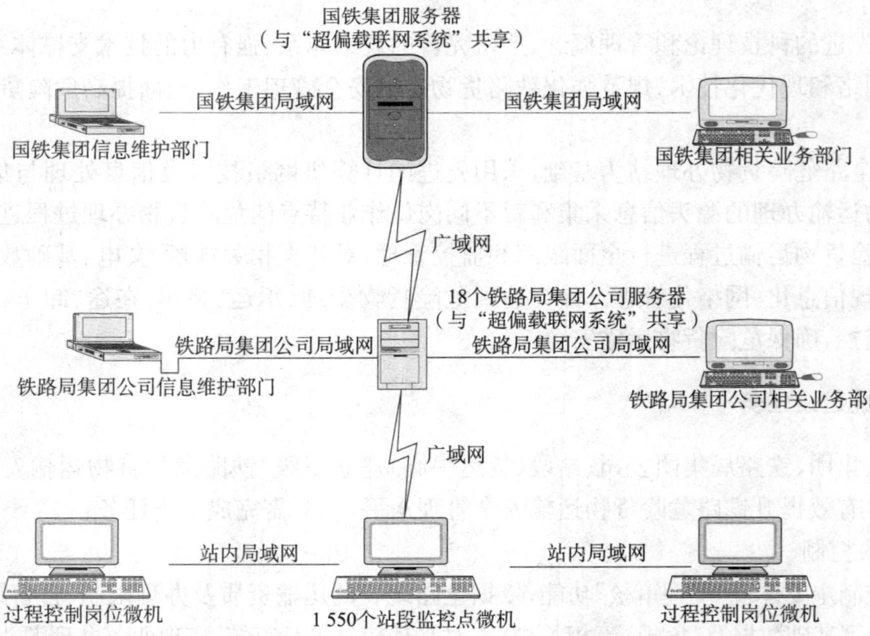

图 6-1　危险货物运输安全管理及监控系统总体架构

国铁集团级“铁路危险货物运输安全管理及监控系统”与“超偏载系统”共用同一套双机服务器，根据需要，在相关岗位配置计算机，并与国铁集团服务器联网，通过网页登录。铁路局集团公司级“铁路危险货物运输安全管理及监控系统”与“超偏载系统”共用同一套双机服务器，根据需要，在相关岗位配置计算机，并与铁路局集团公司服务器联网，通过网页登录。

办理站在危险货物业务办理人员处设置“源头控制”计算机，在其他相关岗位设置“过程控制”计算机。“源头控制”计算机和“过程控制”计算机分别通过网页登录。选用“源头控制”或“过程控制”中的某台计算机，充当危险货物运输安全管理及监控系统“站段级服务器”，并与铁路局集团公司服务器采用广域网连接。其他“源头控制”计算机和“过程控制”计算机采用局域网络连接。

2. 网络结构

系统依托铁路计算机网络系统运行，采用国铁集团、铁路局集团公司、办理站（营业部室）三级局域网和生产广域网结合的网络拓扑结构，国铁集团、铁路局集团公司、办理站（营业部室）三级单位的生产和业务主管部门及系统维护部门分别在各自局域网中，国铁集团和铁路局集团公司之间以及铁路局集团公司和办理站（营业部室）之间采用广域网生产网络进行互联互通。

系统使用铁路原有覆盖各铁路局集团公司以及大部分车站的通信网络，由车站作业系统生成生产报告信息上传该网络，经由管辖铁路局集团公司上报到国铁集团，再由国铁集团对信息进行处理并将决策结果返回到铁路局集团公司及办理站（营业部室）。

3. 业务模型

该系统以 B/S 结构为应用访问方式，办理站（营业部室）级、铁路局集团公司级、国铁集团级业务应用基于 B/S 结构，通过局域网/广域网访问本系统的 WEB 服务器，使用客户端、WEB 服务器、数据库服务器间三层架构。用户通过 IE 浏览器就可以方便使用，不需要安装客户端，以方便维护和管理。铁路局集团公司级、国铁集团级 WEB 服务器系统采用 J2EE 架构，将表示层、业务逻辑处理层、数据层分开，数据库服务器通过数据共享访问共享数据，通过后台进程和存储过程处理数据采集交换和动态更新。后台进程处理主要承担数据处理的实时进程和定时进程，通过标准共享接口（货票、确报、现车、调度、作业单等）获取危险货物追踪对象的更新信息，及时响应、实时处理危险货物信息数据的采集、交换、入库、整理、动态更新等，其系统业务模型架构如图 6-2 所示。

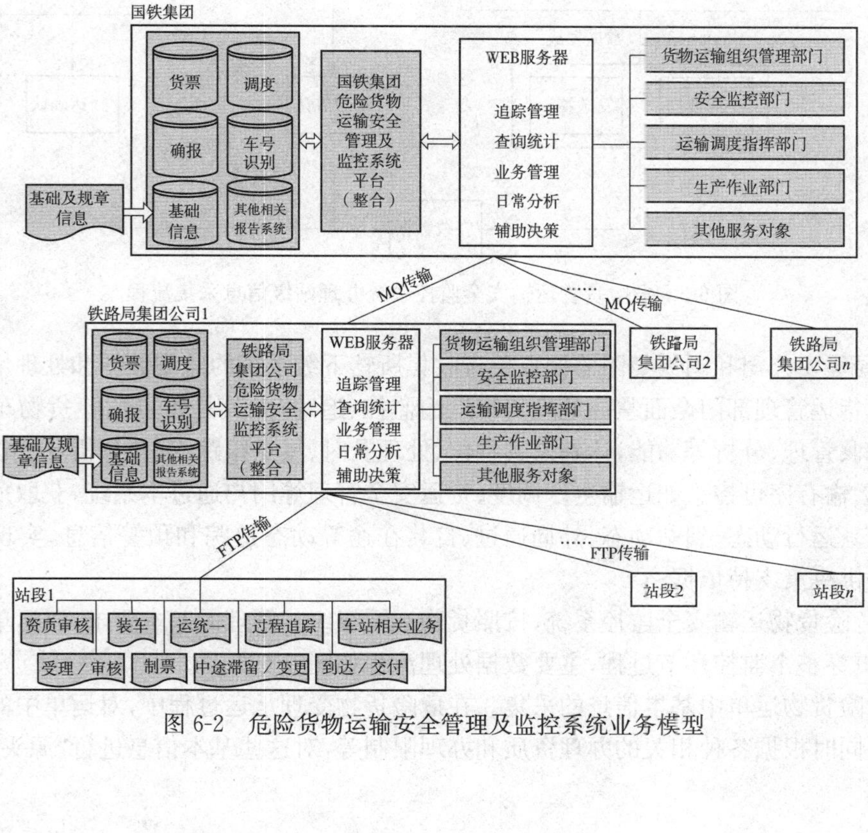

图 6-2　危险货物运输安全管理及监控系统业务模型

4. 信息采集与处理

铁路危险货物运输安全监控系统涉及大量的静态、动态数据源，主要包括全路统一的危险货物基础数据（如办理限制、自备车、全路事故救援数据、危险货物品名表等）、现有应用系统提供的生产数据[包括装车信息（货票、装车清单）、列车信息、位置信息、状态信息]、基层站段提供的原始数据（包括受理审核数据、基础台账、站段自身基础信息等）、运输过程中产生的数据（包括运输轨迹、在途签认单、在途时间等）和其他相关数据（包括铁路运输基础数据以及外部提供的相关数据）。

办理站监测点是本系统主要的安全监测数据源点，在危险货物办理站应用岗位配置危险货物办理监控微机，负责相关数据的采集、存储、交换及内部管理；同时设置监视终端，对受理审核、作业过程签认控制等关键作业环节进行监控，对危险货物的在途追踪进行查询。

如办理站用户可完成装车挂运信息上报、到达卸车解除、预计到达查询、施救预案查询、险情/事故信息上报等各种业务活动，如图 6-3 所示。

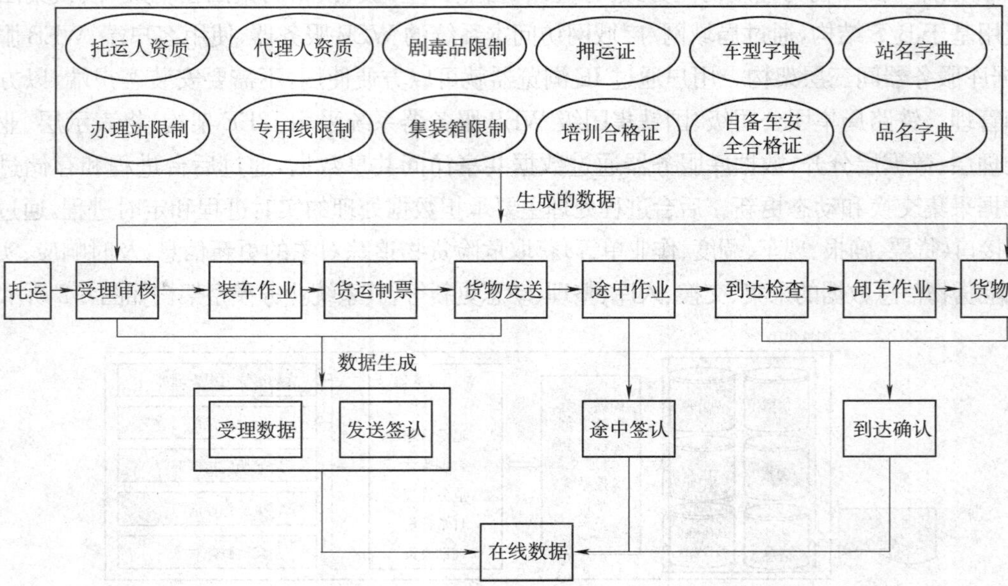

图 6-3　危险货物运输安全监控系统办理站级信息采集流程

铁路局集团公司和国铁集团监控点负责收集所辖下级系统的监测数据和处理情况汇总报告，使各级货运管理部门全面掌握危险货物运输监控、追踪（尤其是重点危险货物车辆的在线追踪）、查询、管理、分析等功能，达到监管到位、处理及时、重点跟踪、综合分析，决策支持，达到危险货物运输有序可控。如运输生产调度、货运安全管理等用户通过本系统，获取危险货物运输发站动态、运行动态、到站动态、外局通过、自装在途等动态追踪和预警信息，实现数据统计分析，并提供决策支持依据。

铁路危险货物运输安全监控系统，按照货物运输组织与管理的基本要求，以运单信息的流转为主线贯穿整个监控环节过程，主要数据处理流程如图 6-4 所示。

(1)危险货物运单中基本信息的采集。在危险货物受理承运过程中，对运单中的基本信息进行采集，同时根据各种相关的办理资质和办理限制等，对这些基本信息进行“源头数据”的自动审核，实现“源头控制”，如通过审核，则保存这些基本信息，并进行下一步工作，否则，不保存相关数据。

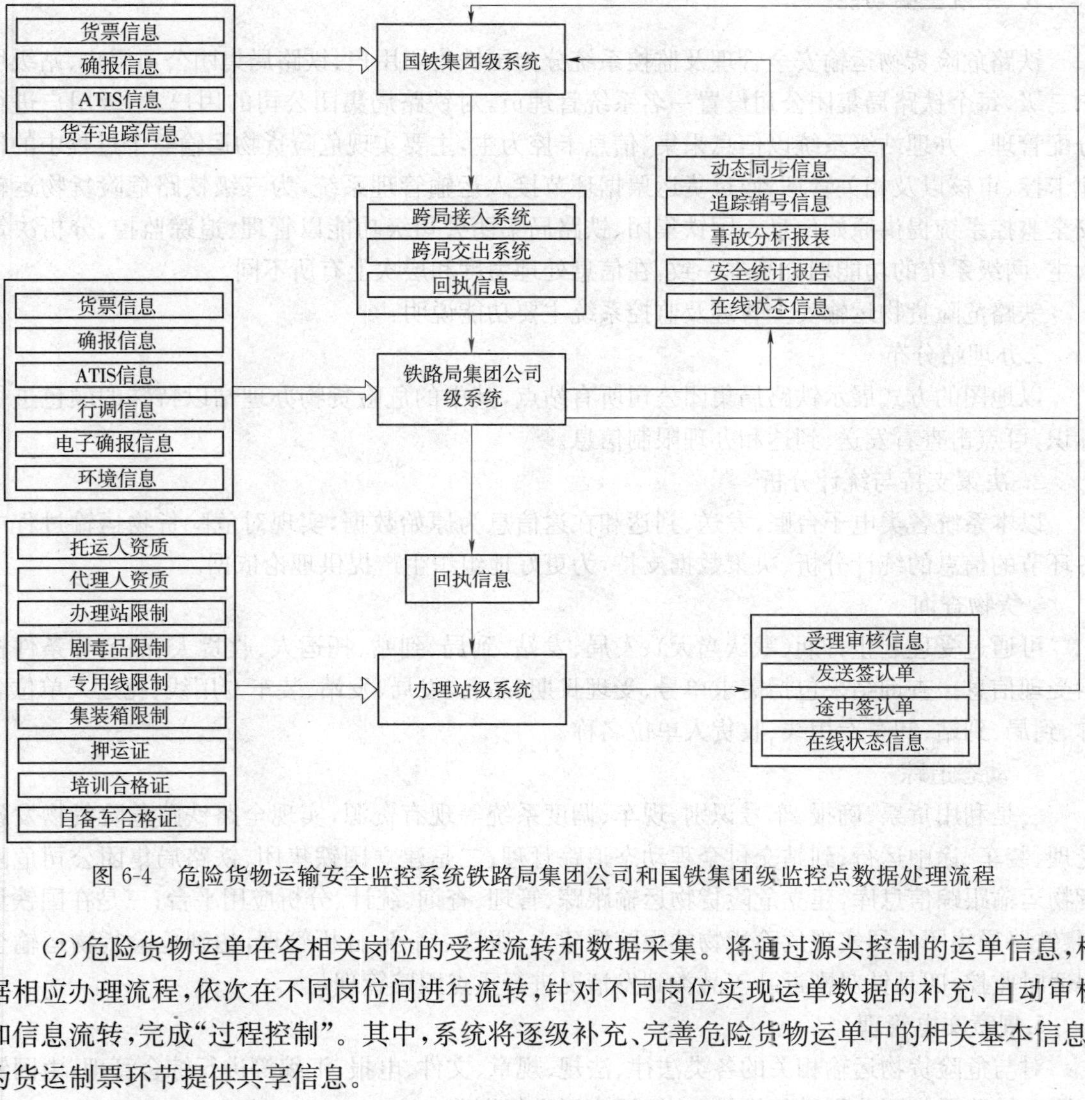

图 6-4　危险货物运输安全监控系统铁路局集团公司和国铁集团级监控点数据处理流程

(2)危险货物运单在各相关岗位的受控流转和数据采集。将通过源头控制的运单信息，根据相应办理流程，依次在不同岗位间进行流转，针对不同岗位实现运单数据的补充、自动审核和信息流转，完成“过程控制”。其中，系统将逐级补充、完善危险货物运单中的相关基本信息，为货运制票环节提供共享信息。

(3)危险货物运单基本信息上传。调取货票系统数据实现信息共享。

(4)在途危险货物追踪。根据危险货物运单建立相应跟踪源，并自动采集相关“位置”数据，实现在途危险货物追踪，同时根据在途时间控制条件给出相应“预警”信息。

(5)危险货物到达交付。危险货物到达交付后，采集相应到达交付信息，上传至铁路局集团公司，对相应跟踪源“销号”。

从事危险货物运输的各有关单位应当积极推进铁路危险货物运输现代科技手段的开发和应用，充分运用危险货物运输安全监控系统实现危险货物运输源头控制、过程控制、在途控制和综合管理，大力发展危货箱运输，稳步进行铁路危险货物运输方式改革，不断提高铁路危险货物运输现代化管理水平。

第二节 系统功能

一、系统主要功能

铁路危险货物运输安全管理及监控系统分为国铁集团用户、铁路局集团公司用户、站级用户三级，每个铁路局集团公司设置一名系统管理员，对铁路局集团公司的用户、站级用户进行分配管理。办理站级系统以信息采集、信息卡控为主，主要实现危险货物运输整个过程中的作业卡控、审核以及相关管理，通过货运票据环节接入运输管理系统，为三级铁路危险货物运输安全监控系统提供原始信息。国铁集团、铁路局集团公司级功能以管理、追踪监控、分析决策为主，两级系统的功能划分基本一致，在信息处理力度和层次上有所不同。

铁路危险货物运输安全管理及监控系统主要功能说明：

1.办理站分布

以地图的方式展示铁路局集团公司所有站点，其中的危险货物办理站以特殊的颜色进行标识，可点击查看发送、到达和办理限制信息。

2. 决策支持与统计分析

以本系统各类电子台账、发送、到达和在途信息为原始数据，实现对危险货物运输过程中各环节的信息的统计分析、决策数据支持，为更好地组织生产提供理论依据。

3.货物查询

可通过受理起止日期(默认当天)、发局、发站、到局、到站、托运人、收货人、品名等条件检索受理信息。查询结果包括需求单号、受理日期、品名、发局、发站、装车专用线、托运人单位名称、到局、到站、卸车专用线、收货人单位名称。

4. 动态追踪

一是利用货票、确报、车号识别、现车、调度系统等现有资源，实现全路铁路危险货物发站受理、装车、途中运行、到站交付全程动态追踪管理；二是建立国铁集团、铁路局集团公司危险货物运输跟踪信息库，建立危险货物运输跟踪、管理、查询、统计、分析应用平台；三是在国铁集团、铁路局集团公司实现危险货物的跟踪源建立、跟踪、销号、分析管理，达到危险货物运输全程适时监控；四是针对剧毒品等品类到发情况进行重点跟踪管理。

5.规章文电管理

对与危险货物运输相关的各类法律、法规、规章、文件、电报、汇编等进行综合管理，由国铁集团和铁路局集团公司进行维护，站级用户可进行浏览。

6.自备车(箱)管理

一是提取自备车系统相关数据，通过产权单位、品名、车种车型、车号进行危险货物运输自备车信息检索。二是由各铁路局集团公司管理员维护自备箱信息，通过办理站名、产权单位、装运品名、箱号进行危险货物运输自备箱信息检索。

7. 应急预案及救援

一是根据《品名表》《运输事故应急救援预案及施救信息网络》等基础数据，针对危险货物运输事故提供救援信息管理；二是对危险货物运输承运、运行监控、险情报警、抢险指导，使危险货物运输全程处于安全可控状态，实现对路网各处救援能力和救援电话的快速查询；三是建立危险货物事故救援的案例库以及专家系统，辅助制定事故救援方案；四是根据时间、地点、环境等情况对可能出现的问题车辆提供预警信息。

8. 试运管理

根据《危规》中的相关规定，实现对未列危险货物以及包装、运载工具方面试运工作的信息化管理。

9.信息化档案

根据危险货物运输台账管理相关规定，实现与危险货物运输密切相关的法律法规、文电、专用线运输协议、危险货物运输安全协议、危险货物专用线共用协议、试运安全运输协议、托运危险货物安全协议、安全评价报告、包装检验报告、新品名鉴定报告、安全评估报告、安全评估意见、应急预案、托运人登记表等进行电子化管理。同时提供《危规》常用附件、格式、附录的下载和预览。

10. 辅助工具与基础数据维护

针对铁路危险货物运输过程中的各岗位，提供一系列功能独立、简便实用的信息化查询工具。对《办理限制》《品名表》《危规》等危险货物运输基础数据进行维护、数据更新等。与TMIS同步完成货运相关基础数据维护功能。

二、系统功能结构

系统功能结构如图 6-5 所示。

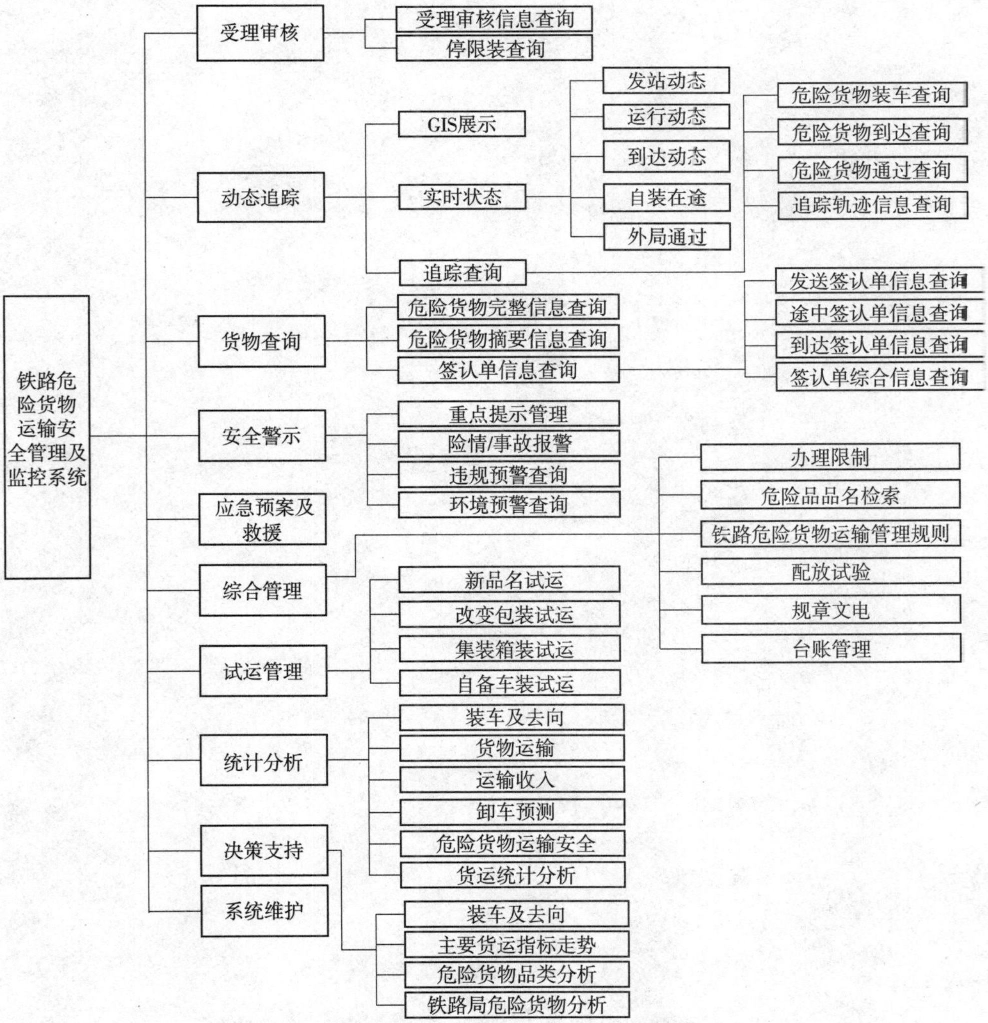

图 6-5　危险货物运输安全监控系统功能结构

1. 画图说明铁路危险货物运输监控体系的系统目标、系统架构。
2. 铁路危险货物运输监控体系有哪些系统功能？
3. 你认为铁路危险货物运输还应开发哪些系统？

第七章 铁路危险货物运输安全管理

第一节 危险货物运输安全管理的基本内容

安全管理是指在安全生产法律、法规和相关技术标准的指导下，采取有效措施（技术、组织、管理）消除或控制生产过程中的危险、危害因素，以保障人身安全、健康、设备、财产完好及生产顺利进行。安全管理不同于管理部门的行政管理。它包括的内容是以安全为目的的法制、制度管理、安全作业技术管理、人员培训管理、安全设备管理、安全信息化建设、安全生产监督检查及处理、分析评价以及安全文化建设等。

安全管理的发展历经17世纪中叶前手工作坊的古代管理，17世纪～20世纪40年代的近代管理（包括传统和科学管理），20世纪40年代以来的现代管理时期。现代管理时期出现了管理科学、行为科学、系统科学、网络化管理等管理理论。管理科学的出现，大大促进了安全管理的发展，产生了系统安全工程、可靠性及控制工程、安全行为学、安全经济学等理论。一般来说，安全管理的内容同样包括三个基本要素，即人（个体素质及其行为）的管理、物（生产对象、设备）的管理和环境（自然、工作条件、社会）管理。

《危规》对危险货物运输的全过程以规则的形式做出了规定，其管理规则的最终目的和宗旨是贯彻落实《安全生产法》和危险货物运输安全管理方针，确保运输安全。

一、方针目标管理

方针目标管理也称目标管理，其理论和方法由美国管理学家杜拉克创立，1978年经日本传入我国，在铁路运输安全管理中得到应用。它是由一个单位或一定范围内安全指导思想及由此确定的安全目标及实施措施组成。

1. 安全方针

安全方针，即安全指导思想和理念的总称。它的依据是国家或上级部门的法制性规定或指示。方针制定要求简明、系统、具有指导意义。在《安全生产法》中确定的安全方针是“安全第一、预防为主、综合治理”，这一方针突出了针对性、目的性、重要性、相关性（表7-1）。

表7-1 “安全第一”和“预防为主”的关系

	安全第一	预防为主
针对性	安全与其他运输生产的关系	对安全管理内部日常工作的要求
目的性	宏观上对安全生产的地位、作用的肯定	微观上对安全生产方法、手段的要求
重要性	安全处于一切工作的首位	发现问题、消除隐患、预防在先，是“安全第一”的重要体现
相关性	是“预防为主”的必要前提	是“安全第一”的重要保证

铁路危险货物运输的安全管理方针，在《危规》中确定为“安全第一、预防为主、综合治理”。这一方针是在国家宏观安全方针之下，结合危险货物运输可能造成对人、物、环境的有害影响和危化品运输多种法规限制而制定的，人性化和法治化内容的增入，使这一方针在危险货物运

输安全管理中增强了针对性和指导意义。

2. 目标管理

安全目标是在方针指导下的安全任务和定性、定量化结果。安全目标分定期目标和作业环节目标，一个单位的安全总目标，要体现对上级指示的任务最终完成结果。目标的大小要结合实际，在上一时期完成的基础上，以经过努力才能达到的指标为准，应遵循既能调动职工积极性，树立实现目标的信心，又能不因目标过低而忽视安全的原则。如国铁集团对全路危险货物运输安全工作制定了"一杜绝、两提高、三消灭"的目标(杜绝货运责任的危险货物运输行车事故；提高基础管理、科学管理水平；消灭货运责任的火灾、爆炸事故，剧毒品、爆炸品的丢失事故，重大中毒伤亡事故)。这一目标提出的依据是国家专项整治的要求，结合了铁路危险货物运输近年来的安全实际，突出了具有重大危险的行车事故和特殊品类的危险性事故，在实现目标的措施上把基础管理和科学管理放在重要位置，体现了危险货物运输安全管理的科学化和现代化，提出了"健全危险货物运输高效有序的安全监管体系，健全危险货物运输规章、标准体系、健全危险货物运输技术保障体系，健全危险货物运输信息化管理体系，健全危险货物运输事故应急救援体系"。

3. 目标管理的实施

实施管理目标，如同制定目标一样，必须发动职工，上下结合，让目标深入人心，群策群力；制定切实可行的得力措施，并以矩阵表方式将目标化解为任务，责任到岗、到人。在实施过程中组织目标管理检查，以管理循环图方式(PDCA)，依靠安全质量管理小组(QC)采取对策，解决发现、发生的不安全问题。

二、法律、法规、规章制度管理

1. 安全生产法律法规的体系

(1)法律，由全国人大及其常委会通过，以国家主席令形式发布，是法律体系的最高层次，具有最高法律效力，是安全生产活动的宏观规定。

(2)行政法规，是对有关法律条款的进一步细化，是根据有关法律中授权条款而制定的，以国务院令形式发布。

(3)部门规章，是国务院各部门根据法律、法规颁布的行政规章，以部委令(号)发布。

(4)地方性法规，是省、自治区、直辖市人大根据本行政区需要，在不抵触国家法律、法规的前提下制定的行政区行政法规。

(5)地方性规章，是地方人大政府根据法律、法规制定的地方性规章。

(6)国家标准，是根据需要在全国范围内统一的技术要求，由国务院标准化行政主管部门制定发布，其中强制性标准代号为"GB"，推荐性标准代号为"GB/T"。

(7)行业标准，是在某一个行业内需要统一的技术标准，而又无国家标准，由国务院有关行政管理部门制定，报国家标准化行政主管部门备案。

(8)地方标准，在既无国家标准，又无行业标准，由地方行政主管部门制定，但不得违犯法律法规和国家强制性标准规定，并要报国家标准化行政主管部门。

2.《危规》制定依据的主要法律法规简介

(1)《安全生产法》

该法律对从事安全生产经营活动单位的安全生产制定了 119 条规定，内容主要涉及生产经营单位的安全生产保障(生产条件、主要负责人责任、从业人员技能培训等)及安全生产监督管理、违法处置等。

(2)《铁路法》

铁路法制定的目的是保障铁路运输和铁路建设顺利进行，条文共 74 条，内容包括对铁路运营工作要求、铁路建设标准、铁路安全与保护的政策规定等。

(3)《环境保护法》

《环境保护法》充分体现新时期对环境保护工作的指导思想，条文共 70 条。在该法中强化了环境保护的战略地位。环境保护工作应当依靠科技进步、发展循环经济、倡导生态文明、强化环境法治、完善监管体制、建立长效机制；制定环境保护规划，应当坚持"保护优先、预防为主、综合治理、公众参与、损害担责的原则"；明确国家采取相应的经济、技术政策和措施，健全生态补偿机制，使经济建设和社会发展与环境保护相协调。该法强调政府责任、监督和法律责任，建立完善环境管理基本制度，保护改善我国环境质量和生态环境，明确企业责任，完善防治污染和其他公害的制度。

(4)《危险化学品安全管理条例》

该条例针对危险化学品生产、经营、储存、运输、使用和处置废弃物制定了 102 条规定，是制定和修订《危规》最直接、最具针对性、最主要的依据。

在条例中规定了从事危险化学品生产、运输、经营活动的资质、许可要求，对涉及危化品储存、运输的储存设施、容器、机具、防护、人员培训、事故应急施救及处理等安全管理和监督管理及法律责任做出了明确规定。

(5)《铁路安全管理条例》

该条例(共 108 条)的发布实施，充分体现了"安全第一、预防为主、综合治理"的安全生产方针。铁路作为国家重要交通基础设施和大众化交通工具，是社会公共安全的重点领域，行业安全风险高，铁路安全事关人民群众的生命财产安全，事关社会稳定，事关党和国家工作大局。该条例强调铁路安全管理要坚持"安全第一、预防为主、综合治理"的方针，明确提出了有关部门和单位的安全管理责任，加大了对建设工程质量和铁路专用设备的安全监管力度，对保障铁路建设质量安全、高速铁路安全和铁路运输安全作出了明确规定。该条例的发布实施，为创造铁路安全环境，实现铁路安全发展目标提供了重要的法规保障，为规范和加强铁路安全管理，奠定了重要基础，对充分发挥各方面积极作用，加强铁路安全综合治理，起到重要的推动作用。

(6)《铁路危险货物运输安全监督管理规定》

铁路运输企业应当依据有关法律、行政法规和标准以及国务院铁路行业监督管理部门制订公布的铁路危险货物品名等规定，落实运输条件，加强运输管理，确保运输安全。

除以上法律、法规外，针对危险货物运输，还有《消防法》《建筑防火规范》等。这些法律、法规是部门规章、标准、规范的依据源头，同时也均提出了依此制定规章制度及认真执行的要求。为此，作为危险货物运输安全管理的法律、法规、规章、制度管理，一是有计划地进行法律、法规教育，提高认识；二是结合实际，以法律、法规、规则等为依据，建立、健全各项规章制度；三是遵从"从群众中来，到群众中去"的原则，制定规章发动群众，执行规章武装群众；四是建立规章"法治化"的理念，通过典型案例找原因、查规章、对法规、受教育，把法规、制度的宣传管理、执行、考核、奖惩纳入法制管理的内容；五是建立健全法规、制度、标准等档案管理，及时增补、更新文件，整理档案。

三、设施、设备安全管理

保证危险货物运输安全，必须有数量足够、质量可靠、品种齐全、检修维护得当、安全管理得法的设备设施条件和管理制度，这些物质硬件和管理软件的结合是危险货物运输安全管理的基础。

1. 危险货物安全运输所需要的设施、设备

(1)办理站(专用线、专用铁路)

办理站(专用线、专用铁路)要符合国家法规及《危规》规定的选址条件及路网布局，专用线及专用铁路符合工业企业总图规划要求，具备铁路的设备要求，保证行车安全。

(2)仓库设备

仓库、雨棚、站台、集装箱场及托运人储罐和装卸设备等要符合防火、防爆、防雨、防热、防雷、防静电、防污染、防盗要求；仓库设备的布置符合"配放表"规定；库区道路畅通，符合消防要求；照明具有防爆性能等。

(3)装载车辆

要求车种适合货种、技术状态完好，罐车安全附件齐备有效，具有"安全合格证"。

(4)装卸机具

要求叉车、手推车、起吊及传送和升降机械不打火，运行可靠，装卸工组配有防护信号、消防小车，监装卸货运员配备拍摄货物包装损坏、货物装卸和堆码状态的数码相机。

(5)防护及卫生保健用具(品)

执行国家《劳动防护用品管理规定》，危险化学品从业人员的防护用品包括头部、眼(面)护具、防护服类、鞋类、坠落护具(安全带、立网)；同时执行国家《职业病防治法》。因此防毒、防火、防腐蚀、防辐射工作服装数量和质量要能达到要求，保证职工工作和生活环境清洁卫生，有洗浴、医疗设备和体健制度。

(6)消防及应急施救设备

要求配置泡沫、干粉、水柱(雾)、二氧化碳等灭火器材和手推式、车式消防车；水池、砂箱齐备、有效，配置合理；应急施救的报警、防火、防毒用品，梯架、担架、急救药品有储备。

(7)计算机及其他保安办公室设备

要求危险货物信息管理的计算机及网络运行可靠，有打印、复印、传真设备，个人、岗位通信畅通，必要时设置工业电视监控设备。

(8)监测仪器和设备

视办理货物的品种，配备有气体泄漏监测仪、放射性物质测量仪、货车偏载及超限检查设备、装卸机具的探伤和其重量监测设备、轨道衡设备、专用线储罐的温度和装载量监测仪等，保证仪器设备的护养和维修，使其准确可靠。

(9)货车洗刷除污设备

洗刷站选址合理，洗刷线能力符合需要；有冷、热水泵(管)和洗刷用药，喷、扫、铲、吹、测等工具齐备。

(10)保安及巡视设施设备

要求固定岗哨设置合理，通信畅通，有巡视摄像、对讲机；门卫设置与库区保证一定距离，汽车进入，设置排烟防护罩，门卫处及站(场)内设置安全警示墙(板)。

2. 设备安全管理的主要内容

(1)抓安全设施、设备的安全资金投入。投入依据是现有物质(硬件)条件不符合《危规》规

定，在安全检查、监督管理、专项整治报告中有反映，在事故隐患、事故苗子、事故处理中有整改要求。资金投入方式最好是设立年度"安全建设基金"，有计划、有目的地解决设备欠缺、落后等安全性差的问题。

(2)设备安全管理中，机具的性能、荷载量、效率极限、运行(使用)周期是关键。"疲劳过度、超期服役""年久失修、负重爬坡"必然后患无穷。因此，建立详细设备台账，摸清机具的技术性能是安全管理的前提。

(3)安全管理中设施、设备的保养、维护、检修是保证运行安全的主要日常工作。为此，一要抓好"定检"，二要维护落实到人，三要保证维修质量和修后复检验收，四要对人员进行专业技术培训。

四、作业安全管理

技术作业管理和作业安全管理是两个不同的概念。技术作业管理针对一项生产任务，在作业过程中应该遵循的技术条件和作业程序管理(其中考虑了安全因素)；作业安全管理是针对技术作业流程(过程)中可能发生不安全、有危险，甚至事故的技术环节，进行预防性安全管理。例如，危险货物从承运到交付，要经过许多环节，其中货物的承运、装卸，车辆的编组解体调车，长距离途中运行等是安全关键点。因此，要抓好作业的证件、包装、运单、车辆使用检查；装卸作业前后的货物、车辆，安全检查"三检制"，装卸机具的安全操作；调车作业的禁溜、限速、隔离要求；途中押运及货检签认工作等。除此以外的进货、保管、交付、出货等作业，也有岗位管理制度，每一环节都存在相应的技术要求和相对的安全管理要求。作业安全管理通过技术作业管理制度来体现、实现，只是从安全管理角度来讲，要解决安全关键点的"为什么这样规定？怎样做才能符合规定？违反了有什么危险后果？怎么进行整治？"的问题。

为了搞好作业安全管理，多年来在铁路危险货物运输中采取了一系列有效的安全管理措施，如实行的岗位"自检、互控、联检"三控制度，目的在于通过不同作业者的三次"确认"，达到截堵、拦阻的目的；又如"卡死"制度的目的是严密锁定有误事件，坚决不予放行，以防造成后患的措施；再如《危规》对各作业环节制定了"签认"制度，意在强化"作业标准化"的执行.分清岗位人员责任，强化联劳协作。这些措施、办法、制度都是作业安全管理的体现。

五、信息管理

危险货物运输的特殊性、复杂性以及安全管理的严控性在信息时代的电子计算机手段条件下，信息管理显得尤为重要。《危规》在安全管理中提出了"适应铁路现代化发展的需要"和"积极推进铁路危险货物运输现代科技手段的开发和应用"的要求，通过集生产、管理、服务和决策于一体的信息网络化建设，提升危险货物安全运输的管理水平。

危险货物运输的安全管理信息资源主要有：法律、法规、规章、文件信息系统，办理站(专用线、专用铁路)信息系统，中途货检站信息系统，货物及运输条件，剧毒品运输信息系统，集装箱、罐车运输信息系统，安全检查、评估、分析信息系统，事故应急施救信息系统。

上述信息资源在《危规》及配套单行本已进行了加工、处理和有序化，在信息技术的作用下通过收集、处理、储存和传递，这些信息资源才可能形成真正实用的信息资源。《危规》所涉及的一切信息子集都汇集了技术和人的因素，我们所称的对这种信息资源及其开发利用活动的管理则称为信息管理。为搞好信息管理从认识到实践上要注意以下几点：

(1)针对危险货物运输安全管理的科学化、信息化建设要求,使用计算机进行信息管理具有重要意义,是今后安全管理发展的方向。危险货物运输的从业人员,特别是管理、监督、检查、评估、咨询、培训、事故分析和处理人员必须对此有足够的重视和高度的认识。

(2)信息管理的基础是信息本身,信息采集、加工,经输入、处理、输出得以应用反馈,形成信息系统。在计算机条件下,路网和局域网为实现危险货物运输信息管理创造了条件。对现有信息资源进行子集沟通、更新;对新生信息进行获取、加工、存储;在利用全路局文件资料中,可以检索本单位实用资源,如办理站、办理品名等,形成基层信息系统,使信息系统的业务体系得到完善。

(3)信息管理的灵魂是开发应用,国铁集团对此十分重视。目前已运用于实际的"铁路危险货物运输安全监控系统"将站段、铁路局集团公司、国铁集团三级联网监控,这是"管理创新、流程优化、信息共享、系统集成、动态监控、全程考核"的全路货运安全保障体系的重要组成部分。这一监控系统的功能在于:对受理、承运的采集数据进行审核,从源头上把住了"入路关";针对品类、岗位、作业别的"签认"标准,通过该项信息录入、传输和审核,实现全程监控中的"过程卡控";利用生成信息实现受理、承运、装车、编组、在途、到达、卸车、保管、交付全过程动态追踪管理;根据事故应急预案的应急信息源,实现预警和施救信息管理,快速、准确地完成查询、判断;通过录入的各项原始信息和运输过程中的再生信息,起到统计分析、决策支持、台账运行、文电管理的作用。国铁集团要求全路统筹规划、有序推进、落实维护、加强培训、监督考核、稳定运行,要认真执行《系统设备管理办法》,做到操作按流程,管理有规范。

(4)危险货物运输信息管理目前全路发展还不平衡。危险货物运输安全信息管理应加快普及速度,扩大使用范围,优化信息网络平台,积极开发利用,重视系统维护,确保运行畅通,提高软件质量,增强决策功能。为此,要将计算机信息系统列入危险货物运输安全检查内容;严格网管人员工作责任,做到专机专用;严格网用管理,及时维护、升级,确保通道质量。

第二节　安全监督管理及安全评价分析

监督检查、安全评价分析的作用是防范、控制,因为它有目的、过程、结果的要求,涉及了人员组织、技术措施、指标体系、分析评价、结论及处理和整改,所以是一项重要的系统工程,是危险货物运输安全管理的重要组成部分。

一、安全监管

国务院颁布《铁路安全管理条例》(国务院令第 639 号)、交通运输部发布《铁路危险货物运输安全监督管理规定》(交通运输部令 2015 年第 1 号)、中国铁路总公司发布《铁路危险货物运输管理规则》(铁总运〔2017〕164 号)等法规文件,铁路危险货物运输安全监管模式逐步与国家管理层面接轨。

铁路政企分开后,国家铁路局作为政府部门,站在行业高度做好相关法律法规、技术标准的制定、修订及安全监察工作。各地方铁路监管局具体实施本区域的安全监督检查工作。国铁集团和各铁路局集团公司作为经营性企业充分认识自身市场主体地位,强化内部管理,明确国铁集团和各铁路局集团公司间的管理权限;在保障安全的前提下重视成本、收益管理,与托运人、收货人开展业务合作,遵守合同和协议约定。

安全监管由相对独立,依《安全生产法》《行政检察法》等法律、法规行使监督检查、指导、处理的机构(派出单位)来完成。国家安全生产委员会下设安全生产监督管理总局,其中设有危化司,在各省(市、区)设有相应的局和危化处机构,县、市地方政府设有相应的安全监督部门。

《安全生产法》在"安全生产的监督管理"中规定:负有监督管理职责的部门应依法对涉及安全生产的事项进行批准、核准、许可、注册、认证、颁发证照等;对生产经营单位执行有关法律、法规、标准(国家及行业)的情况进行监督检查;对承担安全评价、认证、检测、检验职责的机构进行资质管理;对生产经营单位进行综合、专项检查,并作出查处;参与事故应急施救组织、协调,进行事故调查分析、处理。总之安全监督作为一级安全管理机构,主要任务是核、批、查、督、处理。

二、安全检查

在国家高度重视安全生产的形势下,安全法规日益完善,安全管理机构不断健全,安全运行机制逐步建立。根据"安全第一,预防为主,综合治理"的指导方针和"居安思危""警钟长鸣""常抓不懈"等思想理念,安全检查已成为安全管理的重要内容和主要手段。安全检查的方式视履行检查、评比检查、评估检查、安全分析检查以及专项、综合检查而不同,无论什么种类的检查,其方式一般有:

1. 自查

本单位(铁路局集团公司、站)根据上级管理部门的安全工作要求,适时在本单位范围进行自查自纠。

2. 对查

在上级管理部门(国铁集团、铁路局集团公司)的安排下或自结对子,互相检查,并进行工作交流。

3. 抽查

上级管理部门对下属单位进行随时抽查,并进行工作指导。

4. 安全专项整治

几年来国家安全生产监督管理部门根据全国生产安全形势,提出了各生产行业(重点是煤矿、化工、交通、食品)的专项整治要求。为此,国铁集团制定了《铁路危险货物运输安全专项整治实施方案》。"专项整治"要求有计划、有组织、有项目、有指标、有结果、有整改、有报告。"专项整治"实质上是一个安全检查的"集体安全活动",有范围较大、人员较多、时间较长的特点,其中的检查验收工作体现了"群防群治""隐患险于救灾"的思想,起到查找漏洞、追究责任、寻找根源、举措整改的作用。

5. 干部逐级包保监督

这是在责任制条件下,管理者对下级(基层)单位划片包干,保证安全的一种监管方式。"包保"的主要工作是通过检查,协助本单位抓好安全管理。这一方式的意义在于:

(1)落实"领导负责制、专业负责制、岗位负责制、逐级负责制"。

(2)通过盯现场、排隐患,查制度、对规章,以"监管零距离"的要求,落实"包保卡控"措施,使危险货物运输的各级单位形成层层"安全屏障"。

(3)有利于管理者在了解下情、实情的基础上,更好地发挥管理者的安全指导作用。

(4)促进干部工作作风的转变。

三、安全评价和安全评估

根据《危规》,铁路部门不再认定铁路危险货物运输技术咨询及培训专业技术机构.委托国家安全生产监督管理部门认定并且具备相应资质的第三方机构承担站内办理站、兼办站及与国铁接轨的危险货物专用线新建、改扩建的安全评价工作，由铁路局集团公司确认、批准管内办理站的危险货物办理限制条件，并且对其办理限制条件进行安全评估。铁路危险货物运输安全评价与国家安全监管体系接轨后，存在一些地方安全监管认定的安全评价机构与铁路部门脱节、铁路专业知识不足等问题。

目前，具有国家安全生产监督管理部门认定且具备相应资质的机构较多，由于铁路危险货物运输具有专业性强的特点，在进行安全评价工作时应尽量选择熟悉铁路货运业务的第三方安全评价机构；对新品名、新包装的安全评估工作，应综合分析安全评价机构的软、硬件实力，尽可能选择具有相关实验设备条件的机构，以便有针对性地辨识与分析新品名、新包装在运输生产过程中的危险、有害因素，预测发生事故的可能性，提高运输安全的可靠性。同时，重视安全评价、评估的主体责任地位，第三方安全评价机构、铁路运输企业等应严把评价、评估报告质量关，接受相关政府管理部门的监督。

安全分析评价的方法总体上有技术型（定性、定量）、管理型、经验型分析评价三种。不论采用什么方法，其目的是通过科学的方法，查找出被评价主题（项目）存在的危险、有害因素，经分析、评价判断出发生事故的可能性及其严重程度，提出安全措施及建议。

目前在安全评价中应用的方法较多，比较实用的有：

1. 安全检查表法（SCA）

这种方法是将有关规定排列成项目清单（分大项和子项），然后列出检查依据，再填写实际情况，然后逐项赋值，或以项目重要性（权重系数）加权平均，或以单项定性（优、良、可、差）加权记分，或采取重要项单项否决进行评价（见表 7-2）。

2. 作业条件危险性评价法（LEC）

该方法属半定量评价法，是以与系统风险率有关的“事故可能性大小”“人体暴露频繁度”“事故损失程度”三个因素各自的事先确定的档次分值（有规定）乘积来确定危险程度。其中档次分值具有定性概念。

表 7-2　安全分析评价表（举例）

项目	子项	规范、标准要求	实际情况	分析评价结果				说明
				A	B	C	D	
				√				
					√			
				√				
						√		

3. 风险度评价法

风险度评价法是根据已知条件，计算风险度，以此衡量危险程度是否超过可接受的安全性标准。

$$风险度(R)=事故发生概率(P)\times 损失严重度(S)$$

4. 故障树分析法（FTA）

FTA 又称事故树分析法，它是将特定的事故（或故障）和各层原因事件之间用逻辑门符号（与门、或门）连接起来的简明、形象的逻辑图形。在分层连接中去除“不可能”因素，直至终端可能因素，然后应用布尔代数逻辑运算和分析，确定各因素对事故的影响大小。图 7-1 所示为铁桶装易燃液体燃爆的事故树（布尔运算略）分析图。

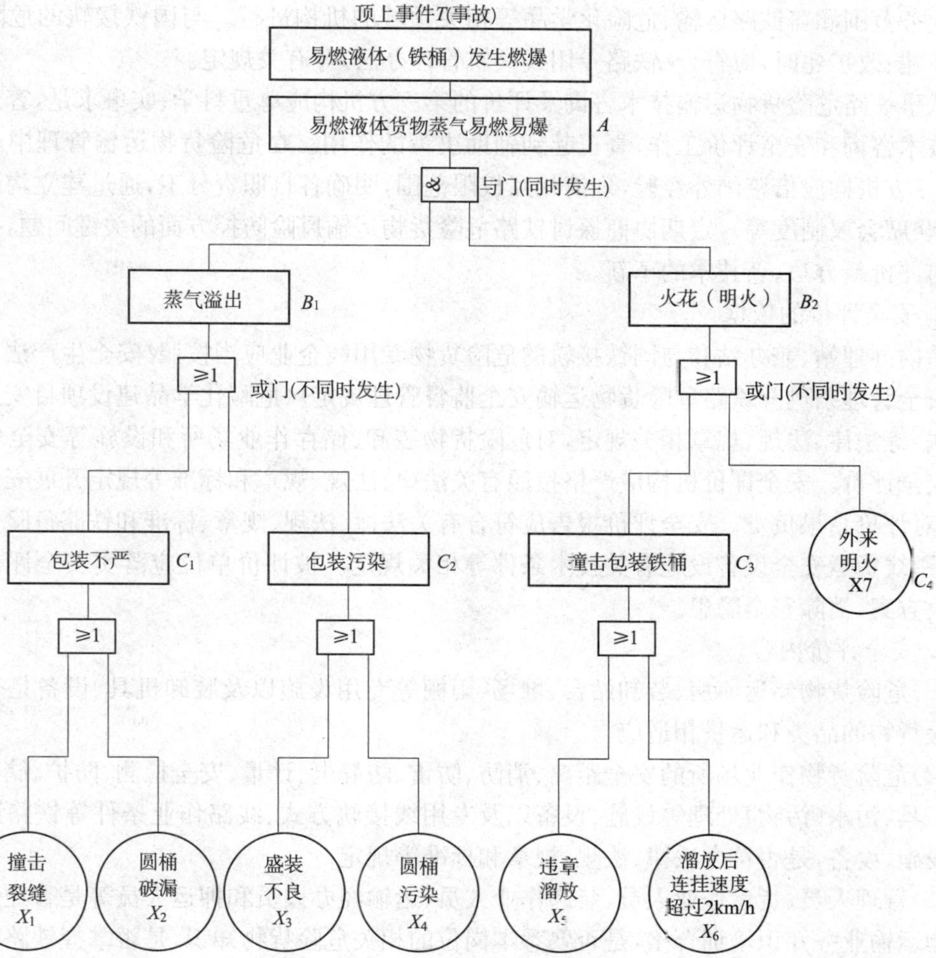

图 7-1　某易燃液体(铁桶)发生燃爆事故的事故树分析

5．泄漏事故的后果分析

危化品储罐泄漏事故经常采用罐外防护池火灾伤害数学模型分析及事故模型方法(采用计算机软件模拟)。池火灾伤害后果评价涉及储罐介质、工艺参数、池半径、火速、焰高、辐射通量等最终确定伤害破坏范围。如可燃物质泄漏(如液氨)扩散事故后果分析,涉及介质参数、储罐容积、泄漏孔径、风速等,事故后果的影响力包括确定的不同孔径强度的下风、爆炸下限、闪火、火热辐射影响距离。

除以上分析评价方法外,还有模糊评价数学模型分析和概率风险评价等。

四、铁路危险货物办理站、专用线(专用铁路)安全评价

1．安全评价的范畴

根据《铁路危险货物运输安全监督管理规定》,运输单位应按照我国有关规定,对本单位危险货物装卸、储存作业场所和设施等安全生产条件,委托第三方评价机构进行安全评价。新建、改建危险货物装卸、储存作业场所和设施,在既有作业场所增加危险货物品类、危险货物新品名和新包装,以及首次使用铁路罐车、集装箱、专用车辆装载危险货物,应进行安全评价。法律、行政法规规定需要委托相关机构进行安全评价的,运输单位应当委托具备国家规定资质条

件且业务范围涵盖铁路运输、危险化学品等相关领域的机构进行。与国铁接轨的危险货物专用线新建、改扩建时，应符合《铁路专用线接轨管理办法》等有关规定。

从事铁路危险货物运输技术咨询及评价的第三方机构应尊重科学、实事求是，客观公正地开展技术咨询和安全评价工作，真正起到辅助决策的作用。在危险货物运输管理中，政府、企业、第三方机构应借鉴国外经验，理清相互权限范围，明确各自职责分工，通过建立沟通协调机制（如联席会议制度等），定期协商探讨铁路危险货物运输风险防控方面的关键问题，推进安全分析与评价新方法、新技术的革新。

2. 安全评价的依据

站内办理站、兼办站和与国铁接轨的危险货物专用线企业应当按照《安全生产法》《危险化学品安全管理条例》《铁路危险货物运输安全监督管理规定》《危险化学品建设项目安全监督管理办法》等法律、法规、规章相关规定，对危险货物装卸、储存作业场所和设施等安全生产条件进行安全评价。安全评价机构应严格按照有关法律、法规、规章和标准等规定开展安全评价工作，并对评价结果负责。安全评价报告应符合有关法律、法规、规章、标准和铁路危险货物办理站、专用线货运安全设备设施有关技术条件等相关规定。被评价单位应落实安全评价报告中的整改方案，消除安全隐患。

3. 安全评价内容

(1)危险货物储运库房、装卸站台、堆场、雨棚等专用设施以及装卸机具、设备是否与所办理危险货物的品类和运量相适应。

(2)危险货物作业场所的安全距离、消防、防雷、防静电、计量、安全检测、防护、储存、装卸、载运工具、污水(污物)处理等设施、设备以及专用线接轨方式、线路作业条件等铁路运输安全基本设施、设备，是否符合法律、法规、规章和标准等规定。

(3)管理人员、货运作业人员、装卸作业人员、运输经办人员和押运人员等是否经过铁路危险货物运输业务知识培训合格，是否熟悉本岗位的相关危险货物知识，是否掌握铁路危险货物运输规定。

(4)是否建立健全危险货物受理、承运、装卸、储存保管、消防、劳动安全防护等安全作业及管理制度。

(5)是否制定完善的铁路危险货物运输事故应急预案，是否配备应急救援人员和必要的救援器材、设备。

4. 评价后办理限制的确认

铁路局集团公司确认办理限制前，应制定相关评估办法，应组织对危险货物办理条件进行安全评估，并形成安全评估报告或安全评估意见，不符合安全要求的不得批准。铁路局集团公司应根据相关规定和要求，确认批准《办理限制》中管内增加或修改内容，并报国铁集团货运部公布。新增爆炸品、剧毒品、放射性物质(物品)和气体类危险货物办理限制时，由铁路局集团公司确认后将安全评估报告等相关材料报国铁集团货运部批准公布。站内办理时，办理限制包括办理站名称，发送、到达品名及相应的装运方式。接轨的专用线办理时，办理限制包括接轨站、专用线名称，发送、到达品名及相应的装运方式；专用线共用时，还应包括共用单位名称，发送、到达品名及相应的装运方式等。

5. 安全评价方法的选择

选择评价方法的前提是对所要评价的系统特点进行充分挖掘和分析，理清系统各层影响因素指标以及层间影响因素指标之间的相互关系和作用形式，在此基础上，结合各指标的定性或定量特点以及系统的特点，在常规评价方法的基础上做出适当的调整和改进。

（1）选择安全评价方法考虑的因素

安全评价方法很多，选用评价方法时应根据评价对象（系统）的特点、系统的规模与复杂程度、评价对象的危险性、评价目标、资料占有情况、其他因素以及评价方法的特点，选用几种方法对同一对象进行评价，互相补充、分析综合、相互验证，以提高评价结果的准确性。

从上述常用评价方法简介可知，综合评价的方法很多，每一种方法都有其各自的优缺点及适用范围，选择哪一种方法，需要根据评价对象的不同特点而定，有时也需要几种评价方法同时使用，相辅相成，才能得到比较全面和科学的结论，达到事半功倍的效果。

（2）安全评价方法的选择

对于铁路危险货物办理站、专用线（专用铁路）来说，它是一个比较复杂的系统，涉及面广，对其进行安全评价，需要综合考虑管理、货物、环境以及人等各方面因素的影响，因素颇多，且大多难以量化，只能用“优”“良”等级概念来评述，具有较强的多样性、模糊性。因此在进行安全评价的过程中，不仅要对影响因素进行层次划分，分不同层次进行评价，而且也需要考虑因素的多样性、模糊性特征。而模糊层次综合评价在处理类似这种多因素、多层次复杂事物上，有其他评价方法所无法比拟的优点，案例采用模糊综合层次评价法对办理站、专用线（专用铁路）进行安全评价。

模糊层次综合评价法是将模糊数学与层次分析法相结合的一种系统评价方法，其基本原理是：在确定评价因素和权值的基础上，运用模糊集合变换原理，以隶属度描述各因素的模糊界线，构造模糊评判矩阵，通过多层的复合运算，最终确定评价对象所属评价等级。

6. 安全评价的基本工作流程

第三方专业技术机构向办理站、企业危险货物专用线（专用铁路）咨询，了解到具体情况后，向该办理站、企业专用线（专用铁路）发去“初审资料目录”。收到初步资料后，若分析符合评价基本条件，则正式接受办理站、企业专用线（专用铁路）公司委托，向该企业专用线（专用铁路）发去进行安全评价所需的“详细资料目录”。在得到办理站、企业专用线（专用铁路）提供的部分资料后，派出现场调研人员赴办理站、企业专用线（专用铁路）进行现场调研工作并收集现场直观资料，同时根据现场调研情况要求企业提供所需补充资料。之后经专家组对所有资料进行分析、评议、论证，由项目组提出《安全评价分析报告》初稿，经专家组审阅、项目组修改、文整，完成报告正式文本，工作详细流程如图 7-2 所示。

7. 安全评价的程序（以专用线为例）

铁路危险货物专用线安全评价的程序按照安全评价的基本程序进行，包括评价前期准备、现场评价实施、安全条件分析、评价报告编制、评价报告评审五大部分，如图 7-3 所示。

（1）评价前期准备

根据铁路危险货物专用线这一特定评价对象，收集国内相关法律法规、技术标准、规章制度及专用线的技术资料，初步判断专用线是否符合基本条件，如符合，则详细了解专用线的装卸流程、所办理的危险货物的危险性、操作条件、相关设施、设备结构以及曾经发生的相似事故案例等。

（2）现场评价实施

深入专用线现场，在查阅、核实装卸流程、所办理的危险货物的危险性、操作条件、相关设施、设备结构的基础上，识别和分析危险、有害因素，确定危险、有害因素存在的部位、存在的方式、事故发生的途径及其变化的规律。

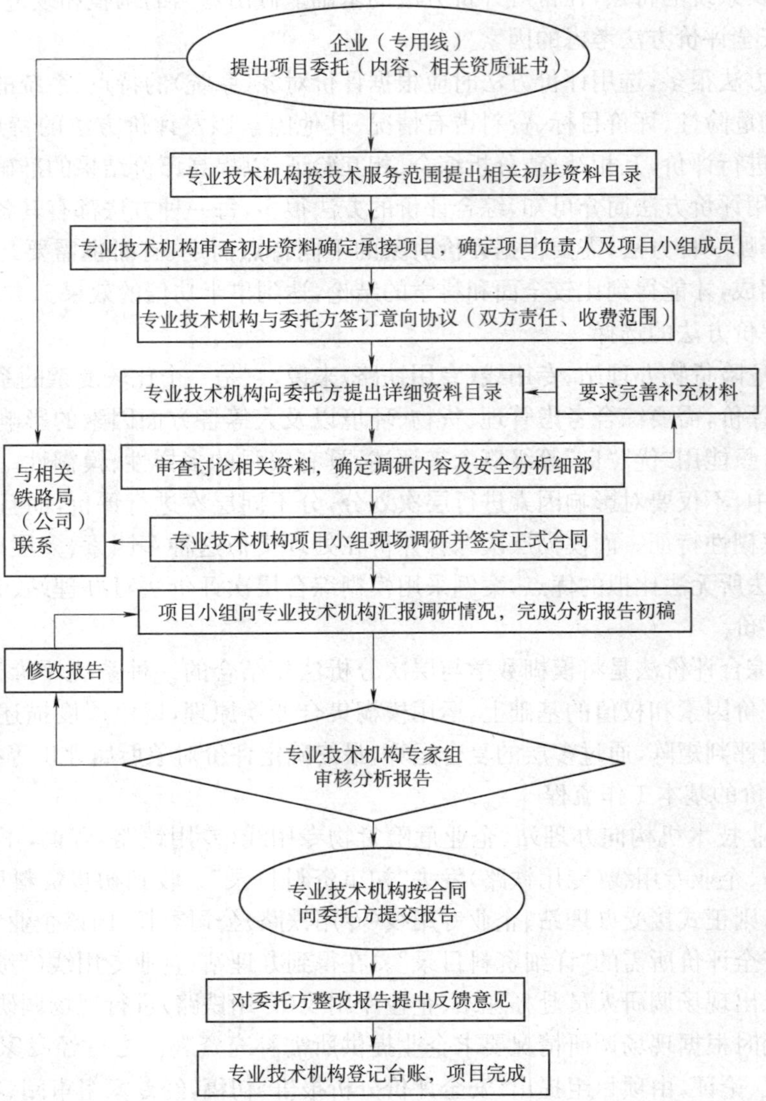

图 7-2 第三方专业技术机构(中心)安全评价工作流程

(3)安全评价

在对危险因素识别和分析的基础上，建立安全评价指标体系，划分评价单元，选择合理的评价方法，对专用线发生事故的可能性和严重性进行定性、定量评价，在此基础上进行危险性等级确定，必要时对可能发生的重大事故后果进行估算，以确定安全管理的重点。根据定性、定量评价结果，提出消除或减弱危险、有害因素的技术和管理安全对策、措施及建议，对可能发生的重大事故应提出应急救援预案。简要列出主要危险、有害因素的评价结果，指出专用线应重点防范的重大危险因素，明确应采取的重要安全措施。

(4)评价报告编制

根据评价样本模式，制定评价报告大纲，依据安全评价过程编制相应的安全评价报告。

(5)安全评价报告的评审

将评价报告送专家小组评审。

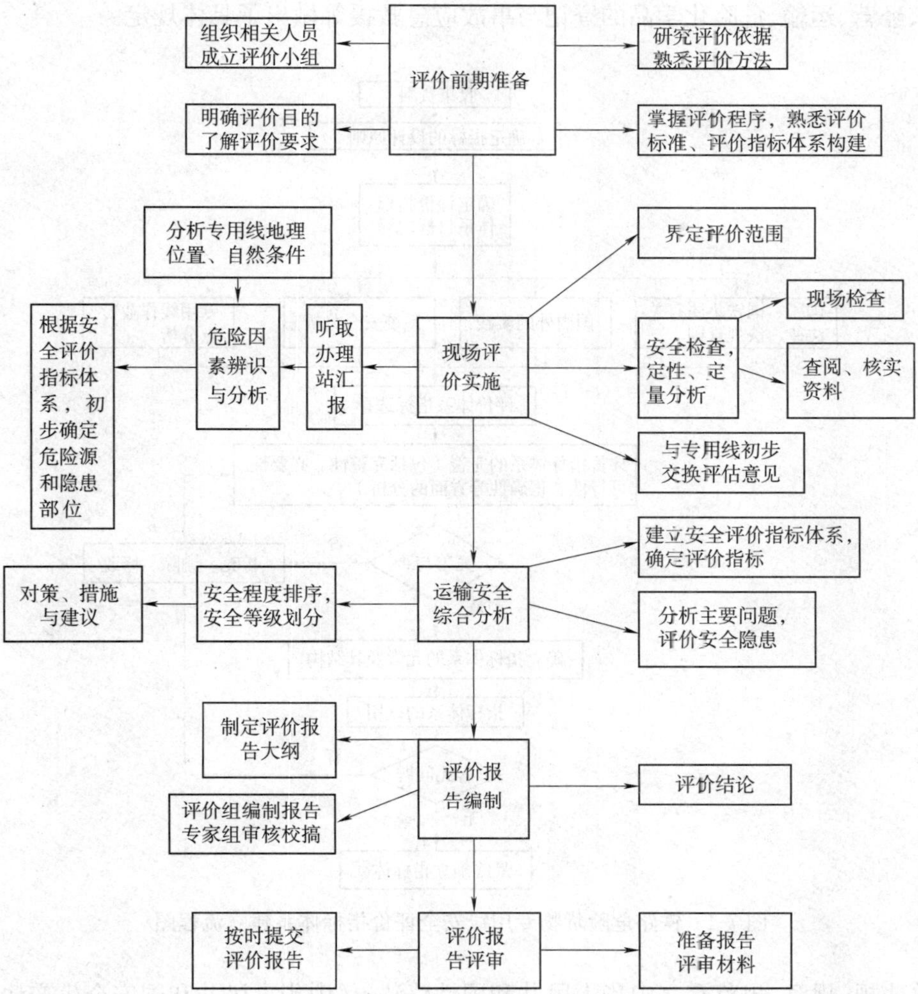

图 7-3 铁路危险货物专用线安全评价流程

8. 安全评价指标体系的建立

(1)安全评价体系建立的流程

根据铁路危险货物运输专用线安全评价的基本程序及铁路危险货物运输特点，尽可能达成评价指标体系的合理化、程序化，按照图 7-4 所示流程建立指标体系。

(2)安全评价指标确定的依据

①国家的安全生产方针、政策

由于危险货物具有易燃、易爆、有毒及氧化等危险特性，运输过程中，如果对其特性认识不足，管理不善，致使操作失误，将可能造成重大人身伤亡和经济损失，造成极其恶劣的影响。因此，我国政府制定了一系列相关法规、标准，为确定评价指标体系提供了政策依据。主要依据的法规、规章、规范有三类，即国家安全生产和危险化学品管理的相关法律条例、铁路危险货物运输相关规章以及其他相关行业的规范和标准。

国家安全生产和危险化学品相关的法律条例主要有《中华人民共和国安全生产法》《危险化学品安全管理条例》。前者确定了我国安全生产的七项基本制度，对安全生产领域从业人员、管理人员、监督人员的权利和义务进行了明确的划分和定位；后者对危险化学品的生产、储存、使用、经营、运输、危险化学品的登记与事故应急救援等做出了具体规定。

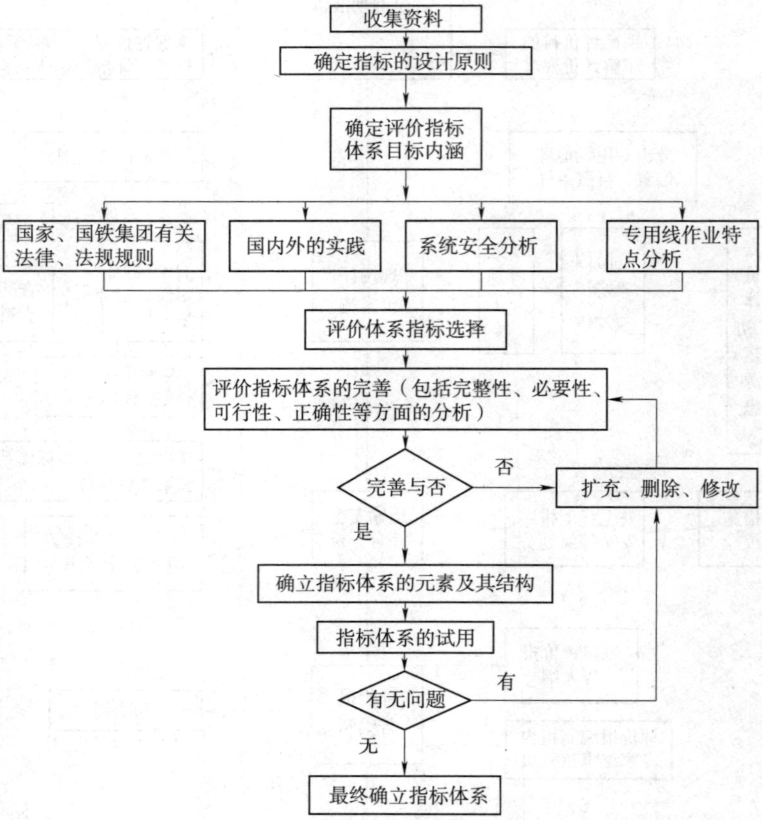

图 7-4　铁路危险货物专用线安全评价指标体系建立流程图

相关法规、规章、规范有:《中华人民共和国铁路法》、《中华人民共和国安全生产法》、《中华人民共和国环境保护法》、《中华人民共和国消防法》、《危险化学品安全管理条例》、《劳动防护用品管理规定》、《易燃易爆化学物品消防安全监督管理办法》、《建筑设计防火规范》(GB 50016)、《工业企业总平面设计规范》(GB 50187)、《建筑物防雷设计规范》(GB 50057)、《爆炸和火灾危险环境电力装置设计规范》(GB 50058)、《建筑灭火器配置设计规范》(GB 50140)、《特种作业人员安全技术考核管理规则》(GB 5306)。

②国铁集团有关危险货物运输的法规、规范、规则

铁路危险货物运输相关规章主要有《铁路安全管理条例》《危规》《铁路工程设计防火规范》及其他货运规则。《铁路安全管理条例》对铁路线路安全、道口安全、危险货物运输承运人、托运人应具备的条件等内容做出了明确规定。《危规》详细规定了铁路危险货物运输的各项内容,也是进行安全评价最主要的依据。还有其他相关行业的标准有消防设计、防雷防静电相关规范,石油化工行业有关规范,劳动保护规范等。

相关法规、规范、规则有:《铁路技术管理规程》《铁路货物运输规程》《品名表》《办理限制》《铁路危险货物运输事故应急预案及施救信息网络》。

③铁路危险货物运输专用线的安全生产技术工作的现状和安全生产中、长期规划,上级部门要求达到的目标值。

④铁路危险货物专用线的技术设备、设施现状。

⑤铁路危险货物专用线安全管理的薄弱环节。

⑥铁路危险货物专用线的主要危险因素。

(3)构建安全评价指标体系

铁路危险货物专用线评价指标体系的建立是开展安全评价的前提和基础，可对铁路危险货物专用线安全管理状况进行分析，并提出量化参考，指标的选择及指标层次结构的划分对评价结果都有很大的影响。在分析影响专用线安全因素的基础上，遵循政策性、科学性、全面性、具有计量性和可操作性、具有独立性、导向性的原则，可以确定与之对应的评价指标，建立与之对应的评价指标体系。为使建立的评价指标体系更加合理化、程序化，根据图 7-4 所示流程，构建铁路危险货物专用线的安全评价指标体系，如图 7-5 所示。

该指标体系根据层次法的常规做法，将指标体系分为目标层、准则层、子准则层和指标层四个基本层次。

①目标层

危险货物专用线总体安全水平。

②准则层

将影响铁路危险货物专用线安全的主要因素划分为危险货物专用线基本条件、综合安全管理、所办理的危险货物危险性及包装、各项设施设备、员工素质、环境六个方面。

③子准则层

通过对准则层各项因素的作用原理分析，分析确定影响准则层各项安全因素水平的次级影响因素。

④指标层

指标层是评价系统安全的具体指标或参量，通过对影响子准则层各项因素的作用原理分析，找出决定子准则层各项因素影响安全水平的具体因素。

9. 模糊层次综合评价模型建立

采用模糊综合层次评价法对铁路危险货物专用线进行安全评价，构建评价模型。评价模型包括影响因素指标集的确立、评语等级集的确定、影响因素权重的计算、综合模糊评判的建立及等级赋分法确定安全等级几方面内容。

(1)指标集的确立

根据图 7-5 所示的指标体系，定义相关的符号：目标层为 S，准则层表示为 $U=\{u_1,u_2,\cdots,u_6\}$；子准则层表示为 $U_i=\{U_{i1},\cdots,u_{ij},\cdots,u_{iJ_i}\}$，$(i=1,2,\cdots,6;j=1,2,\cdots,J_i)$，其中 j_i 为第 i 个准则下指标的个数；指标层可表示为 $U_{ij}=\{u_{ij1},\cdots,u_{ijk},\cdots,u_{ijK_{ij}}\}(i=1,2,\cdots,6;j=1,2,\cdots,J_i;k=1,2,\cdots,K_{ij})$，其中 K_{ij} 为第 i 个准则、第 j 个子准则下因素的个数。

(2)评语集的确定

为了描述专用线的危险货物作业安全特征，建立五级评语集，即 $V=\{v_1,v_1,v_3,v_4,v_5\}=$ {优，良，一般，较差，差}，可根据最终评价结果的得分值对照表 7-3 中得分区段确定专用线安全等级。

(3)权重向量的计算

采用层次分析法，分别构造准则层、子准则层和指标层权重向量所需要的模糊判断矩阵，以准则层权重向量的模糊判断矩阵构造为例：

$$\boldsymbol{A}=[a_{ij}]_{m\times n} \tag{7-1}$$

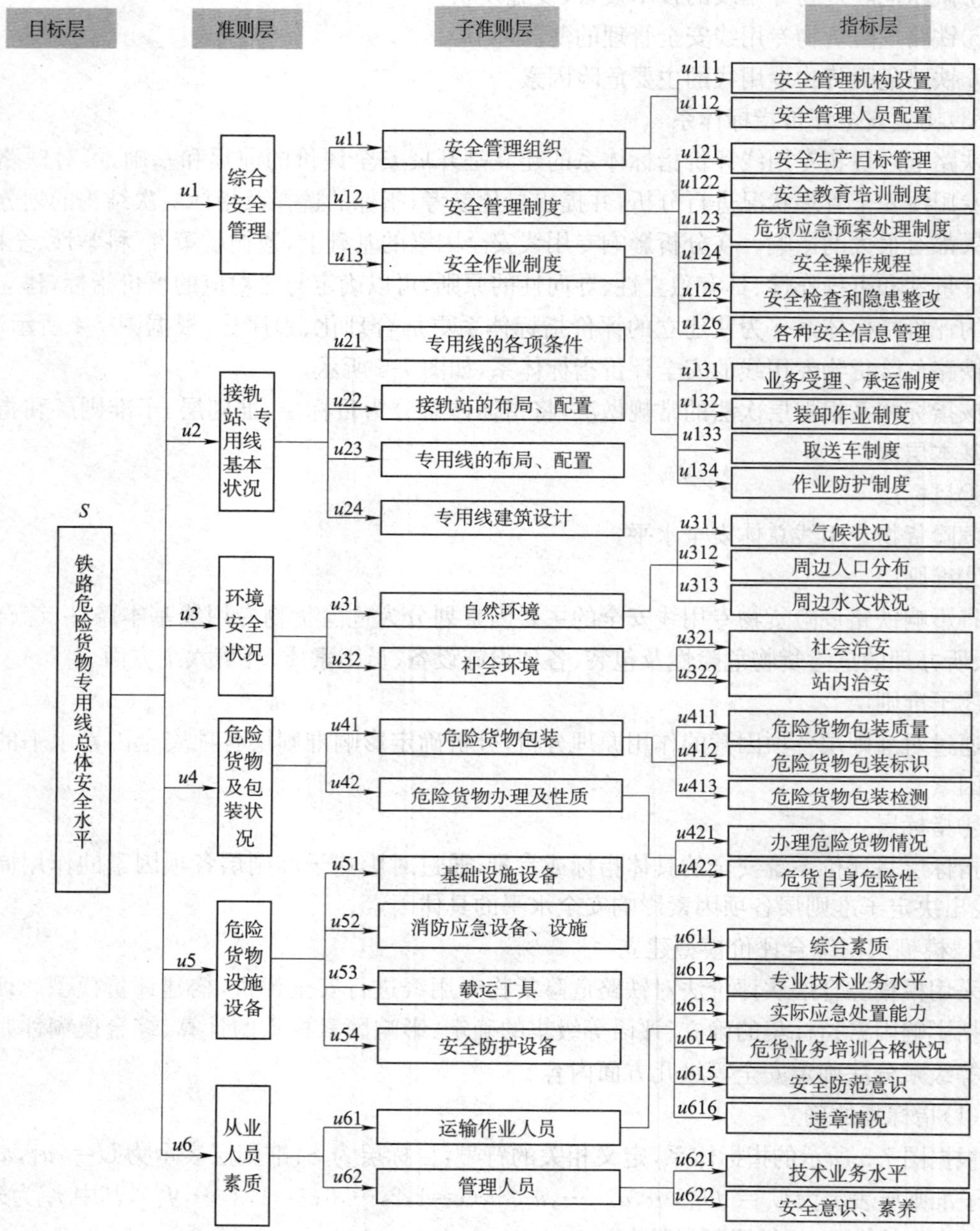

图 7-5　铁路危险货物专用线安全评价指标体系

表 7-3　评价等级表

得分区段	100～90	89～80	79～70	69～60	60 分以下
评价等级	优	良	一般	较差	差

式中 $a_{ij}>0, a_{ii}=1, a_{ij}=1/a_{ji}(i=1,2,\cdots,n;j=1,2,\cdots,n)$。

a_{ij} 越大,代表第 i 类作业同第 j 类作业相比而言越重要,其值为 1 时,代表重要性相当。

对 $\boldsymbol{A}$ 按列规范化,即对判断矩阵 $\boldsymbol{A}$ 中的每一列正规化:

$$\overline{a_{ij}}=\frac{a_{ij}}{\sum_{i=1}^{n}a_{ij}} \tag{7-2}$$

按行相加得和向量并对其正规化：

$$w_i=\sum_{j=1}^{n}\overline{a_{ij}}/\sum_{i=1}^{n}\sum_{j=1}^{n}\overline{a_{ij}} \tag{7-3}$$

即可得到准则层权重向量 $\boldsymbol{W}=\{w_1,w_2,\cdots,w_6\}$ 。

由于客观事物的复杂性以及人们对事物认识的模糊性和多样性，所给出的判断矩阵不可能完全保持一致，需要进行一致性检验：

先计算矩阵最大特征根：

$$\lambda_{\max}=\sum_{i=1}^{n}\frac{|\boldsymbol{A}w_i|_i}{n(w_i)_i}$$

然后进行一致性检验，计算一致性检验指标 CI：

$$\mathrm{CI}=\frac{\lambda_{\max}-n}{n-1} \tag{7-4}$$

式中　n——判断矩阵阶数。

若随机一致性比率 $\mathrm{CR}=\frac{\mathrm{CI}}{\mathrm{RI}}<0.10$，则判断矩阵具有满意的一致性，否则需要对原判断矩阵作出调整重新计算。随机一致性指标 RI 取值见表 7-4。

表 7-4　平均随机一致性 RI 指标取值

n	1	2	3	4	5	6	7	8	9	10
RI	0.00	0.00	0.58	0.90	1.12	1.24	1.32	1.41	1.45	1.49

依据类似的方法，可求得子准则层和指标层中权重向量。

(4)评语隶属度的确定

评语隶属度反映了每一因素对某一评价的耦合程度，假定第 i 个准则、第 j 个子准则下第 k 个因素对于第 q 个评级的隶属度用 r_{ijkq} 表示($i=1,2,\cdots,6;j=1,2,\cdots,J_i;k=1,2,\cdots,K_{ij};q=1,2,\cdots,5$)，其中 $\sum_{q=1}^{5}r_{ijkq}=1$。

选定若干位长期从事铁路危险货物运输工作研究的专家，对专用线指标层的安全水平分别进行判断并统计评判值，即可得出每项影响因素对每个评价等级的隶属度。

(5)模糊层次综合评价值计算

根据指标层权值向量 $\boldsymbol{W}_{ij}=(w_{ij1},w_{ij2},\cdots,w_{ijK_{ij}})$ 及评语隶属度 r_{ijkq}，可得第 i 个准则、第 j 个子准则的评价隶属度向量 $\boldsymbol{R}_{ij}=(r_{ij1},r_{ij2},\cdots,r_{ij5})(i=1,\cdots,6;j=1,2,\cdots,J_i)$，计算公式如下：

$$\boldsymbol{R}_{ij}=(w_{ij1},w_{ij2},\cdots w_{ijK_{ij}})\begin{bmatrix} r_{ij11} & r_{ij12} & \cdots & r_{ij15} \\ r_{ij21} & r_{ij22} & \cdots & r_{ij25} \\ \vdots & \vdots & & \vdots \\ r_{ijK_{ij}1} & r_{ijK_{ij}2} & \cdots & r_{ijK_{ij}5} \end{bmatrix} \tag{7-5}$$

由 $\boldsymbol{R}_{ij}$ 构成子准则层评语隶属度矩阵。

根据子准则层权重向量 $\boldsymbol{W}_i=\{w_{i1},w_{i2},w_{i3},\cdots w_{iJ_i}\}$ 及子准则层评语隶属度矩阵，可得第 i 个准则的评价隶属度向量 $\boldsymbol{R}_i=(r_{i1},r_{i2},\cdots,r_{i5})(i=1,\cdots,6)$，计算公式如下：

$$\boldsymbol{R}_i=\boldsymbol{W}_i\cdot\boldsymbol{R}_{ij}=(w_{i1},w_{i2},\cdots w_{iJ_i})\begin{bmatrix} r_{i11} & r_{i12} & \cdots & r_{i15} \\ r_{i21} & r_{i22} & \cdots & r_{i25} \\ \vdots & \vdots & & \vdots \\ r_{iJ_i1} & r_{iJ_i2} & \cdots & r_{iJ_i5} \end{bmatrix} \tag{7-6}$$

由 $\boldsymbol{R}_i$ 构成准则层评语隶属度矩阵 $\boldsymbol{R}$。最后，根据准则层权重向量 $\boldsymbol{W}=\{w_1,w_2,w_3,\cdots,w_6\}$ 及准则层评语隶属度矩阵 $\boldsymbol{R}$，求得最终综合评价结果，计算公式如下：

$$\boldsymbol{S}=\boldsymbol{W}\cdot\boldsymbol{R}=(w_1,w_2,\cdots w_6)\begin{bmatrix} r_{11} & r_{12} & \cdots & r_{15} \\ r_{i1} & r_{i2} & \cdots & r_{i5} \\ \vdots & \vdots & & \vdots \\ r_{61} & r_{62} & \cdots & r_{65} \end{bmatrix}=(s_1,s_2,\cdots,s_5) \tag{7-7}$$

式中　s_q—— 评价结果对第 q 个评价等级的隶属度。

(6)综合评价结果量化

按照表 7-3 给不同等级评价标定以不同的分值，根据评价结果对不同等级的隶属度不同，得出目标层的量化评判结果：

$$s=s_1\times 95+s_2\times 85+s_3\times 75+s_4\times 65+s_5\times 40 \tag{7-8}$$

第三节　铁路危险货物运输全面质量管理

铁路危险货物运输的质量管理，其实质是规章法治化、设备现代化、作业标准化、管理科学化、人员智能化的有机结合，这一结合的管理理论就是全面质量管理和质量保证。

铁路危险货物运输全面质量管理的基本工作方法有如下几种：

一、PDCA

质量管理运用的基本工具是 PDCA 循环法，又称管理环。PDCA 循环的含义：进行质量管理工作要按四个阶段进行，即计划(plan)—执行(do)—检查(check)—处理(action)。

第一阶段是计划阶段，包括制定方针、目标、活动计划等项内容。

第二阶段是执行阶段，按照计划阶段的内容去执行、落实。

第三阶段是检查阶段，对执行的情况、结果进行检查，测试并和原来的计划进行对比，总结经验，找出问题。

第四阶段是处理阶段，巩固措施、处理遗留问题。这一阶段是一个完整循环中不可缺少的组成部分，又是衔接上下管理环节的纽带。

管理环的循环运作基本有两种，逐级制定同一目标的循环和逐级上升的阶梯式循环。

图 7-6 是某危险货物办理站为解决危险货物装卸环节的安全问题，开展攻关，实施三次循环。

二、排列图法

排列图法即主次因素排列图(巴雷特图)，把不良、缺陷等影响产品质量的主要问题，按其

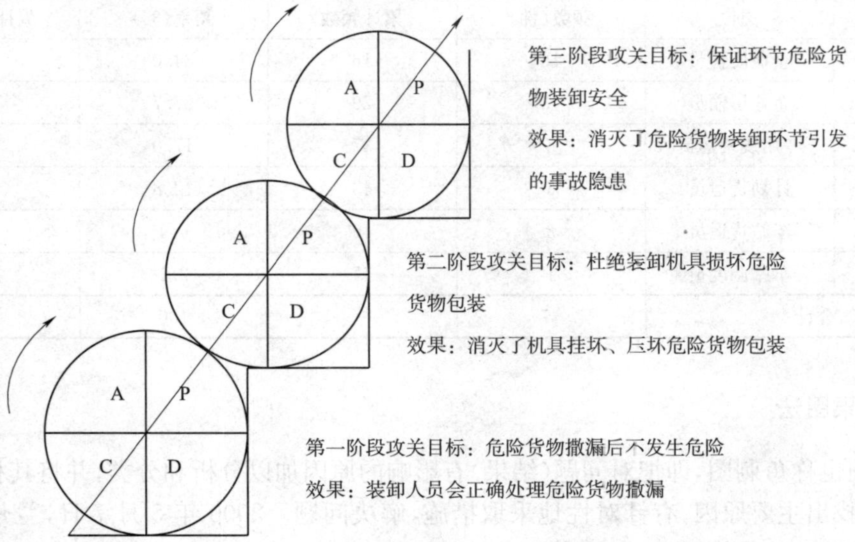

图 7-6　PDCA 循环图

产生的原因、状况进行分类，统计第一类发生的频数，然后按数值大小进行排列画成直方图，并画出累计百分曲线。根据这一原理，某铁路局集团公司近三年主要危险货物品类运输安全隐患排列如图7-7所示。

采用排列图法，有助于对一个铁路局集团公司、车站在一定时期内发生的各种事故频数进行分析比较，进而把握重点，有针对性地采取措施。由图 7-7 可知，液化气体罐车运输存在的安全隐患占 38.6%，连同汽油运输共占 61.5%。该铁路局集团公司应重点组织各质量小组(QC)对液化气和汽油的承运、装卸进行攻关，找出问题，提出对策，并付诸实践。

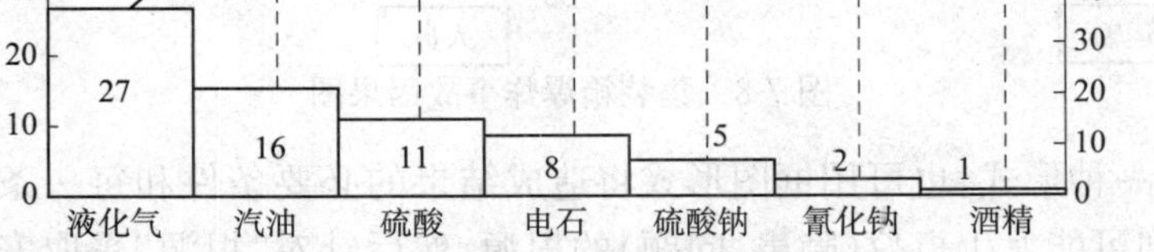

图 7-7　某铁路局集团公司危险货物运输事故排列图

三、分层表法

分层，即把收集到的数据按照不同的目的(事故种类或部门车间或工作岗位)归结后再以排列图形式划出，也可以将有关数据列表显示。表 7-5 为某办理站各岗位发生危险隐患的频数分析表。

表 7-5　各岗位发生危险隐患的频数分析

顺号	岗位	频数(件)	累计频数	频率(%)	累计频率(%)
1	企业质检员	16	16	34.0	34.0
2	企业运输员	13	29	27.7	61.7
3	专用线货运员	8	37	17.0	78.7
4	计划货运员	6	43	12.8	91.5
5	车站货运员	3	46	6.4	97.9
6	车站调度员	1	47	2.1	100
合计		47	—	100	—

四、因果图法

因果图也称鱼刺图，即把对问题(结果)有影响的原因加以分析和分类，并将其相互关系用箭头表示，找出主要原因，有针对性地采取措施，解决问题。2000 年 5 月 7 日，兰州西站上发场一个 10 t 集装箱发生爆炸，造成人员重伤和经济损失。经查，该箱为郑州东发银川水玻璃(硅酸钠)，货主谎报品名，实为危险货物苯、甲苯和苯乙烯的混合物。图 7-8 为该次事故的因果分析图。

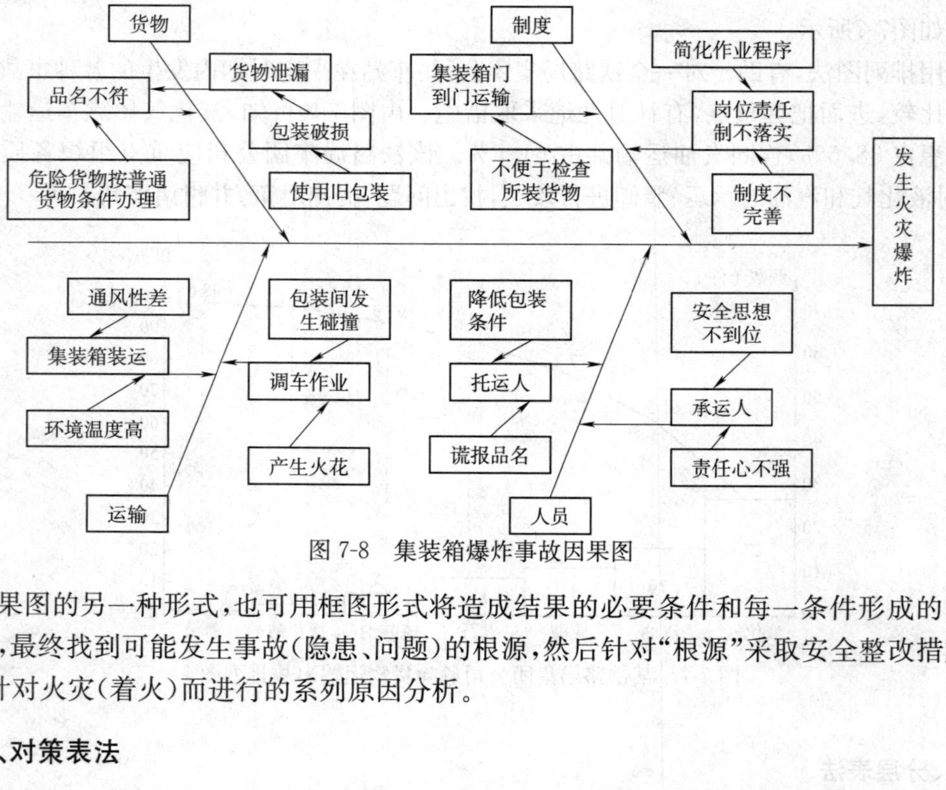

图 7-8　集装箱爆炸事故因果图

因果图的另一种形式，也可用框图形式将造成结果的必要条件和每一条件形成的因素逐一分析，最终找到可能发生事故(隐患、问题)的根源，然后针对“根源”采取安全整改措施。图 7-9 是针对火灾(着火)而进行的系列原因分析。

五、对策表法

对策表是针对某个质量问题，通过排列图、分层图、因果图等找出影响产品质量的原因和主要因素以后，将计划采取的相应对策一一列出的一览表。在全面质量管理中，对发现和发生的各种影响质量和安全的因素，采取质量小组(QC)研究攻关的措施。QC 小组由安全小组长或技术人员担任，根据不同任务、制定攻关计划然后实施，经专家论证、领导批准便形成“对策”。

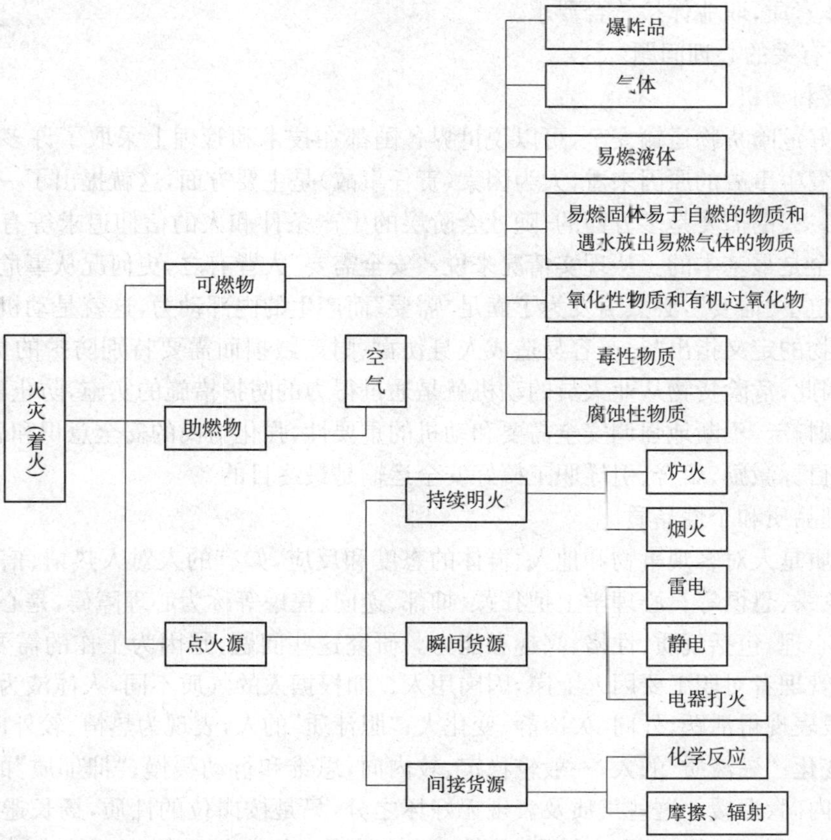

图 7-9　火灾(着火)的成因分析

第四节　危险货物从业人员素质培养及安全文化建设

一、人员素质要求及应知应会

国内外在管理学的行为科学中均提出了“以人为本”的理念，而且在管理实践中得到了有力证明，因而在认识上达到了高度统一。我国把“以人为本”作为思想路线的一个方面，在法律、法规中得到了体现。为保证危险货物运输安全所制定的一切规章、制度、办法、要求，都是“一切为了人和为了人的一切”，是人们长期在生产实践和知识传承中的总结，而且还需要通过人的实践活动来不断完善。

1. 人员素质的内涵

素质泛指万物本来的性质。在人类的生活生产活动中则指应具备的基本条件。当今社会把素质的内涵扩展到思想素质、业务素质、文化素质、心理素质、身体素质，其五项素质的综合，称之为“全面素质”。各行各业对人员素质均有要求，但程度和侧重有所不同。危险货物从业人员，由于特殊的工作对象、条件和目的，素质要求强调：

(1)思想素质，对危险货物运输的意义认识明确，爱岗敬业。

(2)业务素质，熟悉规章制度，管理能力和操作能力强。

(3)文化素质，达到规定的文化和专业水平，文明交往、协作精神好。

(4)心理素质，有良好的心理品质，热情、沉着、灵敏，自我调节能力强。

(5)身体素质,职业体检符合要求。

2. 几个有关的心理问题

(1)需要和动机

为了搞好危险货物运输安全,可以说世界各国都在技术和管理上采取了许多行之有效的办法。但从发生事故的原因来看,人为因素(责任事故)是主要方面,这就提出了一个人的需要和动机问题。人的需要是多方面的,随社会阶层的生产条件和人的信仰追求等有不同。但生存、生理、安全是最基本的。从现实情况来说,“安全需要”人皆有之,更何况从事危险货物运输的人呢!认定了“需要”,必然引发为了满足“需要”而产生的内部动力,这就是动机。《危规》在铁路危险货物的定义指出“……容易造成人身伤亡、财产毁损而需要特别防护的货物,均属危险货物”。因此,危险货物从业人员的动机就是通过得力的防护措施的实施,防止事故发生,保护人民生命财产。不断地强调安全需要和动机的重要性,强化为民的安全意识和思想境界,以清晰的安全目标激励、聚合、引导职工搞好安全运输是最终目的。

(2)心理品质和个性品质

心理品质是人对客观事物和他人、群体的态度和反应,如有的人对人热情、信赖、关心,有的人冷漠、急躁、恐惧等。心理学上把狂躁、抑郁、逆向、焦虑等称为心理障碍,是心理不健康的表现。个性心理,包括气质、性格、兴趣和能力。研究这些问题,是因为工作的需要,特别是各级领导者和管理者对职工要因人上岗,因岗用人。如根据人的气质不同,人体液为“多血质”类型的人,一般表现得活跃、外向、欠冷静、变化大;“胆汁质”的人,表现为热情、较外向、但也有时不冷静、有变化;“黏液质”的人,一般较稳定、较内向,思维和行动缓慢;“抑郁质”的人,表现为孤僻、细心、内向、迟缓。这些气质及表现无好坏之分,只是按岗位的性质,扬长避短,把“好钢用到刀刃上”。再如性格问题,有诚恳、热情、健康、虚伪、冷漠、沉默等,它有好坏之分。气质和性格相互影响,前者有一定的固有性,后者需要在社会实践中扬长补短。从事危险货物的人员应该以胆汁质和黏液质为主,倡导热情、稳健、灵敏、细心,办事不能草率、马虎、浮躁。

(3)侥幸心理

侥幸心理就是通常所说的“碰运气”,是一种对环境持有错误态度,想从偶然中得到愉快情绪体验的心理态度,这种心理的产生根源是信息来源不准确或有限,类比化思维方式下的以点概面,先入为主的信息封堵了其他信息的输入,把偶然满足视为必然复显,从而“守株待兔”。导致危险货物运输发生事故的因素是多方面的,不但种类复杂、相互影响、包装各异、装卸频繁、信息多变,而且在日晒、雨雪、雷电、风沙侵袭之下穿城越野,如果用定势思维方式臆测判断,想图轻松、走捷径、碰运气,那是绝对不能保证安全的。

(4)个体习惯

心理学和行为科学中把人在后天养成的一种在一定情况下自动地去用一种常用思维方式或行为的特殊倾向称为习惯,每个人具有不同的习惯。习惯有好坏之分,但都是经过长时间、多次的重复形成的,常说的“习惯性思维”“习惯性动作”等表现即是。直接从事危险货物的从业人员应该养成良好的安全习惯,如入场(库)禁止吸烟和不带火种、不打手机、不穿化纤衣服的习惯,发生火灾立即报警和正确使用消防器材的习惯,线路(库)区养成“一站二看三通过”的习惯,养成各环节确认货物特性和消防特性的习惯等等。

(5)记忆和遗忘

记忆是人脑对过去经历过的事物的反映痕迹,如对思考过的问题、体验过的情感、观察和参与过的事故等留下的印象,形成经验,这就是记忆。记忆过程分为识记、保持、再认和回忆;

记忆分类有形象记忆、逻辑记忆、情绪记忆和实作记忆。人对留在大脑中的遗留痕迹(印象)的消失则为遗忘。

凡是从事危险货物运输的人员都有一个共同的感觉,即此项工作需要有很强的记忆能力,特别要记住很多的数字(号码)。第一,规章内容很多,查找有困难;工作岗位活动范围较大,人脑总比电脑"方便"。第二,危险货物发生问题和事故,都是"急事急办",特别是事故初发应急反应绝对要灵敏,只靠查、找、印、发,往往会贻误施救时机。第三,《危规》全部文件考虑了人、机记忆,搭建了数字化平台。如分类项及品名编号、包装方法及标志号、洗刷号、特殊编号、配放号、溜放号、隔离号、局管办理站(专用线)号及重要电话号码等,各单位应根据实际,对需要、必要、重要、主要的数字进行记忆。经过心理学实验,认为加强记忆的方法,首先是根据"遗忘曲线"中初期记忆消失严重的结论,强化初始记忆;其次是多次重复记忆;第三,识记和印象的深刻化是要求记忆对象形象、直观、易懂(如分类标志)和记忆者的饱满情绪及迫切性;第四,对复杂的内容进行归纳(如"四不放过""四个统一""四查五到位""健全五个体系""一杜绝、二提高、三消灭");第五,一看二念三写四动作,眼口手脑并用,加深印象;第六,复诵确认。

3. 从业人员的培训

铁路危险货物运输各相关单位(部门)应加强危险货物运输从业人员的技术业务培训,切实提高危险货物运输人员的技术管理水平和技术业务素质,保证危险货物运输专业技术管理人员的稳定。

(1)铁路企业需培训人员

铁路局集团公司应定期组织对管内危险货物运输有关单位(部门)的主要负责人员、安全管理人员、货运作业人员、装卸作业人员、货检作业人员等进行技术业务培训。对持有"铁路岗位培训合格证书"的铁路货运作业人员、装卸作业人员以及货检人员等铁路从业人员,由培训单位在证书的"资格性合格证"中予以登记并签章。未经培训合格的从业人员,不得上岗。

(2)铁路企业相关技术业务培训主要内容

①危险货物运输的有关法律、法规、规章、标准。

②国铁集团、铁路局集团公司等有关文电规定。

③危险货物运输基础理论和劳动卫生与职业健康知识。

④国内外危险货物运输现代化管理及发展趋势。

⑤事故应急预案和环保应急处理预案、救援方法。

⑥危险货物事故案例、环保应急处理案例分析以及重大危险源的辨识和控制方法。

⑦其他专项技术培训。

⑧涉及铁路危险货物运输的法律、法规、规章和标准发生变化以及改变运输条件或应用新技术设备时,应组织进行专题培训。

(3)危险货物运输相关企业需培训人员

铁路局集团公司应督促危险货源企业对企业运输员、押运员、经办人、装卸作业人员等从业人员依法进行安全教育和岗位技术培训,考核合格后上岗作业;对有资格要求的岗位,应当配备依法取得相应资格的人员。企业应当对本单位危险货物从业人员进行安全、环保、法治教育和岗位技术经常性培训,经考核合格后方可上岗。从业人员应当掌握所运输危险货物的危险特性及其运输工具、包装物、容器的使用要求和出现危险情况时的应急处置方法。

(4)培训方法

①进一步提高危险货物从业人员对培训重要性的认识,应结合危险货物的危险特性和国

内外典型案例,对有关法律、法规的精神和主要条款进行宣讲,提高认识层次。

②把危险货物运输的具体工作和国家全面建设小康社会和谐社会,实现科学发展和安全发展的目标结合起来,通过安全管理、安全操作,进一步提高参加培训的思想认识境界。

③坚信“知识就是力量”“实践出真知”,从业人员要认识到知识、实践、智能的完美结合是搞好安全工作的必要条件。知识浅薄,难免工作中担惊受怕、提心吊胆,或者胆大包天,随心所欲。前者不知人能制造危险品,就能安全防护危险品;后者不知违反危险品安全要求,就要人、财两伤。因此,培训机构应树立“授人以渔”的思想,使学习者确能“举一反三”,同时要做好总结、传播实际工作经验。通过以上三方面的认识提高,克服培训、学习中临时观点的短期行为、就事论事、忽视基础理论学习等不正确的观念。

4. 危险货物运输从业人员的应知应会

(1)知《危规》,会查用

①知道《危规》条文及附件、附表、附录、格式和其他配套单行本规章的内容以及本铁路局集团公司、站的《危规》细则、补充规定、国铁集团(铁路局集团公司)文电。

②做到会查、会用、会填表、会报告。

(2)知特性,会分析

①知各类(项)的理化特性,明白本站(专用线)到发品名的系列规定(编号、特性、包装、消防等),理解货物的燃点、闪点、爆发点、爆炸极限、液化气重量充装系数、致死量、放射性活度等概念。

②会从货物特性出发,判断、分析运输条件、事故原因及应采取的措施。

(3)知运条,会承(托)运

①知道办理站、专用线办理品名的运输条件(办理限制、车辆使用、包装条件、特殊规定等)。

②托运人会填写运单、车站承运人会审核运单[重点是办理限制,运单左下角“托运人记事”,右上角类(项)、溜放、隔离、制动警示标记];会查验各种规定证件;车站会检查包装、监装卸、插贴各种相应的货车表示牌、标记等。

(4)知试运,会申(审)报

①托运人、承运人都要知道新产品、新包装(含改变包装)、新车辆、新运输条件的使用申请及相关文件。

②车站会审核、提出意见报铁路局集团公司(国铁集团)。

(5)知厂家,会指导

①办理站人员要知道厂家(企业)的生产条件、货物品名、特性、运量、包装、产品质量、资质、经办人工作经验及能力、押运人素质、自备车状况等。

②会对托运人提出有关业务的指导性意见,会协助专用线共同签订和实施运输、安全、共用、协议。

(6)知运输,会协作

①铁路货运及企业运输员、押运员要知道铁路运输的全过程(发、中、到)和相关的车务、机务、车辆、工务、电务的工作特点和与运输安全相关的业务知识,遇有问题,能积极协作配合,共同保证运输安全。

②企业运输员应知铁路运输对专用线综合分析、人员培训、包装监测方面的要求,积极配合。

(7)知预案,会应急

①知道本铁路局集团公司、段、站及专用线的应急预案和信息网络以及防火、防爆、防护、消防设施和设备的使用方法。

②会按预案应急施救,会报警(时间、地点、货种、程度、电话、姓名),会戒严、疏散、自救、他救。

(8)知法规,会护法

①知道相关法律、法规、规章。

②不但知法、懂法,而且能自觉守法、护法。

二、安全文化建设

文化是精神物质财富的总结,特指精神财富的文学、艺术、教育、科学等。实践证明文化是一切企事业单位发展的基础,目前开展的企业文化建设是保证企业持续发展的长效机制。安全文化建设的立意是寓安全于文化之中,通过围绕安全生产,建立安全工作的文化氛围,使人们对安全从精神(情感)方面得到巩固和加强。上述的素质教育和技术业务培训是安全文化建设的组成部分,从内容和形式上可扩展到企业理念、形象、目标、制度的制定、安全形势宣传,以及职工思想、文化教育和科学研究等。

根据危险货物运输安全的形势和任务应在文化建设上抓好以下工作:

(1)单位安全工作的宗旨、目标、原则、策略等要富有文化品味,寓意深刻、简明,特色明显,能使人心悦诚服。各种制度、文件、总结、报告符合文体要求,结构严谨,文笔朴实,内容真实、准确,能使人看后心领神会。总之,这些管理部门的材料要反映本单位的文风和文化层次。

(2)树立良好的单位安全形象。有正确、显明的安全警示牌告;标语恰当,能激励、凝聚人心;场地(库区)、办公室整洁有序,环境幽雅;各展示栏、牌、图文并茂,醒目大方;人员礼仪诚恳,遵章守纪;管理者领导得法,应急报告、施救指挥讲究规定格式,使用专业词语。

(3)管好、用好计算机网络,普及计算机文化,建立规范的视频网络安全宣传,保证信息、网页健康;不发生网上聊天、游戏、个人可视通信、乱插U盘等不安全、不文明行为。

(4)开展丰富多彩、喜闻乐见的安全文化活动。搞好安全宣传栏,组织好文体和各种安全知识竞赛、技术"比武"活动,开好安全报告会、经验交流会、表彰奖励会、座谈会、谈心会。

(5)"感人心者,莫始乎情"。关心职工生活,做好家庭访问和家属工作,消除职工后顾之忧,使职工精神饱满地接安全班、干安全活、交安全班,"高高兴兴上班,安安全全回家"。

1. 什么是安全管理?危险货物运输安全管理的基本内容有哪些方面?
2. 简述安全管理目标的制定原则和实施办法。
3. 危险货物运输涉及的安全设备、设施、防护工具(用品)有哪些?
4. 危险货物运输的信息资源系统有哪些方面?信息化建设的内容是什么?
5. 什么是安全监管体制?安全监管的主要任务是什么?
6. 简述危险货物的安全检查方法和各方法的内容。
7. 危险货物安全评价(评估)方法主要有哪几种?

8. 举例说明安全检查表法和事故树分析法的内容。

9. 建立办理站安全评价指标体系。

10. 根据因果图原理和火灾事故因果图实例，画出某企业专用线酸储罐泄漏的事故因果图。

11. 造成火灾(着火)发生的因素有哪些?

12. 人员素质包括哪些内容?

13. 健康心理的表现是什么？怎样修炼维护这种心理?

14. 危险货物运输从业人员的应知应会是什么?

15. 简述危险货物安全文化建设的意义及内容。

第八章　国外危险品运输

第一节　国外危险化学品安全管理简介

化学品的存在为经济发展和人类的生活做出了重大的贡献，但化学品固有的危险性也对人类健康和环境造成了严重的威胁和损害。例如，1976 年 7 月意大利塞维索农药厂发生爆炸事故，造成大片地区严重的二噁英污染，有 300 多名妇女、儿童患病，8 000 多头家畜死亡。1984 年 12 月印度博帕尔农药厂异氰酸甲酯泄漏，造成 2 500 多人死亡，几万人受害。1986 年 11 月瑞士山道士公司化学品仓库着火，几十吨有毒化学品、农药泄入莱茵河，造成下游 300 多公里河段的鱼类和水生生物全部死亡……鉴于此，生产、储存、运输、销售、使用化学品的安全性问题引起了国际社会的极大关注，迫切需要更为完善、科学的有关化学品的立法，特别是有毒化学品的安全与控制已成为重大的国际环境问题。

从 20 世纪 60 年代开始，欧美、日本等工业发达国家和一些国际组织纷纷修订或制订有关法规、标准和公约，旨在强化化学品的管理，有效地预防和控制化学品造成的危害，已经形成了比较科学的符合市场经济条件的法规体系与管理制度。他们对化学品的安全管理模式是政府和利害关系方共同协作，实行产品责任制，既保证生产发展，又保护职工健康和环境；对化学品实行申报制度，所有“新化学品”或部分高度关注的“现有化学品”都要进行全面的风险评估，以避免对环境和人类健康造成的伤害；推行“责任与关怀”制度，“健康、安全与环境管理”体系；激励技术革新，鼓励采用更安全的化学品替代危险性较大的化学品等。

总之，各工业国和一些国际组织高度重视化学品立法，并先后制订了有关法规、标准和公约，旨在强化化学品的管理，有效地预防和控制化学品的危害，已经形成了比较科学的符合市场经济条件的法规体系与管理制度。在危险货物运输系统中，国外与国内的主要区别在于管理模式和管理体制方面。

一、美国化学品安全管理与立法状况

美国的危险货物运输已经形成涵盖政府、企业、第三方机构、协会等多主体的安全监管模式。一是建立政府对公众的联系平台，政府可以随时倾听来自各方意见；二是建立专业协会，及时向政府反映企业需求。技术部门成立了相应的安全管理办公室对危险货物的运输进行统一指挥，进而确保包装、运输组织管理统一，协调保障运输过程安全运行。政府主导危险货物信息实时共享，重视运输安全和制定应急救援措施，明确安全协议、运输措施、奖惩和责任的划分，整个运输管理系统协调有序，保障危险货物的运输流转。

美国的化学品产业结构比较复杂，已能生产 65 000 多种化学品。化工厂主要集中在得克萨斯、路易斯安那和新泽西等州。化学工业的产值占其制造业的 10.3%，占整个国民经济 GDP 的 5.1%左右，直接雇佣工人 110 万人，占制造业劳动力就业的 6%。化学品的安全管

理,涉及整个国家的自然、政治、人口统计学、工业和农业等各个方面。

1. 美国化学品安全管理的法律文件和调节机制

美国从1970年签署《职业安全卫生法》开始,不断完善其立法机制,到目前为止,已形成了一个比较完善的严格的法规体系,对化学品做到了从“摇篮”到“坟墓”的全生命周期的安全监控。主要的化学品管理法律法规文件有16部之多,包括《职业安全卫生法》、《有毒物质控制法》、《毒性化学品应急计划与公众参与权法》、《联邦杀虫剂、杀菌剂和灭鼠剂法》和《危险物质运输法》等。

2. 化学品安全管理的联邦机构

从事化学品安全管理的联邦机构,包括职业安全卫生管理局(OSHA)、环保署(EPA)、消费产品安全委员会(CPSC)、食品与药品管理局(FDA)等十几个机构,每个联邦机构管理着化学品生产周期的不同阶段。其中OSHA、EPA、CPSC、FDA负责颁布并执行化学品管理的大多数法规。

(1)OSHA的主要职责

负责制定及监督执行《职业安全卫生法》,救护生命,防止伤害,保护美国工人的健康;制定相应的防护标准,并通过技术援助和咨询的方式接触雇主和雇员,来实施这些标准;负责管理工作场所的化学品安全;对特定的化学品,制定接触限值,控制接触;负责发布工作场所化学品安全有关的其他标准,包括呼吸防护方案、易燃液体的操作处置储存和通风等;制定危害信息交流标准(HCS),要求化学品制造商和进口商对制造和进口的化学品进行危害性评估,并通过安全技术说明书和安全标签的形式进行危害信息传递。

(2)EPA的主要职责

负责保护美国的土地、空气和水系统环境安全;负责《有毒物质控制法》《联邦杀虫剂、杀菌剂和灭鼠剂法》《应急预案和社区知情权法》等一系列法规的管理和实施,保持在人类活动和自然系统之间维持生态平衡。

3. 化学品安全管理方式

美国有强大的化学品安全管理机构和管理方案,由许多公立和私立机构负责实施和执行。化学品管理的原则是:化学品的制造商、处理商应当负责了解化学品对人类健康或环境的影响;国家设立专门的机构,负责管理对人类健康或环境带来不合理伤害的化学品或混合物,但这些机构的管理行为,不应当妨碍化学品技术创新活动或造成不必要的经济障碍。

按照《化学品试验规定》,“新化学品”的制造商、进口商,应负责对其化学品或混合物进行试验,测定其潜在的健康影响和环境影响,判定是否会对环境或人类健康带来不合理的伤害。

对化学品的生产实行“预通知”制度。化学品信息的上报和记录制度包括:化学品生产信息记录及上报,建立化学品名录库,化学品健康环境影响跟踪,化学品健康安全研究,化学品危险性上报,鼓励化学品技术研究、开发、检测和分析,鼓励用安全的、危险性较低的物质替代危险性大的化学品。

二、欧盟化学品安全管理概况

随着全球化趋势的加快,欧洲成了危险货物进出口贸易的枢纽,其地域在危险货物运输中的地位不言而喻。2004年4月29日,欧洲铁路运输局宣告成立,作为欧盟铁路运输的枢纽和中心，其危险货物管理职责是制定管理法规和安全技术标准，促进了各国铁路网之间的互通和合作。《国际铁路运输危险货物规则》RID 在欧盟的危险货物运输中积极执行，迄今为止，欧盟在危险货物管理方面，对进出港口的危险货物严格进行注册登记不遗漏、对每批进出口的货物进行安全评估并且打印相应的安全分析报告，从而达到强化企业责任的效果，因此，企业必须承担相应的风险和责任。目前，在危险品安全监管方面，欧盟要求所有生产、使用或进口数量超过 1 t 的化学品应当在欧洲化学品管理局进行注册登记，所有登记的化学品都需要进行评估并且形成化学安全报告，强化企业承担包括物化性质、毒理及安全评估的责任。

化学工业是欧盟的第三大制造业，直接雇佣人员 170 万人，间接提供近 300 万个就业岗位。除了几家大型跨国公司外，还包括近 36 000 家中小规模企业。欧盟市场"现有化学品"为 100 106 种，销量超过 1 t 的化学品估计有 30 000 种。其中大约 140 种物质已被成员国主管机关确认为重点物质，需实施综合风险评估。

1. 化学品安全管理的法律文件

在欧盟内部，为使各成员国在化学品管理上保持一致，形成一个统一市场，制定了一系列化学品管理制度和法规，整个法规体系比较复杂，但大体可分为分类、包装和标签指令，销售和使用指令，重大事故危害指令，作业人员安全指令，实验室安全操作指令，混合物分类、包装与标注指令，现有物质指令，进出口指令，危险货物运输指令和破坏臭氧层物质指令等几个方面。其中，67/548/EEC《危险化学品的分类、包装及标注指令》，88/379/EEC《危险制剂的分类、包装及标注指令》，793/93/EEC《现有物质危险性评估和控制指令》和 76/769/EEC《禁止销售和使用的危险化学品及制剂名单》是欧盟化学品管理备受关注的四大法律文件。

2.《欧盟未来化学品政策战略》白皮书与 REACH 体系

自 1998 年以来，欧盟一直酝酿整合现有的关于化学品的管理规定，以建立更为严格的管理体系。2002 年，欧盟委员会提出了《欧盟未来化学品政策战略》白皮书草案，提议欧盟对约 3 万种化学品采用新的登记、评估和授权（REACH）管理制度。2003 年 5 月 17 日，欧盟委员会又在该白皮书的基础上，出台了《关于化学品的登记、评估和授权办法（REACH）》（讨论稿），以征求世界各国的评议意见。REACH 体系主要包括：化学品登记、化学品试验和检测、使用方式授权。

3. 欧盟化学品管理方式

欧盟对化学品的管理政策，重视"对人类健康和环境提供较高水平的防护"。欧盟已经制定了许多化学品管理法律文件，涉及化学品和消费者的防护、职业卫生、环境保护、过程和运输安全以及物资管理等。这些法律文件和国家法规、国际公约一起构成化学品管理的法律根据。通过"责任与关怀"方案，加强和改进化学品管理的各个方面——产品责任制、职业健康和卫生保健、过程和运输安全以及环境保护等。

欧盟重视化学品的"风险评估"，认为化学品的"风险评估"是"风险管理"的基本要素。为满足这一安全目标，需要进行综合的评估，包括化学品的使用、接触、固有危害、对人类健康和环境的潜在影响等，考虑化学品的整个生命周期。对"新物质"，在销量超过 10kg 时，需要试验和评估其对人类健康和环境的风险。若销量更大时，还需要做更深入的长期和慢性影响的试验和评估。采用"预防原则"，防止对人类健康和环境造成危害。激励技术创新和对更安全化学品的开发，鼓励在有适当的替代物质的情况下，用危险性较小的物质来代替危险性大的物质。

三、日本化学品管理与立法状况

日本存在本土资源紧缺的状况，以进出口贸易为主，因此铁路货运成为担负国民经济的命脉，而危险货物是一项重要的运输需求，也是保障生活的必要物质基础。日本是一个岛国，结合本身的国情制定了运营方案，同时制定了完备明确的铁路危险货物法律规章体系，从而保障采用铁路运输方式运输危险货物安全高效可靠。在危险货物管理层面，日本主要是通过有关危险货物的法律法规约束规定，让从业人员自觉遵守各项规章制度，从而让整个危险货物管理系统安全稳定运行。日本有关危险化学品管理的法规有《化学物质审查及制造控制法》《劳动安全卫生法》《有毒有害物质控制法》《高压气体控制法》《爆炸物品控制法》《消费产品安全法》《废弃物法》《环境基本法》《危险货物船舶运输及储存规则》《航空危险货物运输法》等。

《化学物质审查及制造控制法》着眼于化学物质的分解性、蓄积性和慢性毒性，对新生产或进口的化学品要求生产和进口厂商申报化学品安全性数据，由通产省和环境厅负责对数据进行审查。对具有多氯联苯那样的难分解性、高蓄积性、慢性毒性等性质的化学物质列为第一种特定化学物质，原则上禁止生产、进口和使用。对具有难分解性、低蓄积性、慢性毒性的化学物质列为第二种特定化学物质，对其生产量和进口量进行控制。有关厂商必须遵守防止污染技术方针，并在产品容器上标明处置注意事项。对只具有难分解性、低蓄积性和慢性毒性疑问的化学物质，则列为指定化学物质，要求生产和进口厂商申报生产和进口量，并对他们进行减少向环境中排放的指导和建议。日本化学物质审查控制程序如图 8-1 所示。

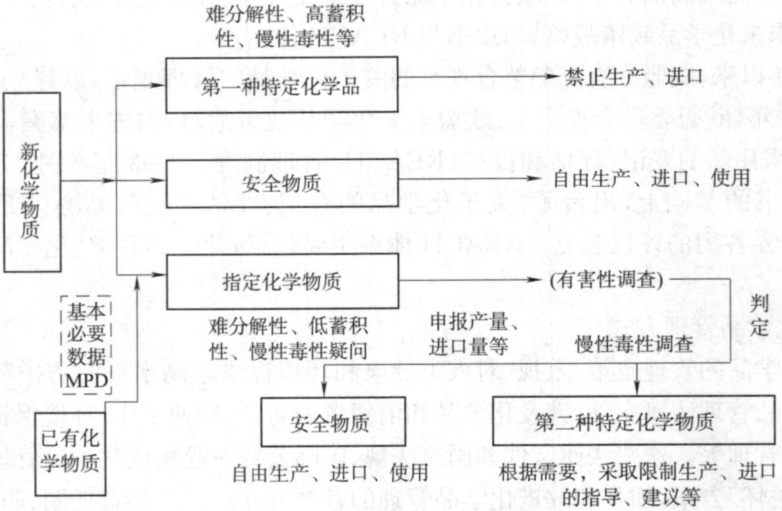

图 8-1　化学物质审查控制程序

四、联合国有关组织对化学品的管理

1. 经济合作与发展组织(OECD)

OECD 是由 24 个工业化国家组成的政府间组织，其成员国的国民生产总值占全世界的 70%，化学品产值、产量也占世界总量的大部分。OECD 理事会先后通过了控制多氯联苯保护环境的决定、《关于制定预计化学品对人及环境影响程序准则的建议》以及《关于化学品控制特别计划的决定》、《化学品测试准则(GTC)》。

为了对化学品的初步有害性评价提供一套统一的基本数据，OECD 化学品小组还制定了化学品投放市场前最低限度数据；并于 1986 年制定了用于规范实验室条件的《台格实验室规程》(GLP)，对试验宗旨、计量、数据质量保证、操作者责任、实验室设施、仪器药品报告编制及记录保存等都提出了详尽具体要求。这些准则和规程对确保各国化学品测试数据的准确性和相互可接受性具有重要作用，现已被各成员国接受与实施。

OECD 理事会召开过多次高级别重要会议，分别就化学品控制的国际范畴、化学品测试准则及更新，化学品评价数据的相互可接受性以及各国禁止或严格限制的化学品出口情报交换手续，加强对已有化学品的系统调查与合作等进行了磋商研究。

2. 潜在有毒化学品国际登记中心(IRPTC)

有毒化学品管理也得到联合国有关组织的高度重视。根据 1972 年联合国人类环境会议的建议，联合国环境规划署于 1976 年建立了潜在有毒化学品国际登记中心(IRPTC)。该机构的主要事务是在各国联络点协助下，收集、积累和传递有毒化学品对人体和环境影响数据以及各国对化学品控制法规、政策、标准等情报，并将有关数据输入计算机建立数据库，为各国提供服务。多年来，IRPTC 已经建立了全球化学品情报交换网络，在 110 个国家建立了国家联络点，为各国化学品信息交流、咨询服务开展了大量工作。

3. 国际化学品安全规划处(IPCS)

在联合国环境规划署(UNEP)和国际劳工组织(ILO)的协助下，世界卫生组织于 1980 年 4 月成立了国际化学品安全规划处(IPCS)。其基本任务是：(1)进行化学品对人体健康和环境危险性研究评价，编制相应的基准文件。(2)与其他国际组织合作，从事化学品对人体健康和环境危险性评价方法研究。(3)化学品紧急事故预防、中毒处理，增强各国预防和处理化学品事故的响应能力及开展国际技术合作，人员培训等。IPCS 还就化学品毒性研究、风险评价、事故预防及应急措施方面，组织了各种国际合作，把国际有毒化学品管理工作向前推进一步。

第二节　危险品运输的主要国际组织及其相关法规简介

一、联合国危险货物运输专家委员会及《关于危险货物运输的建议书》

1. 联合国危险货物运输专家委员会

联合国危险货物运输专家委员会是 1953 年设立的专门研究国际危险货物安全运输问题的国际组织。每两年修订并出版一次《联合国危险货物运输规章范本》(大橘皮书)和与其配套的《试验和标准手册》(小橘皮书)，用以规范和指导国际危险货物的生产和运输。世界各国和各国际组织涉及危险品的立法内容或管理活动都以橘皮书为依据。

在 2001 年 7 月联合国危险货物运输专家委员会第 20 次会议上，联合国危险货物运输专家委员会改组为联合国危险货物运输和全球化学品统一分类标签制度专家委员会。该委员会下设全球化学品统一分类标签制度专家小组委员会(GHS)和危险货物运输专家小组委员会(TDG)，中国目前只是危险货物运输专家小组委员会(TDG)成员。

2.《关于危险货物运输的建议书》(以下简称《建议书》)

《建议书》是向各国政府和关心危险货物运输安全的各国际组织提出的，由联合国经济及社会理事会危险货物运输专家委员会编写，1956 年首次出版。

为适应技术发展和使用者不断变化的需要，专家委员会在随后的历届会议上，按照经济及社会理事会 1957 年 4 月 26 日第 645G(ⅩⅩⅢ)号决议和之后的有关决议，对《建议书》进行了定期修订和增补。1996 年,委员会通过了《危险货物运输规章范本》,后定名为《关于危险货物运输的建议书·规章范本》(以下简称《规章范本》)。联合国经济及社会理事会危险货物运输专家委员会(UN CETDG)将《规章范本》作为《建议书》的附件,目前已出至第十七版。

《建议书》是联合国经济及社会理事会危险货物运输专家委员会根据技术发展情况,新物质和新材料的出现,现代运输系统的要求,特别是确保生命、财产和环境安全的需要编写的。《建议书》的对象,是各国政府和负责管理危险货物运输的国际组织。这些建议不适用于须遵守专门的国际或国家规定的远洋或内陆散装货船或油轮的散装危险货物运输。

《规章范本》的目的是提出一套基本规定,使有关各种运输方式的国家和国际危险货物规章能够统一发展;然而规定仍然足够灵活,使之能够兼容可能需要满足的任何特殊要求。希望各国政府、政府间组织和其他国际组织在修改和制订它们的规章时,遵守本《规章范本》规定的原则。此外,应当尽可能采纳新的结构、格式和内容,以便形成使用比较简易的方法,便利执行机构的工作和减少行政负担。虽然仅是建议,但《规章范本》所用的措辞是强制性的(即在英文版全文中均使用"Shall"而不用"Should"),以便于将《规章范本》直接用作国家和国际运输规章的基础。

二、国际海事组织及《国际海运危险货物规则》

1. 国际海事组织(IMO)

1948 年 3 月 6 日在日内瓦举行联合国海运会议上通过了"政府间海事协商组织公约"。1958 年 3 月 17 日生效的《政府间海事协商组织公约 Intergovernmental Maritime Consultative Organization, IMCO》。1959 年 1 月 6 日至 19 日在英国伦敦正式成立政府间的海事协商组织,并召开的第一届公约国全体会议。1982 年 5 月 22 日起改名为国际海事组织(International Maritime Organization)。

该组织属联合国中负责处理海运技术问题的一个专门机构。其宗旨是促进各国的航运技术合作,鼓励各国在促进海上安全、提高船舶航行效率、防止和控制船舶对海洋污染方面采取统一的标准,处理有关的法律问题。主要活动:制订和修改有关海上安全、防止海洋污染、便利海上运输和提高船舶航行效率及与之有关的海事责任方面的公约、规则、议定书和建议案,交流这方面的实际经验和海事报告;利用联合国开发计划署等国际组织提供的经费和捐助国提供的捐款,为发展中国家提供一定的技术援助。

最高权力机构是大会,任务是批准工作计划和财务预算,选举理事会成员,审议并通过各委员会提出的有关海上安全、防止海洋污染及其他有关规则的建议案。海上安全委员会负责协调有关海上安全的技术性问题。海洋环境保护委员会负责协调防止并控制船舶造成污染方面的活动。

IMO 的最高权力机构为大会(每两年召开一次,Assembly),下设理事会(每年两次,Council)和海上安全委员会(每年一至二次,Committee);日常工作由秘书处承担,秘书长为最高行政执行官,秘书处下设 5 个司,分别为海上安全司、海上环境司、法律事务及对外联络司、行政司和会议司,总计为 300 余名工作人员,以处理日常行政事务。

IMO 的最著名的三大公约是《1974 年国际海上人命安全公约(SOLAS)》,《73/78 防污公约(MARPOL 73/78)》和《78/95 海员培训、发证和值班标准国际公约(STCW 78/95)》。这三大国际公约一个是管船舶安全的,另一个是管环境保护的,还有一个是管船员质量的,很有代表性。此外,还有一个公约和一个规则也很重要,即《1966 年国际船舶载重线公约》和《1972 年国际海上避碰规则》,这两个也都是有关人命财产和航行安全的。当然,IMO 制定的这些文件并不是一成不变的,随着时间的推移,有些文件也在不断地修改和补充。比如,要求新油轮建造要有双层船壳、强制 GMDSS 的配备和使用、禁止船舶往海上倾倒垃圾、提高船员的培训标准等新规定。

国际海事组织理事会共有 40 名成员,分为 A、B、C 三类。其中 10 个 A 类理事为航运大国,10 个 B 类理事为海上贸易量最大国家,20 个 C 类理事为地区代表。理事会是该组织的重要决策机构。该组织每两年举行一次大会,改选理事会和主席。当选主席和理事国任期 2 年。截至 2006 年 11 月 10 日,共有约 167 个正式成员。香港和澳门为联系成员。我国于 1973 年正式加入该组织。我国曾在该组织第 9～15 届大会上当选为 B 类理事国,第 16～20 届大会上当选为 A 类理事国。2005 年 11 月 22 日,中国驻英国大使查培新在伦敦举行的国际海事组织第 24 届大会上当选国际海事组织大会主席。

2.《国际海运危险货物规则》

《国际海运危险货物规则》(IMDG),是依据并为实施《1974 年国际海上人命安全公约》(SOLAS)和《经 1978 年议定书修正的 1973 年国际防止船舶造成污染公约》(MARPOL73/78)制定的,对保障船舶安全载运危险货物、防止海洋污染具有重要作用,是与海运危险货物有关的单位和人员必须遵守的准则。为了满足船舶运输危险货物的需要,1960 年召开的国际海上人命安全会议,除在 SOLAS 公约第Ⅶ章中制定了各项规定的总框架外还请国际海事组织负责研究,制定了统一的《国际海运危险货物规则》(见国际海事组织大会第 56 号决议案)。此项新的《国际海运危险货物规则》经过海事组织海上安全委员会(MSC 简称海安会)批准,并在 1965 年由国际海事组织大会推荐给各国政府。1973 年召开的国际防止海上污染会议制定的,并被大会通过有关规则,包括在《经 1978 年议定书修正的 1973 年国际防止船舶造成污染公约》(MARPOL73/78)的附则Ⅲ中。1985 年海洋环境保护委员会决定,附则Ⅲ应通过国际海事危险货物规则来实施。此项决定已由海安全会于 1985 年批准。而国际海事组织的海洋环境保护委员会(MPSC 简称海环会)已和海安会通过的 MARPOL73/78 公约附则Ⅲ的修正案则已于 1994 年和 1996 年生效。

海安会在 2000 年 5 月 23 日第 72 次会议上正式通过了《国际海运危险货物规则》的第 30 套修正案,并决定 2001 年 1 月 1 日起实施。

三、国际原子能机构及《放射性物质安全运输规程》

1. 国际原子能机构

国际原子能机构是一个同联合国建立关系,并由世界各国政府在原子能领域进行科学技术合作的机构。1954 年 12 月,第九届联合国大会通过决议,要求成立一个专门致力于和平利用原子能的国际机构。1956 年 10 月,来自世界 82 个国家的代表举行会议,通过了旨在保障监督和和平利用核能的国际原子能机构规约。1957 年 7 月,规约正式生效。同年 10 月,国际原子能机构召开首次全体会议,宣布机构正式成立,总部设在奥地利的维也纳。

国际原子能机构的宗旨是加速扩大原子能对全世界和平、健康和繁荣的贡献,并确保由机构本身,或经机构请求、或在其监督管制下提供的援助不用于推进任何军事目的。

国际原子能机构规定,任何国家只要经过机构理事会推荐和大会批准,并交存对机构规约的接受书,即可成为该机构的成员国。目前,国际原子能机构共有 136 个成员国。

国际原子能机构的组织机构包括大会、理事会和秘书处。大会由全体成员国代表组成,每年召开一次会议；理事会由43个国家的代表组成，每年举行4次会议；秘书处是执行机构，由总干事领导，下设政策制定办公室、技术援助及合作司、核能和核安全司、行政管理司、研究和同位素司以及保障监督司。

自成立以来，国际原子能机构在保障监督和和平利用核能方面做了大量的工作，并先后主持制定了《放射性物质安全运输规程》、《及早通报核事故公约》、《核事故或辐射紧急情况援助公约》、《核安全公约》、《乏燃料管理安全和放射性废料管理安全联合公约》、《修订〈关于核损害民事责任的维也纳公约〉议定书》和《补充基金来源公约》等一系列与核安全、辐射安全、废物管理安全标准有关的国际公约。

1984年，中国政府向国际原子能机构递交了接受规约的接受书，成为该机构正式成员国。20多年来，中国参与了该机构一些国际公约的制定工作，并与该机构签署了一系列公约和协定。

2.《放射性物质安全运输规程》

最初于1961年出版，列为《安全丛书》第6辑，后经多次修订于1972年由理事会批准。规程除正文外，为了便于查阅有关资料，将性能试验及相关指导性资料编入《国际原子能机构运输规程实施方法的指导资料》(安全丛书第37辑，1973年)。据译者介绍，可能每隔10年由专家小组进行审议修订。

四、铁路合作组织及《国际铁路货物联运协定》

铁路合作组织(以下简称“铁组”)成立于1956年6月，目前下设5个委员会，第一委员会主管运输政策、生态和混合运输，第二委员会主管运输法，第三委员会主管运营，第四委员会主管财务、经济、运价问题和市场，第五委员会主管技术问题。

“铁组”是成员国国家机关的组成体，又可从企业的角度综合解决国际铁路运输问题。“铁组”各成员国主管铁路的部门的全权代表缔约了《国际货协》。

《国际货协》分为八章，共有四十一条，还有二十个附件。《国际货协》规定不准运送的物品包括炸弹、弹药或军火(狩猎和体育用的除外)，爆炸品、压缩气体、液化气体、在压力下溶解的气体、自燃品和放射性物品，但均以未列载在附件第4号第1、3、4和10表的为限。危险货物只有在遵守附件第2号规定的条件时，才准运送。

五、《国际铁路货物运输公约》

1890年欧洲各国铁路代表在瑞士伯尔尼举行的会议上制定了《国际铁路货物运送规则》，自1893年1月1日实行。1938年10月1日该规则改称为《国际铁路货物运送公约》。1961年2月25日由奥地利、法国、联邦德国、比利时等国在瑞士伯尔尼，在《国际铁路货物运送公约》的基础上签订《国际铁路货物运输公约》(以下简称《国际货约》)，又于1970年2月7日修订，修订后的《国际货约》于1975年1月1日生效。

《国际货约》是关于铁路货物运输的国际公约，分为六个部分，共70条和4个附件。其中附件1为“危险货物铁路运输国际规章”。

六、《国际危险货物运输规则》

有关危险品的国际规章很多，有联合国范围，有政府间国际组织和非政府间国际组织的等等，被我国采用和接受的主要是联合国和有关国际组织的，这些规章具有权威性，普遍被世界各国采用。中国作为联合国和有关国际组织的成员国，有权力也有义务执行这些规章，使危险品的管理、运输和使用尽量按照一个统一的、规范的原则进行。

《国际危险货物运输规则》(以下简称《国际危规》)是在各国和国际组织危险品管理成功经验基础上产生的，加之国际贸易的不断发展，因此《国际危规》有关危险品的规定已被国际社会广泛接受。

《国际危规》主要包括：联合国危险货物运输专家委员会编写的《关于危险货物运输的建议书·规章范本》、国际海事组织(IMO)制定的《国际海运危险货物规则》(IMDG Code)、国际航空组织(ICAO)制定的《空运危险货物安全运输技术》、欧洲铁路运输中心局(OCTI)制定的《国际铁路运输危险货物技术规则》(RID)、欧经会(ECE)制定的《国际公路运输危险货物协定》(ADR)、《国际内河运输危险货物协定》(ADN)。

第三节　部分国家危险货物运输特点

一、德国铁路危险货物运输特点

危险货物运输作为整个货物运输中极为特殊的部分，其安全性、技术性和复杂性受到德国铁路有关部门的高度重视。

1. 规章制定

德国铁路危险货物运输规章是在由联合国经济和社会理事会危险货物运输专家委员会编写的《联合国运输危险货物建议书》的框架内制定的，并遵循《国际铁路危险货物运输协定》(RID)与《关于危险货物道路国际运输的欧洲协议》(ADR)，制定了德国的《公路与铁路危险货物运输规则》(GGVSE)。根据 GGVSE，德国铁路编写了适合现场操作的《危险货物运输安全措施》，相当于危险货物运输的操作手册，便于普通职工使用。在德国铁路的货运规章中，经常利用流程图的形式说明如何在现场具体操作，十分简明直观。

2. 专业化分工

德国铁路货物运输的管理以专业化分工为原则。所有铁路货运公司以本区域内的铁路运输为主要业务，以经济效益为参考值，能够外包的全部外包。例如，德国铁路改革之初，已经把全德所有铁路货场出售给比利时的 ABX 公司，ABX 公司根据铁路货场的具体情况，对其市场效益进行分析和商业运作，只有极少数货场仍然从事铁路业务。个别铁路货场的公路运输业务由德国铁路物流公司(Stinnes)的子公司辛克公司(Schenker)办理。因此，整个铁路货运公司不涉及危险货物仓库的管理、危险货物的装卸作业、自备车辆与集装箱的管理。铁路也不设洗刷所，货车洗刷工作全部委托专业洗刷公司。货物包装不发生破损或未对车辆造成污染，车辆不需洗刷；发生包装破损时，由发、收货人负责清洗被污染的车辆，途中可委托专业企业洗刷。

3. 危险货物电子信息系统

德国铁路的信息系统发挥了重要作用。从订单的录入、传递到货物的运输追踪、到达交付，全部信息流程由专业的软件程序完成，效率高，可靠性好。

以汉堡港的电子信息系统(HABIS)为例，该系统始建于 1983 年，目前可传输海运行业中使用的各种业务信息，可处理与海运相关的 200 多种格式的电子单证。其拥有包括货代、船代等在内的 200 多家用户。危险货物的信息系统相对独立，主要内容包括：港区内所有危险货物的分布情况和装卸状态；发生事故时，指导客户如何进行紧急处理和紧急救援；客户可向信息中心咨询某种危险货物的运输及包装方法。码头装卸企业和港口系统的危险货物须及时向系统申报，水上警察和消防部门可随时监控所有在港口的危险货物状态。但铁路信息系统与港口危险货物信息系统没有直接接口，需要单独传递所有危险货物数据，经过协商，可实现联运环节中危险货物的状态追踪。

4. 人员培训

德国铁路极为重视危险货物从业人员的教育培训工作，对普通员工的培训一般分为基础教育和继续教育。基础教育为 2 天 8 学时，继续教育每年 1 次，至少保证 6 学时。每个办理危险货物运输业务的单位必须指定 1 名安全负责人，该安全负责人的教育由地区危险货物主管负责，2 年 1 次，培训合格后颁发证书，证书要注明培训内容和时间。培训过程中要有专门的时间专题讨论现场发生的实际问题与对策。地区危险货物主管的教育培训由政府负责，每 5 年 1 次，由德国工商业联合会(IHK)颁发证书。

培训机构的情况不尽相同，有的配有专职教师，平时教师极重视与现场的沟通与配合，尽可能做到为现场服务，理论联系实际。对普通铁路员工的基础培训教材十分简明直观，图示多于文字，实际操作内容多于理论知识。

5. 危货箱堆场

专业的集装箱堆场有专门的危险货物堆码区域，一是按第 3、8、6 类或第 4、6 类的顺序堆码，较好地实现了按品类安全隔离；二是紧靠走道，一旦出现危险情况，便于消防救援；三是场地向中间倾斜，便于液体(雨水及液体危险货物)及时排出，并设有收集池，对泄漏的液体危险货物进行集中处理，避免污染环境。罐式集装箱的堆场设有专门的防护墙，还有防护卡车，遇到紧急情况可直接充当活动的防护墙。

6. 运输设备——压力罐车

压力罐车与我国的区别较大，上部设遮阳板，无盖阀，所有阀门管线设在车辆下部，下装下卸，罐体中部涂打黄色色带，如图 8-2 所示。还有一种罐式集装箱，可同时装运三种不同的危险货物，中间有隔板隔开，如图 8-3 所示。

图 8-2　上部设遮阳板，无盖阀罐车

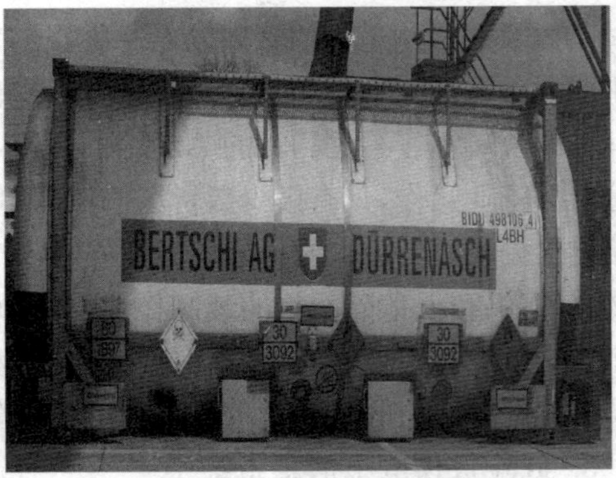

图 8-3　设有中间隔板的罐式集装箱

7. 放射性货物运输

由于放射性货物运输专业性极强，技术术语、度量单位及防护要求即使经过专业培训也很难在短时间内完全掌握。因此，在运输放射性货物时，除按规章要求进行必要的安全防护与检查外，德国铁路专门制作了信息卡，参与放射性货物运输的铁路职工人手一卡。卡片上写明了对运输放射性货物最关键的防护要求及救援电话，直观简单，配上卡通图画，让职工易接受，很好地达到了保证安全的目的。

二、日本国有铁道危险货物运输特点

1. 日本国有铁道危险货物运输分类

日本国铁根据联合国建议分类法，结合本国情况采用了用数字系列表示的主、副性质和危险性号码法（见表8-1），这是一种比较科学、实用、简明的表示方法，特别对应急情况的快速识别很有好处，即在无须查阅物品的详细特性条件下，直接根据品名编号一目了然地得知主要、次要危险性及危险程度，以利运输过程中的防护和发生事故时采取应急措施。

表8-1　日本危险货物的主、次危险性分类

十位数	个位数							
	主要危险性质			次要危险性质				
	大	中	小	易燃性	遇水反应	氧化性	毒性	腐蚀性
	0	1	2	3	4	5	6	8
2高压气体	(G)20	(G)21	燃(G)22	燃(G)23	(G)(禁水)22	化(G)25	毒(G)26	蚀(G)28
							毒燃(G)26.3	
							毒蚀(G)26.8	
3易燃性液体	燃30	燃31	燃32	—	燃(禁水)34	燃化35	燃毒36	燃蚀38
4易燃性固体	燃40	燃41	燃42	燃43	燃(禁水)44	燃化45	燃毒46	燃蚀48
自燃物品								
遇水反应物品								
5氧化物质	化50	化51	化52	化燃53	化(禁水)54	—	化毒56	化蚀58
有机过氧化物								
6毒性物质	毒60	毒61	毒62	毒燃63	毒(禁水)64	毒化65	—	毒蚀68
8腐蚀性物质	蚀80	蚀81	蚀82	蚀83	蚀(禁水)84	蚀化85	蚀毒86	—
9有害物品	90	—	—	93	94	95	96	98

日本国铁用两位数字作为危险性号码。编号的十位上的数字使用联合国建议的大分类号码，表示主要性质。编号的个位上的数字为小分类，表示危险程度大小或副性质。其中0～2表示该危险货物只有一种危险性，危险程度分为小、中、大三级。如丁醇的危险性编号为30，表示易燃性小；苯的危险性编号为31，表示易燃性居中；汽油的危险性编号为32，表示易燃性大。虽然他们都是易燃性物质，却表示了三种不同的危险程度。个位数字的3～8表示副性质，即有的危险品除主要性质外还有一种或几种其他副性质。例如：丙烯醛的危险性编号为36，3表示主性质易燃，而6表示副性质有毒。关于压缩气体和液化气体的危险性编号，个位上的数字只表示主性质，如果有副性质的话，就在个位数字后用"."分开表示。例如，液化氨的危险性编号为26.3，6表示氨气主要性质有毒，而3表示其副性质易燃。

2. 危险货物运输用罐车

日本通过铁路运输的危险货物主要使用罐车装运，少部分危险货物使用罐式集装箱或其他容器，用一般货车运输。日本国有铁道使用的约18 000辆罐车，主要是经过车主申请后编入国有铁道车籍的私有罐车。国有铁道在承认这些罐车时，根据"日本国有铁道建设规程"、"车辆构造基本规程"、"压缩气体和液化气体管理法"、"容器保安法"、"日本工业标准"(JIS)、"日本国有铁道标准"(JRS)、"私有货车办理基准规程"等的规定，根据所装货物的物理化学性质、危险性等要求的条件进行确认。特别是接收新制造的装载新品类危险货物的罐车的时候，必须根据车主申请或根据要求运输人员的申请资料，请部外有关专业人员对所要装运的货物的性质、状态、危险性等作详细调查，并经铁道技术研究所确认是否适合铁路运输，然后和罐车车主以及车辆制造工厂充分协商，如果适合铁路运输的要求，方允许制造。随着化学工业的发展和必要的原料、二次产品、化学新产品的增加，日本国有铁道的罐车的专用分类已达到130种左右。私有罐车车籍编入的承认过程如图 8-4 所示。

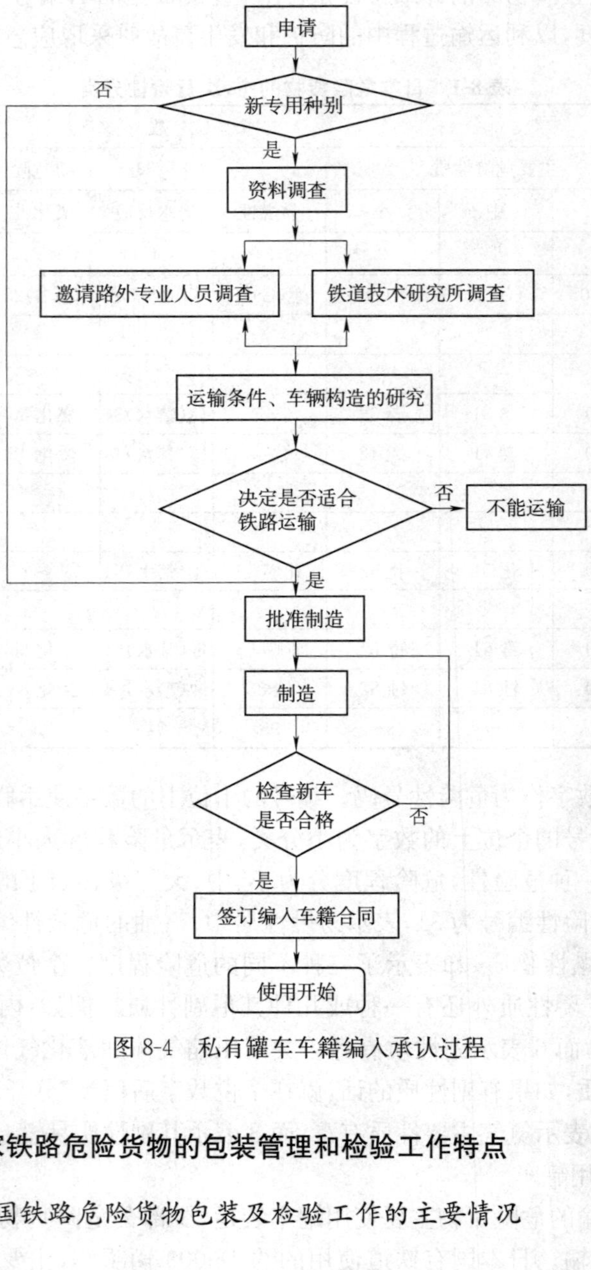

图 8-4　私有罐车车籍编入承认过程

三、欧洲部分国家铁路危险货物的包装管理和检验工作特点

(一)德、荷、俄三国铁路危险货物包装及检验工作的主要情况

1. 德国

联邦议院是德国危险货物运输综合法令的立法机构，联邦铁路局则是按照危险品运输法令进行具体管理、日常检测的执法机构。联邦交通部在上述两者之间承担着政府责任，并具有一定的决策权，分为若干专业司，其中危险品运输属于基本建设司，其危险物品运输处专门处理危险货物运输方面的一般问题，包括铁路、公路、海运，不包括空运。该部门还负责国际合

作，包括国际法令在本国的实施、接受国际法律转化为本国法律，并负责监督执行。

德国规定危险货物包装必须接受国家监督检测，由设立在柏林的专门机构 BAM 负责，对全国 1 000 多个生产厂家，8 000 多种货物包装发放许可证。监控内容涵盖原料—生产流程—产品的全过程。生产厂家按法令法规生产并承担责任。具体检测工作由 BAM 承认的各地的第三者检测单位进行，并向 BAM 提供检测报告，由 BAM 核查并发放许可证。在国际上，各国可以相互申请 BAM 认定，被认定单位既可行使 BAM 职权，同时也将接受 BAM 监督。在日常检测工作中，采取抽样检验及全部检验相结合的方法。一般情况采取抽检，抽检的数量及密度根据运输及危险货物包装生产企业的可信度而定，并可在装载过程中随时提取样品；个别情况需整车或集装箱全部检验。检测工作分为技术性和非技术性两方面，技术性工作包括包装的外观检验、密封性等物理性能检验；非技术性工作包括包装检验的证明文件，包装容器的标志等。

从事危险货物包装检验的人员，均是经过专门培训的，培训内容包括基本知识培训和专业技能培训，这些人员还要不断进行知识更新，每年需进行新法令、法规的培训。柏林 BAM 国家包装检测中心实验设备先进齐全，电脑化、自动化程度很高，操作规范科学，检测结果具有权威性。包装生产厂家有着严密科学的管理程序和极强的法律意识，严格按照联合国、欧盟及德国的有关危险货物运输规定，组织安排各种危险货物包装的生产及检测。企业管理者谙熟上述各项法规，并将这些法令、法规融入企业管理及生产中，自觉接受危险货物运输管理部门的监督管理和日常检测。企业还不断地改进生产工艺，提高生产效率，降低成本，以使产品更加适应国际危险货物的安全运输。

2. 荷兰

荷兰的危险货物运输工作主要由荷兰水利交通部货运司的货物安全运输处来负责。

按照联合国危险货物运输规则，欧共体成员国制定了相应的危险货物的法令、法规。荷兰水利交通部根据《国际铁路危险货物运输规则》(RID)和欧盟的规定制定了荷兰铁路危险货物运输规则(V1S1G1)。

设立在海牙的 TNO 科研测试中心包括 14 个研究所，以应用科学为主。荷兰交通部指定 TNO 作为荷兰地区可以出具 UN 标记证书的唯一的权威代理。TNO 试验中心虽然是私人投资的，但其具有雄厚的科研和测试能力，其产品测试部拥有全套危险货物运输包装容器检测设备，测试设备科学安全准确。该试验中心从常见的纸箱、塑料桶等包装容器到 1 000 m^3 以上的大型包装物的碰撞、压力试验均可进行。柔性中型散装容器(FIBC)的吊提试验可达到 2 000 kg的压力，包装容器的化学物理测试、标准方法的测试均可进行。此外，该中心还研究新型包装材料，新的包装测试方法，承担政府及保险部门的质量保险咨询。整个试验室的环保意识非常强，不论是跌落试验，还是包装容器的相容性试验，塑料容器的高温堆码试验，一旦发生包装破损，内容物出现撒漏或外溢情况时，都有极好的保护措施，从管道排泄到实验室通用干燥设施都很健全。

3. 俄罗斯

在危险货物运输方面，俄国铁路也原则执行联合国危险货物运输建议书的有关规定，但按国家主权和货物特点，也有一些特殊规定，特别是对危险性大的货物，更是如此。俄铁对运输危险货物要求严格，分工明确。有些危险货物运输必须持有内务部许可证等。产品及包装都有技术标准，由国家标准化委员会按法律进行管理。铁路主要负责运输质量，进行运输组织管理。对特别危险的货物，运输时必须使用专用车，并派人押运，押运人可乘坐专用车或机车。

如发生技术问题或事故，由国家非常情况委员会出面组织研究解决。俄罗斯国家标准化委员会是独立的政府机关，它的职能是组织制定并监督实施产品质量技术标准和检验统计标准，下设101个分支机构以及15个研究所。

（二）德、荷、俄三国危险货物运输管理及检验工作的主要特点

1. 组织完善，分工明确

在德国既有议院作为立法者，又有交通部作为政策把握部门，还有铁路局作为具体执行检测部门，政企分开。这样各部门之间职责分工明确，相互配合，共同把工作做好。

2. 法律健全，规范一致

这几个国家均有健全的法律机制，从联合国危险货物运输的法律、法规，转化为欧盟的有关规定，再转化为本国的各项法规，使各国之间不会产生RID标准，世界上39个国家接受RID标准。此外对特别危险的货物，各国也根据本国情况有一些特殊规定，以加强安全管理。

3. 管理国际化，适合国际贸易的需要

德国、荷兰等均是联合国危险货物组织成员国，其从事危险货物管理方面的官员在联合国危险货物组织也都有着重要席位，他们直接参与有关联合国危险货物运输法令的制定与修改，对联合国危险货物运输法令有着深刻的理解，并能及时掌握有关法令的最新动态。

4. 监督与咨询机制健全

德国安全咨询委员会指定的安全部门咨询顾问，可以帮助企业掌握标准，控制危险货物运输中各种问题的发生，避免损失，在政府与企业、企业与检测机构之间架起一座监督与服务的桥梁。

5. 企业法律意识强，手段、方法先进

德国的包装生产和货物运输企业管理者熟练地掌握着有关危险货物运输的标准，法律意识极强，并将这种意识融入企业管理和各个环节，严格地遵照执行本国危险货物运输法令已成为企业的自觉行为，并具体落实在铁路运输合同运单上。

6. 重视发挥社会力量的作用

政府能充分调动社会资源，组织认可的私人企业为政府职能部门的科研、检测认证工作进行服务。这些机构不仅可为危险货物运输提供技术依据，还可大大节约政府的财政支出。

7. 环保意识强

在荷兰TNO检测中心，每一项实验设施都考虑了环保问题，对于包装内容物的撒漏、排泄都有着健全的排污及通风系统。

8. 铁路专业化水平高

铁路危险货物运输全部使用专用车辆，作业规范，安全系数高。

四、欧盟部分国家化学事故应急救援特点

欧盟国家国际性的化学事故应急救援行动由CEFIC组织实施。CEFIC通过推行ICE（INTERNATIONAL CHEMICAL ENVIRONMENT）计划，在欧盟国家内部和欧盟国家之间，建立运输事故应急救援网络。在这个网络的运作下，在欧盟范围内欧盟国家的产品发生事故时，都能得到有效的救助，从而使运输事故的危害在欧盟国家降到最低。具体的做法为：

（一）通过CEFIC组成国际性的应急网络

1. 通过ICE计划建立了完备的应急网络

每个欧盟国家都建立了ICE国家中心（如德国ICE中心为TUIS），负责协调国家内部的

应急救援行动；对外与其他国家中心联系，协调国际的应急救援行动。

2. 推行运输应急卡（TREMCARD）制度

运输应急卡是欧盟国家运输危险货物的车辆必须携带的文件，以备紧急情况下使用。主要内容包括：货物的性状、危险类别、个体防护、一般应急措施、附加措施、火灾、急救及附加信息等。

3. 统一应答语言。

ICE 国家中心之间的联系统一使用英语。因此，国家中心的值班人员都要能使用英语进行应答。

4. 统一应急响应程序

在欧盟国家内化学事故应急分三个级别：Ⅰ级提供 24 h 的电话/传真咨询；Ⅱ级派专家到事故现场进行技术指导；Ⅲ级派救援小组携带装备到事故现场进行救援活动。

（二）德国、法国的具体做法

1. 德国化学事故应急救援的实施

（1）Ⅰ级应急救援的实施

Ⅰ级应急救援的实施采用代理的方式，即企业将产品的相关信息提交给国家中心，由国家中心实施 24 h 的电话/传真咨询。企业定期向国家中心支付一定数额的费用。德国国家化学事故应急中心（TUIS）是三位一体的机构，即：UIS、ICE 国家中心和 BASF 消防指挥中心。

（2）Ⅱ、Ⅲ级应急救援的实施

Ⅱ、Ⅲ级应急救援的实施，采用就近原则，即通过国家中心调动事故地点附近的会员应急力量进行现场应急救援工作，国家中心提供应急所需的信息。必要时通知货主派员到现场参与救援工作。实施现场救援的费用通常由货主的保险商承担。

（3）应急响应实施情况

各级应急响应时间为Ⅰ级 0.5 h，Ⅱ、Ⅲ级为 2～3 h。

2. 法国化学事故应急救援的实施

（1）应急救援的责任

在法国，国家级预防化学事故的责任，与静止装置有关的属环境与生活部，与职业卫生有关的属劳动部，与危险品运输有关的属运输部。在地区级，控制和预防化学事故是省长的责任。在实施化学事故救援中，主体力量为消防队，全国的消防队由内政部管理。化工企业通过法国化工协会（UIC）与政府签署了一个应急协作协议，通过这个协议建立了法国运输事故应急救援体系（TRANSAID），TRANSAID 又是 ICE 的成员，在法国有 14 个点。

（2）应急救援的实施

Ⅰ级应急救援的实施：Ⅰ级应急响应由 TRANSAID 服务中心代理，实施 24 h 的电话/传真咨询。位于法国西部的 ICE 国家中心负责协调国际化学事故应急救援工作。

Ⅱ、Ⅲ级应急救援的实施：当发生事故时，由事故地点的省长负责指挥应急救援行动，消防队的特勤队到现场进行救援。在特定情况下，需要化工行业协助时启动/协议，通过 TRANSAID 调动就近的企业参与现场的救援行动。企业应急力量的救援行动，必须在政府部门的统一指挥下进行。如果是其他欧盟国家的产品发生事故，当地政府同样出动应急人员进行处理。无法处理时（因技术和信息的缺乏），首先寻求 TRANSAID 的支持，在 TRANSAID 的支持下仍无法解决，进一步通过 ICE 国家中心与生产国 ICE 国家中心联系，由货主或供应商提供技术支持和现场帮助。法国Ⅱ、Ⅲ级应急费用的补偿比较特别，通常企业参与应急后不会提出费用问题，一旦企业要求应急费用补偿，补偿费由事故地点的政府支付。政府在支付补偿费之后，将通过法律程序向肇事者索取补偿费。

复习思考题

1. 危险货物运输的主要国际组织有哪些？

2.《建议书》《规章范本》制定的目的是什么？

3. 通过对日本私有罐车车籍编入的承认过程的简要介绍，说明对我国铁路罐车管理和使用有何借鉴？

4. 通过对部分欧盟国家化学事故应急救援特点的分析，说明对我国铁路应急救援有何借鉴？

5. 通过对德国铁路危险货物电子信息系统和人员培训的简要介绍，阐述我国铁路应该怎样进一步加强信息化建设和职工培训？

参 考 文 献

[1] 中国铁路总公司．铁路危险货物运输管理规则[S]. 北京：中国铁道出版社，2017.

[2] 中华人民共和国铁道部．铁路危险货物品名表[S]. 北京：中国铁道出版社，2009.

[3] 中国铁路总公司．铁路办理站危险货物办理限制[S]. 北京：中国铁道出版社，2017.

[4] 中华人民共和国铁道部．铁路危险货物罐车罐体安全检测管理暂行办法：TG/HY 321—2009[S]. 2009.

[5] 中华人民共和国铁道部．铁路危险货物办理站、专用线(专用铁路)货运安全设备设施暂行技术条件[S].北京：中国铁道出版社，2010.

[6] 杨露萍，陆松．铁路危险货物运输发展策略的思考[J]. 铁道货运，2016(2)：55-58.

[7] 温克学．关于铁路货运安全技术管理优化策略研究[J]. 铁道货运，2018，36(10)：1-8.

[8] 匡锋．政企分开后专用线危险货物运输安全管理[J]. 物流工程与管理，2018，4(5)：150-151.

[9] 赵世航．铁路危险化学品罐式集装箱装卸安全管理分析及对策[J]. 化学工程与装备，2018(7)：290-291.

[10] 杨露萍．铁路危险货物运输包装发展对策的思考[J]. 铁道货运，2019，10(9)：61-64.

[11] 张荣．危险化学品安全技术[M]. 北京：化学工业出版社，2005.

[12] 蒋军成，虞汉华．危险化学品安全技术与管理[M]. 北京：化学工业出版社，2005.

[13] 张景林，吕春玲，苟瑞君．危险化学品运输[M]. 北京：化学工业出版社，2006.

[14] 冯小川，李宇燕．化学危险品生产经营企业管理人员安全生产必备常识[M]. 北京：中国建材工业出版社，2007.

[15] 李美庆．安全评价员实用手册[M]. 北京：化学工业出版社，2007.

[16] 刘广武，李丹，彭瑞宇，等．铁路危险货物办理站运输安全模糊综合评价[J]. 铁道货运，2008(7)：26-28.

[17] 卢延夫．铁路危险货物办理站安全评价体系的研究[J]. 铁道货运，2008(1)：31-33.

[18] 国际经济合作与发展组织(OECD). 化学事故预防、准备及响应的指导原则[M]. 牟善军，等，译．北京：化学工业出版社，2007.

[19] 康文超．德国铁路危险货物运输[J]. 铁道货运，2007(4)：40-42.

[20] 张海峰．国外发达国家化学品安全管理现状[J]. 安全、健康和环境，2003，3(7)：28-29.

[21] 叶从胜，李运才．国外化学品管理法规概况[J]. 安全、健康和环境，2002，2(3)：31-33.

[22] 牟善军，姜春明，周永平，等．欧洲化学品安全管理与化学事故应急救援工作情况考察报告[J]. 安全、健康和环境，2002，2(4)：28－32.

[23] 朱铁男．欧洲部分国家铁路危险货物的包装管理和检验工作[J]. 铁道货运，2002(5)：2-4.